"十四五"时期国家重点出版物出版专项规划项目
智能建造理论·技术与管理丛书
一流本科专业一流本科课程建设系列教材
普通高等教育智能建造专业系列教材
北京建筑大学教材建设项目资助出版

建筑工程计量与计价
BIM 应用

主编　杨　静　曲秀姝
参编　王消雾　李天华
主审　王作虎

机械工业出版社

本书依据现行《建设工程工程量清单计价规范》《中华人民共和国招标投标法实施条例》《房屋建筑与装饰工程工程量计算规范》《建筑安装工程费用项目组成》《建设工程施工合同（示范文本）》等大量资料，综合编者二十余年的教学和建筑施工实践经验编写。本书共5章，主要内容为工程量清单与BIM应用、建筑工程工程量清单的编制与BIM应用、装饰工程工程量清单的编制与BIM应用、措施项目和其他项目工程量清单的编制与BIM应用、建筑工程计量与支付及BIM全过程造价管理。

本书以理论知识+实践应用的形式编写，例题与理论结合紧密，文字与图表结合，语言简练，信息丰富。本书配套有PPT教学课件、案例工程建筑图和结构图、习题答案、教学大纲、广联达软件操作视频等，以便于教师教学和学生自学。

本书既可供土木工程、工程管理、工程造价、智能建造等专业师生使用，也可供相关专业技术人员参考。

图书在版编目（CIP）数据

建筑工程计量与计价BIM应用/杨静，曲秀姝主编. —北京：机械工业出版社，2024.8

（智能建造理论·技术与管理丛书）

"十四五"时期国家重点出版物出版专项规划项目　一流本科专业一流本科课程建设系列教材　普通高等教育智能建造专业系列教材

ISBN 978-7-111-75573-9

Ⅰ.①建⋯　Ⅱ.①杨⋯　②曲⋯　Ⅲ.①建筑工程-计量-高等学校-教材②建筑造价-高等学校-教材　Ⅳ.①TU723.3

中国国家版本馆CIP数据核字（2024）第072323号

机械工业出版社（北京市百万庄大街22号　邮政编码100037）

策划编辑：林　辉　　　　　　责任编辑：林　辉　高凤春
责任校对：杨　霞　张　薇　　　封面设计：张　静
责任印制：刘　媛
唐山三艺印务有限公司印刷
2024年8月第1版第1次印刷
184mm×260mm·16印张·13插页·371千字
标准书号：ISBN 978-7-111-75573-9
定价：53.00元

电话服务　　　　　　　　　网络服务
客服电话：010-88361066　　机　工　官　网：www.cmpbook.com
　　　　　010-88379833　　机　工　官　博：weibo.com/cmp1952
　　　　　010-68326294　　金　书　网：www.golden-book.com
封底无防伪标均为盗版　机工教育服务网：www.cmpedu.com

前　言

"建筑工程计量与计价 BIM 应用"课程是土木工程、工程管理、工程造价、智能建造专业的主要专业课程之一，在系列课程中占有重要地位。课程的教学内容涉及建筑识图、建筑材料、建筑施工、房屋建筑学、建筑结构等多个学科，实践性和综合性较强，涉及面较广。该课程教学目的是让学生掌握建筑工程工程量清单计价的编制方法和步骤，熟悉建设工程工程量清单计价规范，并具有运用所学知识编制预算、最高投标限价、投标价、竣工结算价等的能力，以及具备从事企业经营管理的能力，为日后胜任岗位工作和进一步学习有关知识奠定基础。

本书是北京建筑大学土木与交通工程学院智能建造系为智能建造专业核心课程编写的教材，是在 2020 年出版的《建筑工程概预算与工程量清单计价》（第 3 版）和 2023 年出版的《建筑工程计量与计价》的基础上，根据土木工程人才培养目标、专业指导委员会对课程设置的意见以及课程教学大纲的要求组织编写的。本书结合高等学校教育的特点，根据《建设工程工程量清单计价规范》（GB 50500—2013）、《中华人民共和国招标投标法实施条例》《房屋建筑与装饰工程工程量计算规范》（GB 50854—2013）、《建筑安装工程费用项目组成》（建标〔2013〕44 号）、《建设工程施工合同（示范文本）》（GF—2017—0201），以及《北京市建设工程计价依据——预算消耗量标准》《北京工程造价信息（建设工程）》《关于印发〈北京市建设工程安全文明施工费管理办法（试行）〉的通知》（京建法〔2019〕9 号）、《关于印发配套 2021 年〈预算消耗量标准〉计价的安全文明施工费等费用标准的通知》（京建发〔2021〕404 号）、《关于建筑垃圾运输处置费用单独列项计价的通知》（京建法〔2017〕27 号）等大量资料，并综合了编者二十余年的教学和建筑施工实践经验编写而成。

本书在内容上具有先进性和实用性，理论与实践紧密结合，图文并茂，语言简练，信息丰富，便于教师教学和学生自学。本书理论知识简洁、明了，例题与理论结合紧密，文字与图表结合，通俗易懂，能使学生对清单计价有较全面的认知。

本书由北京建筑大学杨静和曲秀姝主编。其中，第 1、5 章，以及第 2.1～2.10 节由杨静和王消雾共同编写；第 3.1～3.5 节、第 4.1～4.3 节由曲秀姝编写；第 2.11 节、第 3.6 节和第 4.4 节由杨静和李天华共同编写。全书由杨静和曲秀姝统稿。本书由王作虎主审。

本书在编写过程中得到许多专家的指导，参考了同行的有关书籍和资料，在此表示诚挚的谢意。同时感谢杜泽娴、马瑛杰为本书所做的工作。特别感谢广联达软件公司提供软件操作视频教学资料。

由于编写时间和编者水平有限，本书难免存在不妥之处，敬请广大读者提出宝贵意见。

编　者

目 录

第1章

工程量清单与BIM应用

> **学习重点：** 工程量清单和工程量清单计价、最高投标限价和投标报价。
>
> **学习目标：** 熟悉工程量清单计价规范；掌握工程量清单的编制和工程量清单计价；掌握最高投标限价和投标报价的编制；了解 BIM 在工程造价中的应用。
>
> **思政目标：** 在学习编制工程投标文件的具体内容及步骤，了解社会、经济、法律、规范及环境安全等因素对工程造价的影响过程中，培养学生具备合理定价、严谨求实的行业意识。

■ 1.1 工程量清单计价规范概述

1.1.1 工程量清单计价的概念与沿革

工程量清单是载明建设工程的分部分项工程项目、措施项目、其他项目和规费项目、税金项目的名称和相应数量等内容的明细清单，在建设工程发承包及实施过程的不同阶段，又可别称为招标工程量清单或已标价工程量清单等。

招标工程量清单是指招标人依据国家标准、招标文件、设计文件以及施工现场实际情况编制的，随招标文件发布的工程量清单，包括对清单的说明和相应表格。招标工程量清单是招标阶段供投标人报价的工程量清单，是对工程量清单的进一步具体化。

已标价工程量清单是指构成合同文件组成部分的投标文件中已标明价格，经算术性错误修正（如有）且承包人已确认的工程量清单，包括对报价的说明和相应表格。已标价工程量清单是投标人对招标工程量清单已标明价格，并被招标人接受，构成合同文件组成部分的工程量清单。

2003 年 2 月 17 日，建设部第 119 号公告，发布了国家标准《建设工程工程量清单计价规范》（GB 50500—2003）（简称《03 版计价规范》）。《03 版计价规范》的颁布实施是我国进行工程造价管理的一个里程碑式的改革，是我国工程造价实现国家宏观调控、市场竞争形成价格目标的重要措施，也是我国工程造价逐渐跟国际接轨的必然要求。但是，《03 版计价规范》主要侧重于工程招标投标中的工程量清单计价，对工程合同签订、工程计量与价款支付、合同价款调整、索赔和竣工结算等方面缺乏相应规定。此后，住房和城乡建设部（简称"住建部"）组织有关单位对《03 版计价规范》的正文部分进行修订，于 2008 年 7 月 9 日发布了《建设工程工程量清单计价规范》（GB 50500—2008）（简称《08 版计价规范》）。《08 版计价规范》实施后，对规范工程实施阶段的计价行为起到了较好的作用，但未对附录进行修订。

为了进一步适应建设市场的发展，也为了适应国家相关法律、法规和政策性的变化，更加深入地推行工程量清单计价，住建部标准定额司汇集多家参编单位对《08 版计价规范》进行了修订。于 2012 年 12 月 25 日发布了《建设工程工程量清单计价规范》（GB 50500—2013）（简称《13 版计价规范》）和《房屋建筑与装饰工程工程量计算规范》（GB 50854—2013）、《仿古建筑工程工程量计算规范》（GB 50855—2013）、《通用安装工程工程量计算规范》（GB 50856—2013）、《市政工程工程量计算规范》（GB 50857—2013）、《园林绿化工程工程量计算规范》（GB 50858—2013）、《矿山工程工程量计算规范》（GB 50859—2013）、《构筑物工程工程量计算规范》（GB 50860—2013）、《城市轨道交通工程工程量计算规范》（GB 50861—2013）、《爆破工程工程量计算规范》（GB 50862—2013）9 本计量规范（简称《13 版计量规范》）。

《13 版计量规范》和《13 版计价规范》适用于建设工程发承包阶段及实施阶段的计价活动，包括从工程建设招标投标到工程施工完成整个过程的工程量清单编制、招标控制价（《中华人民共和国招标投标法实施条例》中规定的最高投标限价已取代《13 版计价规范》中规定的招标控制价，因此，后续内容中均表述为最高投标限价）。编制、投标报价编制、工程合同价款的约定、工程施工过程中工程计量与合同价款支付、索赔与现场签证、合同价款的调整、竣工结算的办理和合同价款争议的解决以及工程造价鉴定等活动，涵盖了工程建设发承包以及施工阶段的整个过程。

对于国有资金投资的工程建设项目，必须采用工程量清单计价。对于非国有资金投资的工程建设项目，宜采用工程量清单计价。当非国有资金投资的工程建设项目确定采用工程量清单计价时，则应执行《13 版计量规范》和《13 版计价规范》；确定不采用工程量清单计价的，可不执行工程量清单计价的专门性规定，但仍应执行《13 版计量规范》和《13 版计价规范》规定的工程价款的调整、工程计量与工程价款支付、索赔与现场签证、竣工结算以及工程造价争议处理等条文。

1.1.2　工程量清单计价的特点

1. 强制性

《13 版计量规范》和《13 版计价规范》由建设主管部门按照强制性国家标准发布施行，同时规定了国有资金投资的工程建设项目，无论规模大小，均必须采用工程量清单计价。

2. 实用性

《13 版计量规范》和《13 版计价规范》在全面总结《03 版计价规范》和《08 版计

价规范》实施以来的经验的基础上，进一步扩大了工程量清单计价的适用范围，并注重了与施工合同的衔接，明确了工程计价风险分担的范围，规范了不同合同形式的计量与价款支付，统一了合同价款调整的分类内容，确立了施工全过程计价控制与工程结算的原则，提供了合同价款争议解决的方法，增加了工程造价鉴定的专门规定，细化了措施项目计价的规定，在保持先进性的基础上增强了规范的操作性。总之，规范内容更加全面，工程量清单计价更具实用性。

3. 竞争性

采用工程量清单计价模式，投标企业可以根据企业定额，也可以参照建设主管部门发布的社会平均消耗量标准，以及市场价格信息等自主确定人工、材料和施工机械的报价。其价格有高有低，具有竞争性，能够反映出投标企业的技术实力和管理水平。措施项目（除安全文明施工费、规费、税金等非竞争性费用外）由投标企业根据施工组织设计或施工方案进行补充和报价，属于企业投标时的竞争性项目。

4. 通用性

我国采用工程量清单计价方式，实现了与国际惯例接轨，满足了工程量计算方法标准化、工程量计算规则统一化、工程造价确定市场化的要求。

1.1.3 工程量清单的作用

1. 工程量清单为所有投标人提供了一个平等和共同的报价基础

采用工程量清单计价方式招标，工程量清单必须作为招标文件的组成部分，由招标人通过招标文件提供给投标人。工程量清单的准确性和完整性由招标人负责，投标人核对后可以提出工程量清单中存在的漏项或错误，并由招标人修改后通知所有投标人。同一个工程项目的所有投标人依据相同的工程量清单进行投标报价，投标人的机会是平等的。

2. 工程量清单是工程量清单计价的基础

招标人根据工程量清单和有关计价规定计算招标工程的最高投标限价。招标文件中的工程量清单标明的工程量是投标人投标报价的基础。投标人按照招标文件的要求，根据工程特点，并结合自身的施工技术、装备和管理水平，依据工程量清单、企业定额以及有关计价规定等计算投标报价。

3. 工程量清单是工程竣工结算的依据

在工程施工阶段，工程量清单是发包人支付承包人工程进度款、发生工程变更时调整合同价款、新增项目综合单价的确定、发生工程索赔事件后计算索赔费用、工程量增减幅度超过合同约定幅度时调整综合单价以及办理竣工结算等的依据。

1.1.4 实行工程量清单计价的意义

1. 有利于公开、公平、公正竞争

工程造价是工程建设的核心问题，也是建设市场运行的核心内容。建设市场上的许多不规范行为多与工程造价有关。实现建设市场的良性发展，除了必要的法律法规和行政监管，还要充分发挥市场规律中"竞争"和"价格"的作用。工程量清单计价是市场形成工程造价的主要形式，有利于发挥企业自主报价的能力，实现由政府定价到市场定价的转变，有利于改变招标单位在招标中盲目压价的行为，从而真正体现公开、公平、公正的原则，反映市场经济规律。

2. 有利于招标投标双方合理承担风险，提高工程管理水平

采用工程量清单计价方式招标投标，由于工程量清单是招标文件的组成部分，发包人必须编制出准确的工程量清单，并承担相应的风险，从而促进发包人提高管理水平。对承包人来说，采用工程量清单报价，必须对单位工程成本、利润进行分析，精心选择施工方案，并根据企业定额合理确定人工、材料、施工机械等要素的投入与配置，合理控制现场费用与施工技术措施费用，确定投标价并承担相应的风险。承包人必须改变过去过分依赖国家发布定额的状况，根据自身的条件编制出自己的企业定额。

3. 有利于我国工程造价管理政府职能的转变

实行工程量清单计价，按照"政府宏观调控、企业自主报价、市场形成价格、加强市场监管"的工程造价管理思路，我国工程造价管理的政府职能将发生转变，由过去根据政府控制的指令性定额编制的工程预算转变为根据工程量清单，企业自主报价，市场形成价格，由过去行政直接干预转变为政府对工程造价的宏观调控和市场监管。

4. 有利于我国工程计价与国际接轨

目前，我国建筑企业走出国门在海外承包工程项目日益增多，而工程量清单计价是国际通行的工程计价方法。为增强我国建筑企业的国际竞争力，我国工程计价方法必须与国际通行的计价方法相适应。在我国实行工程量清单计价，为建设市场主体创造一个与国际惯例接轨的市场竞争环境，才能有利于提高国内建设各方主体参与国际化竞争的能力，有利于提高工程建设的管理水平。

■ 1.2 工程量清单的编制

采用工程量清单计价方式招标的工程，工程量清单必须作为招标文件的组成部分，由具有编制能力的招标人或受其委托、具有相应资质的工程造价咨询人编制。招标人应对工

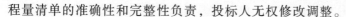

程量清单的准确性和完整性负责，投标人无权修改调整。

招标工程量清单应以合同标的为单位编制，应由分部分项工程项目清单、措施项目清单、其他项目清单、规费项目清单和税金项目清单组成。编制招标工程量清单应依据：

1)《13版计量规范》《13版计价规范》和相关工程的国家计量规范。

2) 省级、行业建设主管部门颁发的工程量计量计价规定。

3) 建设工程设计文件及相关资料。

4) 与建设工程项目有关的标准、规范、技术资料。

5) 拟定的招标文件及相关资料。

6) 施工现场情况、地勘水文资料、工程特点及合理的施工方案。

7) 其他相关资料。

1.2.1 分部分项工程项目清单的编制

分部分项工程项目清单应包括项目编码、项目名称、项目特征、计量单位和工程量五个要素，缺一不可。分部分项工程项目清单应根据相关工程现行计量规范中规定的项目编码、项目名称、项目特征、计量单位和工程量计算规则和工作内容进行编制。

1. 项目编码的设置

分部分项工程项目清单的项目编码，采用12位阿拉伯数字表示。1~9位应按现行计量规范附录的规定设置；10~12位应根据拟建工程的工程量清单项目名称设置，由招标人具体编制，同一招标工程不得有重码。

项目编码结构如图1-1所示（以房屋建筑与装饰工程为例）。

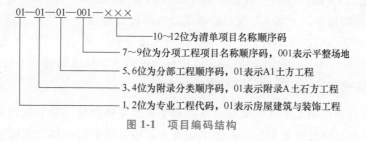

图1-1 项目编码结构

各级编码的含义：

1) 第一级表示专业工程代码（前两位），房屋建筑与装饰工程的专业工程代码为01，仿古建筑工程的专业工程代码为02，通用安装工程的专业工程代码为03，市政工程的专业工程代码为04，园林绿化工程的专业工程代码为05，矿山工程的专业工程代码为06，构筑物工程的专业工程代码为07，城市轨道交通工程的专业工程代码为08，爆破工程的专业工程代码为09。

2) 第二级表示附录分类顺序码（第3、4位）。

3) 第三级表示分部工程顺序码（第5、6位）。

4) 第四级表示分项工程项目名称顺序码（第7~9位）。

5）第五级表示清单项目名称顺序码（后三位，由编制人设置）。

补充项目的编码由相应规范的代码〔如《房屋建筑与装饰工程工程量计算规范》（GB 50854—2013）（简称《建筑计量规范》）代码为01〕与B和3位阿拉伯数字组成，应从01B001起顺序编制，同一招标工程不得有重码。

2．项目名称的确定

分部分项工程项目清单的项目名称应按现行计量规范的项目名称结合拟建工程的实际情况确定。现行计量规范中的"项目名称"为分项工程项目名称，一般以工程实体命名。编制工程量清单时，若出现现行计量规范中未包括的项目，招标人应作补充项目，并报省级或行业造价管理机构备案。

3．项目特征的描述

分部分项工程项目清单的项目特征应按现行计量规范中规定的项目特征，结合拟建工程项目的实际情况予以描述。分部分项工程项目清单的项目特征是确定一个清单项目综合单价的重要依据，在编制工程量清单时，必须对其项目特征进行准确和全面的描述。

工程量清单项目特征的描述，应根据现行计量规范中有关项目特征的要求，结合技术规范、标准图集、施工图，按照工程结构、使用材质及规格或安装位置等，予以详细且准确的表述和说明。

例如，砌筑工程砖砌体中的实心砖墙项目，按照《建筑计量规范》附录D表D.1中"项目特征"栏的规定，就必须描述砖的品种（是页岩砖还是粉煤灰砖），砖的规格（是标准砖还是非标准砖，是非标准砖应注明尺寸），砖的强度等级（是MU10、MU15还是MU20），因为砖的品种、规格、强度等级直接关系到砖的价格。还必须描述墙体类型（是混水墙还是清水墙），因为墙体类型、厚度直接影响砌筑的工效以及砖、砂浆的消耗量。还应注明砂浆配合比、砌筑砂浆的强度等级（是M5、M7.5还是M10），因为不同强度等级、不同配合比的砂浆，其价格是不同的。这些描述均不可少，因为其中任何一项都影响着实心砖墙项目综合单价的确定。

但有些项目特征用文字往往又难以准确和全面地描述清楚，为了达到规范、简洁、准确、全面描述项目特征的要求，在描述工程量清单项目特征时按以下原则进行：

1）项目特征描述的内容按现行计量规范附录中规定的内容，项目特征的表述按拟建工程的实际要求，以能满足确定综合单价的需要为前提。

2）对采用标准图集或施工图能够全面或部分满足项目特征描述要求的，项目特征描述可直接采用详见××图集或××图号的方式。对不能满足项目特征描述要求的部分，仍应用文字描述进行补充。

4．计量单位的选择

分部分项工程项目清单的计量单位应按现行计量规范中规定的计量单位确定。当计量单位有两个或两个以上时，应根据所编工程量清单项目的特征要求，选择最适宜表述该项

目特征并方便计量的单位。

例如，《建筑计量规范》附录 H 表 H.1 中"木质门"的计量单位为"樘"和"m^2"两个计量单位。实际工程中，应该选择最适宜、最方便计量的单位来表示。

各专业有特殊计量单位的，再另外加以说明。

5. 工程量的计算

分部分项工程项目清单中所列工程量应按现行计量规范中规定的工程量计算规则计算。其工程量以实体工程量为准，并以完成后的净值来计算。清单工程量计算不考虑因施工方法而增加的工程量，这一点与定额工程量的计算有着本质的区别。

工程量的计算应按照各自所属工程类别对应的现行计量规范附录中的规则进行。

工程量的有效位数应遵守下列规定：

1）以"t"为计量单位的，应保留小数点后三位数字，第四位小数四舍五入。

2）以"m^3""m^2""m""kg"为计量单位的，应保留小数点后两位数字，第三位小数四舍五入。

3）以"项""个""件""根""组"等为计量单位的，应取整数。

1.2.2 措施项目清单的编制

措施项目是指为完成工程项目施工，发生于该工程施工准备和施工过程中的技术、生活、安全、环境保护等方面的非工程实体项目。非工程实体项目费用的发生和金额的大小与使用时间、施工方法或者两个以上工序相关，与实际完成的实体工程量的多少关系不大，典型的非工程实体项目有：脚手架、混凝土模板及支架、大型施工机械进出场及安拆、垂直运输、安全文明施工、施工排水、降水等。但有的非工程实体项目如混凝土模板，与完成的工程实体有着直接关系，并且是可以精确计量的项目。

计量规范将措施项目划分为两类：一类是不能计算工程量的项目，如文明施工和安全施工、临时设施等，以"项"计价，称为总价措施项目；另一类是可以计算工程量的项目，如脚手架、模板工程等，以"量"计价，更有利于措施费的确定和调整，称为单价措施项目。

对于房屋建筑与装饰工程的措施项目清单，应按照《建筑计量规范》附录 S 中规定的项目编码、项目名称编制。

措施项目清单的编制需考虑多种因素，除工程本身的因素外，还涉及水文、气象、环境、安全等因素。在编制措施项目清单时，因工程情况不同，出现现行计量规范中未列出的措施项目时，可根据工程实际情况，按表 1-1 选择列项。

1.2.3 其他项目清单的编制

其他项目清单是指分部分项工程项目清单、措施项目清单所包含的内容以外，因招标

表 1-1　措施项目一览表

序号	项 目 名 称
一、通用措施项目	
1	安全文明施工（含环境保护、文明施工、安全施工、临时设施、建筑工人实名制管理）
2	夜间施工增加
3	二次搬运
4	冬雨季施工增加
5	已完工程及设备保护
6	工程定位复测
7	特殊地区施工增加
8	大型施工机械进出场及安拆
9	脚手架工程
二、专业措施项目——房屋建筑与装饰工程	
1	混凝土、钢筋混凝土模板及支架（撑）
2	非夜间施工照明
3	垂直运输
4	施工排水、降水
5	超高施工增加
6	地上、地下设施、建筑物的临时保护设施
7	……

人的特殊要求而发生的与拟建工程有关的其他费用项目和相应数量的清单。其他项目清单宜按照下列内容列项：

　　1）暂列金额。

　　2）暂估价：包括材料暂估价、专业工程暂估价。

　　3）计日工。

　　4）总承包服务费。

　　工程建设标准的高低、工程的复杂程度、工程的工期长短、工程的组成内容、发包人对工程管理的要求等都直接影响其他项目清单的具体内容。若出现现行计量规范未列的其他清单项目，可根据工程实际情况进行补充。

1. 暂列金额

　　暂列金额是指招标人在工程量清单中暂定并包括在合同价款中的一笔款项。暂列金额是用于施工合同签订时尚未确定或者不可预见的所需材料、设备、服务的采购，施工中可能发生的工程变更、合同约定调整因素出现时的工程价款调整，以及发生的索赔、现场签证确认等的费用。

　　对于任何建设工程项目，不管采用何种合同形式，发承包双方订立的合同价格应该是其最终的竣工结算价格，或者两者尽可能接近。而工程建设具有自身的规律，工程设计需要根据工程进展不断地进行优化和调整，发包人的需求可能会随工程建设进展出现变化，工程建设过程中还存在其他诸多不确定性因素，这些因素必然会影响合同价格的调整，暂列金额正是因这些不可避免的价格调整而设立的，以便合理确定工程造价的控制目标。

2. 暂估价

暂估价是指招标人在工程量清单中提供的用于支付必然发生但暂时不能确定价格的材料单价和专业工程金额。

一般而言，为方便合同管理和计价，需要纳入分部分项工程项目清单项目综合单价中的暂估价最好只是材料费，以方便投标人组价。以"项"为计量单位给出的专业工程暂估价一般应是综合暂估价，应当包括除规费、税金以外的全部费用。

3. 计日工

计日工是指在施工过程中，承包人完成发包人提出的工程合同范围以外的零星项目或工作，按合同中约定的单价计价的一种方式。计日工是为了解决现场发生的零星工作的计价而设立的。在施工过程中，完成发包人提出的施工图以外的零星项目或工作，按合同中约定的计日工综合单价计价。

国际上常见的标准合同条款中，大多数都设立了计日工计价机制。计日工以完成零星工作所消耗的人工工时、材料数量、机械台班进行计量，并按照计日工表中填报的适用项目的单价进行计价支付。零星工作一般是指合同约定之外的或者因变更而产生的、工程量清单中没有相应项目的额外工作，尤其是指那些时间不允许事先商定价格的额外工作。计日工为额外工作和变更的计价提供了一个方便快捷的途径。但是，在以往的工程实践中，计日工常常被忽略，主要原因是计日工项目的单价水平一般要高于工程量清单项目的单价水平。理论上讲，合理的计日工单价水平一定是高于工程量清单的单价水平的，其原因在于计日工往往是用于一些突发性的额外工作，缺少计划性，承包人在调动施工生产资源方面难免不影响已经计划好的工作，生产资源的使用效率也有一定的降低，客观上造成超出常规的额外投入。另外，计日工清单往往忽略给出一个暂定的工程量，无法纳入有效的竞争，也是造成计日工单价水平偏高的原因之一。因此，为了获得合理的计日工单价，计日工清单中一定要给出暂定数量，并且根据经验，尽可能估算一个比较贴近实际的数量。为防患于未然，应尽可能把项目列全。

4. 总承包服务费

总承包服务费是指总承包人为配合协调发包人进行的专业工程发包，对发包人自行采购的材料、工程设备等提供保管以及施工现场管理、竣工资料汇总整理等服务所需的费用。

该项费用是为了解决招标人在法律、法规允许的条件下进行专业工程发包以及自行采购供应材料、设备时，要求总承包人对发包的专业工程提供协调和配合服务，如分包人使用总承包人的脚手架、水电接驳等；对供应的材料、设备提供收发和保管服务，以及对施工现场进行统一管理；对竣工资料进行统一汇总整理等发生并向总承包人支付的费用。招标人应当预计该项费用并按投标人的投标报价向投标人支付该项费用。

1.2.4　规费项目清单的编制

规费是指按国家法律、法规规定，由省级政府和省级有关权力部门规定必须缴纳或计取的费用。规费包括社会保险费和住房公积金。

1. 社会保险费

社会保险费包括养老保险费、失业保险费、医疗保险费、生育保险费和工伤保险费。
1）养老保险费是指企业按照规定标准为职工缴纳的基本养老保险费。
2）失业保险费是指企业按照规定标准为职工缴纳的失业保险费。
3）医疗保险费是指企业按照规定标准为职工缴纳的基本医疗保险费。
4）生育保险费是指企业按照规定标准为职工缴纳的生育保险费。
5）工伤保险费是指企业按照规定标准为职工缴纳的工伤保险费。

2. 住房公积金

住房公积金是指企业按照规定标准为职工缴纳的住房公积金。

1.2.5　税金项目清单的编制

建筑安装工程费用的税金是指国家税法规定应计入建筑安装工程造价内的增值税销项税额。销项税额是指纳税人发生纳税行为按照销售额乘以增值税税率计算并收取的增值税税额。税前工程造价为人工费、材料费、施工机具使用费、企业管理费、利润和规费之和，各费用项目均以不包含增值税（可抵扣进项税额）的价格计算。

■ 1.3　工程量清单计价

1.3.1　建筑安装工程造价的组成

根据《13版计价规范》规定，采用工程量清单计价，建筑安装工程造价由分部分项工程费、措施项目费、其他项目费、规费和税金五部分组成，如图1-2所示。

分部分项工程项目清单应采用综合单价计价。综合单价是指完成一个规定计量单位的分部分项工程量清单项目或措施清单项目或其他项目所需的人工费、材料费、施工机具使用费和企业管理费与利润，以及一定范围内的风险费用。

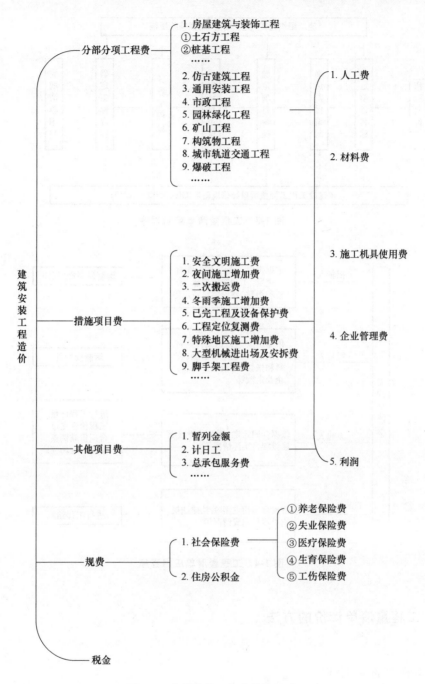

图 1-2 建筑安装工程造价的组成

1.3.2 工程量清单计价的基本过程

工程量清单计价的基本过程可以分为工程量清单编制（见图 1-3）和工程量清单应用（见图 1-4）两个阶段。

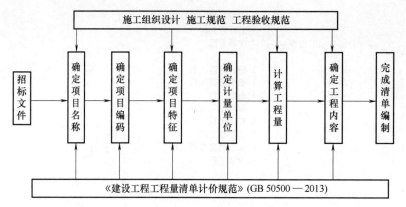

图 1-3　工程量清单编制程序

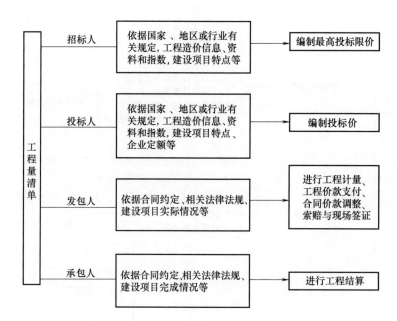

图 1-4　工程量清单应用程序

1.3.3　工程量清单计价的方法

1. 工程造价的计算

$$单位工程报价 = 分部分项工程费 + 措施项目费 + 其他项目费 + 规费 + 税金 \quad (1-1)$$

$$单项工程报价 = \sum 单位工程报价 \quad (1-2)$$

$$工程总造价 = \sum 单项工程报价 \quad (1-3)$$

2. 分部分项工程费计算

（1）分部分项工程量的确定　招标文件中的工程量清单标明的工程量是投标人投标

报价的基础，竣工结算的工程量按发承包双方在合同中约定应予计量且实际完成的工程量确定。按现行计量规范规定的工程量计算规则计算的清单工程量，是按工程设计图示尺寸以工程实体的净量计算。这与施工中实际施工作业量在数量上会有一定的差异，因为施工作业量还要考虑因施工技术措施而增加的工程量。例如，土方工程中的"挖基坑土方"，清单工程量是按设计图示尺寸以基础垫层底面积乘以挖土深度计算的，而实际施工作业量是按实际开挖量计算的，包括放坡及工作面所需要的开挖量。

（2）人工、材料和施工机具费用单价　《13版计价规范》中没有给出具体的人工、材料和施工机具的消耗量，企业可以先根据企业定额或参照建设主管部门发布的社会平均消耗量标准，确定人工、材料和施工机具的消耗量；再参考市场价格，计算出分部分项工程所需的人工、材料和施工机具费用的单价。

（3）风险费用　风险是工程建设施工阶段，发承包双方在招标投标活动和合同履约及施工中所面临的涉及工程计价方面的风险。采用工程量清单计价的工程，应在招标文件或合同中明确风险内容及其范围（幅度），不得采用无限风险、所有风险或类似语句规定风险内容及其范围（幅度）。在工程建设施工中实行风险共担和合理分摊原则是实现建设市场交易公平性的具体体现，是维护建设市场正常秩序的措施之一。

（4）确定分部分项工程综合单价

$$分部分项工程综合单价＝人工费＋材料费＋施工机具使用费＋ \tag{1-4}$$

$$企业管理费＋利润＋一定范围内的风险费用$$

综合单价中需考虑施工中的各种损耗以及因施工技术措施增加的工程量而增加的费用。

每个分部分项工程量清单项目的工程量乘以综合单价得到该分部分项工程费，将每个分部分项工程费累加就可以得到分部分项工程量清单计价合价。

$$分部分项工程费＝\sum（分部分项工程量×分部分项工程综合单价） \tag{1-5}$$

3. 措施项目费计算

措施项目清单计价应根据拟建工程的施工组织设计，可以计算工程量的措施项目，应按分部分项工程项目清单的方式采用综合单价计价；其余的措施项目可采用以"项"为单位的方式计价，应包括除规费、税金外的全部费用。

可以计算工程量的措施项目，包括与分部分项工程项目类似的措施项目（如护坡桩、降水等）和与分部分项工程量清单项目直接相关的措施项目（如混凝土、钢筋混凝土模板及支架等），应采用分部分项工程量清单项目计价方式计算。不便计算工程量的措施项目（如安全文明施工、夜间施工、二次搬运等），按"项"计算。

措施项目清单中的安全文明施工费应按照国家或省级、行业建设主管部门的规定计价，不得作为竞争性费用。

1）现行计量规范规定应予计量的措施项目，其计算公式为

$$措施项目费＝\sum（措施项目工程量×措施项目综合单价） \tag{1-6}$$

2）现行计量规范规定不宜计量的措施项目，其计算方法为

① 安全文明施工费。

$$安全文明施工费 = 计算基数 × 安全文明施工费费率 \qquad (1-7)$$

计算基数应为定额基价（定额分部分项工程费+定额中可以计量的措施项目费）、定额人工费或定额人工费+定额机械费，其费率由工程造价管理机构根据各专业工程的特点综合确定。

② 夜间施工增加费。

$$夜间施工增加费 = 计算基数 × 夜间施工增加费费率 \qquad (1-8)$$

③ 二次搬运费。

$$二次搬运费 = 计算基数 × 二次搬运费费率 \qquad (1-9)$$

④ 冬雨季施工增加费。

$$冬雨季施工增加费 = 计算基数 × 冬雨季施工增加费费率 \qquad (1-10)$$

⑤ 已完工程及设备保护费。

$$已完工程及设备保护费 = 计算基数 × 已完工程及设备保护费费率 \qquad (1-11)$$

以上措施项目的计算公式中，计费基数应为定额人工费或（定额人工费+定额机械费），其费率由工程造价管理机构根据各专业工程特点和调查资料综合分析后确定。

4. 其他项目费计算

其他项目费包括暂列金额、暂估价、计日工和总承包服务费。

在编制最高投标限价、投标报价和竣工结算时，计算其他项目费的要求是不一样的。其他项目费应根据工程特点、建设阶段和《13版计价规范》的规定计价。

1）暂列金额由发包人根据工程特点，按有关计价规定估算，施工过程中由发包人掌握使用，扣除合同价款调整后如有余额，归发包人。

2）暂估价中的材料单价应按照工程造价管理机构发布的工程造价信息或参照市场价格确定。暂估价中的专业工程金额应分不同专业，按有关计价规定估算。招标人在工程量清单中提供了暂估价的材料和专业工程，属于依法必须招标的，由承包人和招标人共同通过招标确定材料单价与专业工程分包价；若材料不属于依法必须招标的，经发承包双方协商确认单价后计价；若专业工程不属于依法必须招标的，由发包人、总承包人与分包人按有关计价依据进行计价。

3）计日工由发包人和承包人按施工过程中的签证计价。招标人应根据工程特点，按照列出的计日工项目和有关计价依据计算计日工。施工发生时，其价款按列入已标价工程量清单中的计日工计价子目及其单价进行计算。

4）总承包服务费由发包人在最高投标限价中，根据总承包服务范围和有关计价规定编制，投标人投标时自主报价，施工过程中按签约合同价执行。招标人根据工程实际需要提出要求总承包服务费。投标人按照招标人提出的协调、配合与服务要求，以及施工现场

管理、竣工资料汇总整理等服务要求进行报价。结算时，按分包专业工程结算价（不含设备费）及原投标费率进行调整。

5. 规费和税金的计算

规费和税金应按国家或省级、行业建设主管部门的规定计算，不得作为竞争性费用。

（1）规费的计算　社会保险费和住房公积金应以定额人工费为计算基础，根据工程所在地省、自治区、直辖市或行业建设主管部门规定费率计算。

$$社会保险费和住房公积金 = \sum（工程定额人工费 \times 社会保险费和住房公积金费率）$$
$$(1\text{-}12)$$

式中，社会保险费和住房公积金费率可按每万元发承包价的生产工人人工费和管理人员工资含量与工程所在地规定的缴纳标准综合分析取定。

（2）增值税　在中华人民共和国境内销售服务、无形资产或者不动产的单位和个人，为增值税纳税人，应当按照营业税改征增值税试点实施办法缴纳增值税，不缴纳营业税。

单位以承包、承租、挂靠方式经营的，承包人、承租人、挂靠人（以下统称承包人）以发包人、出租人、被挂靠人（以下统称发包人）名义对外经营并由发包人承担相关法律责任的，以该发包人为纳税人。否则，以承包人为纳税人。纳税人分为一般纳税人和小规模纳税人。应税行为的年应征增值税销售额超过财政部和国家税务总局规定标准的纳税人为一般纳税人，未超过规定标准的纳税人为小规模纳税人。

纳税人销售货物、劳务、服务、无形资产、不动产（以下统称应税销售行为），应纳税额为当期销项税额抵扣当期进项税额后的余额。应纳税额计算公式为

$$应纳税额 = 当期销项税额 - 当期进项税额 \qquad (1\text{-}13)$$

当期销项税额小于当期进项税额不足抵扣时，其不足部分可以结转下期继续抵扣。

纳税人发生应税销售行为，按照销售额和增值税相关暂行条例规定的税率计算收取的增值税额，为销项税额。销项税额计算公式为

$$销项税额 = 销售额 \times 税率 \qquad (1\text{-}14)$$

销售额为纳税人发生应税销售行为收取的全部价款和价外费用，但是不包括收取的销项税额。销售额以人民币计算。纳税人以人民币以外的货币结算销售额的，应当折合成人民币计算。纳税人购进货物、劳务、服务、无形资产、不动产支付或者负担的增值税额，为进项税额。进项税额计算公式为

$$进项税额 = 买价 \times 扣除率 \qquad (1\text{-}15)$$

下列进项税额准予从销项税额中抵扣：

1）从销售方取得的增值税专用发票上注明的增值税额。

2）从海关取得的海关进口增值税专用缴款书上注明的增值税额。

3）购进农产品，除取得增值税专用发票或者海关进口增值税专用缴款书外，按照农产品收购发票或者销售发票上注明的农产品买价和10%的扣除率计算的进项税额，国务

院另有规定的除外。

4）自境外单位或者个人购进劳务、服务、无形资产或者境内的不动产，从税务机关或者扣缴义务人取得的代扣代缴税款的完税凭证上注明的增值税额。准予抵扣的项目和扣除率的调整，由国务院决定。

纳税人购进货物、劳务、服务、无形资产、不动产，取得的增值税扣税凭证不符合法律、行政法规或者国务院税务主管部门有关规定的，其进项税额不得从销项税额中抵扣。

下列项目的进项税额不得从销项税额中抵扣：

1）用于简易计税方法计税项目、免征增值税项目、集体福利或者个人消费的购进货物、劳务、服务、无形资产和不动产。

2）非正常损失的购进货物，以及相关的劳务和交通运输服务。

3）非正常损失的在产品、产成品所耗用的购进货物（不包括固定资产）、劳务和交通运输服务。

4）国务院规定的其他项目。

增值税的计税方法包括一般计税方法和简易计税方法。一般纳税人发生应税行为适用一般计税方法计税。小规模纳税人发生应税行为适用简易计税方法计税。

1）一般计税方法。当采用一般计税方法时，建筑业增值税税率为9%。计算公式为

$$增值税销项税额 = 税前造价 \times 9\% \tag{1-16}$$

式（1-16）中的税前造价为人工费、材料费、施工机具使用费、企业管理费、利润和规费之和，各费用项目均不包含增值税可抵扣进项税额的价格计算。

2）简易计税方法。简易计税方法的应纳税额是指按照销售额和增值税征收率计算的增值税额，不扣进项税额。当采用简易计税方法时，建筑业增值税征收率为3%。计算公式为

$$增值税 = 税前造价 \times 3\% \tag{1-17}$$

式（1-17）中的税前造价为人工费、材料费、施工机具使用费、企业管理费、利润和规费之和，各费用项目均以包含增值税进项税额的含税价格计算。

1.3.4 工程量清单计价的相关表格

《13版计价规范》中工程量清单计价表格包括招标工程量清单、最高投标限价、投标总价、竣工结算总价等各个阶段计价使用的四种封面和22种表样。

1. 工程量清单计价文件封面

四种封面中，工程量清单的封面应按规定的内容填写、签字、盖章，造价员编制的工程量清单应有负责审核的造价工程师签字、盖章；最高投标限价、投标总价、竣工结算总价的封面应按规定的内容填写、签字、盖章，除承包人自行编制的投标总价和竣工结算总价外，受委托编制的最高投标限价、投标总价、竣工结算总价若为造价员编制的，应有负责审核的造价工程师签字、盖章以及工程造价咨询人盖章。

1）招标工程量清单：封-1。

_____工程

招标工程量清单

工　程　造　价
招　标　人：_____　　咨　询　人：_____

　　　（单位盖章）　　　　　　　　　　　　（单位资质专用章）

法定代表人：　　　　　　　　　　　法定代表人
或其授权人：_____　　或其授权人：_____

　　　（签字或盖章）　　　　　　　　　　　（签字或盖章）

编　制　人：_____　　复　核　人：_____

　（造价人员签字盖专用章）　　　　　（造价工程师签字盖专用章）

编制时间：　年　月　日　　　复核时间：　年　月　日

2）最高投标限价：封-2。

_____工程

最高投标限价

最高投标限价（小写）：_____

（大写）：_____

工 程 造 价

招　标　人：_____　　咨　询　人：_____

　　　　（单位盖章）　　　　　　　　　　（单位资质专用章）

法定代表人：　　　　　　　　　　法定代表人

或其授权人：_____　　或其授权人：_____

　　　　（签字或盖章）　　　　　　　　　（签字或盖章）

编　制　人：_____　　复　核　人：_____

　　（造价人员签字盖专用章）　　　　　（造价工程师签字盖专用章）

编制时间：　年　月　日　　复核时间：　年　月　日

3）投标总价：封-3。

投 标 总 价

招　　标　　人：_____

工　程　名　称：_____

投标总价（小写）：_____

　　　　（大写）：_____

投　　标　　人：_____

（单位盖章）

法 定 代 表 人

或 其 授 权 人：_____

（签字或盖章）

编　　制　　人：_____

（造价人员签字盖专用章）

编制时间：　　年　　月　　日

4）竣工结算总价：封-4。

_____工程

竣工结算总价

中标价（小写）：_____ （大写）：_____

结算价（小写）：_____ （大写）：_____

发 包 人：_____ 承 包 人：_____ 工 程 造 价
咨 询 人：_____
（单位盖章） （单位盖章） （单位资质专用章）

法定代表人 法定代表人 法定代表人
或其授权人：_____ 或其授权人：_____ 或其授权人：_____
（签字或盖章） （签字或盖章） （签字或盖章）

编 制 人：_____ 核 对 人：_____
（造价人员签字盖专用章） （造价工程师签字盖专用章）

编制时间： 年 月 日 核对时间： 年 月 日

2．工程计价总说明

在工程计价的不同阶段，总说明的内容是不相同的。

1）工程量清单的编制总说明应按下列内容填写：

① 工程概况：建设规模、工程特点、计划工期、施工现场实际情况、自然地理条件、环境保护要求等。

② 工程招标和分包范围。

③ 工程量清单编制依据。

④ 工程质量、材料、施工等的特殊要求。

⑤ 其他需要说明的问题。

2）最高投标限价、投标总价、竣工结算总价的编制总说明应按下列内容填写：

① 工程概况：建设规模、工程特点、计划工期、合同工期、实际工期、施工现场及变化情况、施工组织设计的特点、自然地理条件、环境保护要求等。

② 编制依据等。

3）工程计价总说明，见表1-2。

表1-2 工程计价总说明

工程名称：　　　　　　　　　　　　　　　　　　　　　第　页 共　页

3. 工程计价汇总表

1）工程项目最高投标限价/投标报价汇总表，见表1-3。

表1-3　工程项目最高投标限价/投标报价汇总表

工程名称：　　　　　　　　　　　　　　　　　　　　　　　　　　第　页　共　页

序号	单项工程名称	金额（元）	其中		
			暂估价（元）	安全文明施工费（元）	规费（元）
	合计				

注：本表适用于工程项目最高投标限价或投标报价的汇总。

2）单项工程最高投标限价/投标报价汇总表，见表1-4。

表1-4　单项工程最高投标限价/投标报价汇总表

工程名称：　　　　　　　　　　　　　　　　　　　　　　　　　　第　页　共　页

序号	单位工程名称	金额（元）	其中		
			暂估价（元）	安全文明施工费（元）	规费（元）
	合计				

注：本表适用于单项工程最高投标限价或投标报价的汇总。暂估价包括分部分项工程中的暂估价和专业工程暂估价。

3）单位工程最高投标限价/投标报价汇总表，见表1-5。

表中的"标段"栏，对于房屋建筑工程而言，习惯上无标段划分，可不填写；但对于管道敷设、道路施工、地铁隧道等，则往往以标段划分，因此，应填写"标段"栏。其他表格中若有此栏，道理相同。

4）工程项目竣工结算汇总表，见表1-6。

5）单项工程竣工结算汇总表，见表1-7。

6）单位工程竣工结算汇总表，见表1-8。

表 1-5　单位工程最高投标限价/投标报价汇总表

工程名称：　　　　　　　　　　标段：　　　　　　　　　第　页　共　页

序号	汇总内容	金额(元)	其中:暂估价(元)
1	分部分项工程		
1.1			
1.2			
2	措施项目		—
2.1	安全文明施工费		—
3	其他项目		—
3.1	暂列金额		—
3.2	专业工程暂估价		—
3.3	计日工		—
3.4	总承包服务费		—
4	规费		—
5	税金		—
最高投标限价(投标报价)合计＝1+2+3+4+5			

注：本表适用于单位工程最高投标限价或投标报价的汇总，如无单位工程划分，单项工程也使用本表汇总。

表 1-6　工程项目竣工结算汇总表

工程名称：　　　　　　　　　　　　　　　　　　　　　　第　页　共　页

序号	单项工程名称	金额(元)	其中	
			安全文明施工费(元)	规费(元)
	合计			

表 1-7　单项工程竣工结算汇总表

工程名称：　　　　　　　　　　　　　　　　　　　　　　第　页　共　页

序号	单位工程名称	金额(元)	其中	
			安全文明施工费(元)	规费(元)
	合计			

表1-8 单位工程竣工结算汇总表

工程名称： 标段： 第 页 共 页

序号	汇总内容	金额（元）
1	分部分项工程	
1.1		
1.2		
2	措施项目	
2.1	安全文明施工费	
3	其他项目	
3.1	专业工程结算费	
3.2	计工日	
3.3	总承包服务费	
3.4	索赔与现场签证	
4	规费	
5	税金	
竣工结算总价合计 = 1+2+3+4+5		

注：如无单位工程划分，单项工程也使用本表汇总。

4. 分部分项工程项目清单表

1）分部分项工程项目清单与计价表，见表1-9。

此表是编制工程量清单、最高投标限价、投标总价、竣工结算总价最基本的用表。

特别强调的是，工程量清单与计价表中列明的所有需要填写的综合单价和合价，投标人均应填写，未填写的单价和合价，视为此项费用已包含在工程量清单的其他单价和合价中。

表1-9 分部分项工程项目清单与计价表

工程名称： 标段： 第 页 共 页

序号	项目编码	项目名称	项目特征描述	计量单位	工程量	金额（元）		
						综合单价	合价	其中：暂估价
本页小计								
合计								

注：根据住建部、财政部发布的《建筑安装工程费用项目组成》（建标〔2013〕44号）的规定，为计取规费等的使用，可在表中增设其中："直接费""人工费"或"人工费+机械费"。

2）工程量清单综合单价分析表，见表1-10。

投标人应按招标文件的要求，附工程量清单综合单价分析表。该表反映了构成每一个清单项目综合单价各个价格要素的价格和工、料、机的消耗量。

表1-10 工程量清单综合单价分析表

工程名称：　　　　　　　　　　标段：　　　　　　　　　　第 页 共 页

项目编码		项目名称		计量单位		工程量	
清单综合单价组成明细							

定额编号	定额名称	定额单位	数量	单价（元）				合价（元）			
				人工费	材料费	机械费	管理费和利润	人工费	材料费	机械费	管理费和利润

人工单价	小计（元）
元/工日	未计价材料费（元）
清单项目综合单价（元）	

材料费明细	主要材料名称、规格、型号	单位	数量	单价（元）	合价（元）	暂估单价（元）	暂估合价（元）
	其他材料费			—		—	
	材料费小计			—		—	

注：1. 如不使用省级或行业建设主管部门发布的计价依据，可不填定额编号、定额名称等。

2. 招标文件提供了暂估单价的材料，按暂估的单价填入表内"暂估单价"栏及"暂估合价"栏。

5. 措施项目清单表

1）措施项目清单与计价表（一），见表1-11。

表1-11 措施项目清单与计价表（一）

工程名称：　　　　　　　　　　标段：　　　　　　　　　　第 页 共 页

序号	项目名称	计算基础	费率（%）	金额（元）
1	安全文明施工费			
2	夜间施工费			
3	二次搬运费			
4	冬雨季施工增加费			
5	施工排水费			
6	施工降水费			
7	地上、地下设施、建筑物的临时保护设施费			
8	已完工程及设备保护费			
9	……			
合计				

注：1. 本表适用于以"项"计价的措施项目。

2. 根据住建部、财政部发布的《建筑安装工程费用项目组成》（建标〔2013〕44号）的规定，"计算基础"可为"直接费""定额人工费"或"定额人工费+定额机械费"。

2）措施项目清单与计价表（二），见表1-12。

表1-12 措施项目清单与计价表（二）

工程名称：　　　　　　　　标段：　　　　　　　　第 页 共 页

序号	项目编码	项目名称	项目特征描述	计量单位	工程量	金额（元）	
						综合单价	合价
1		大型机械设备进出场及安拆费					
2		垂直运输费					
3		混凝土、钢筋混凝土模板及支架（撑）					
4		……					
本页小计							
合计							

注：本表适用于以分部分项工程量清单项目综合单价方式计价的措施项目。

6. 其他项目清单表

1）其他项目清单与计价汇总表，见表1-13。

表1-13 其他项目清单与计价汇总表

工程名称：　　　　　　　　标段：　　　　　　　　第 页 共 页

序号	项目名称	金额(元)	结算金额(元)	备注
1	暂列金额			
2	暂估价			
2.1	材料暂估价	—	—	
2.2	专业工程暂估价			
3	计日工			
4	总承包服务费			
合 计			—	

注：材料（包括工程设备）暂估单价进入清单项目综合单价，此处不汇总。

2）暂列金额明细表，见表1-14。投标报价时，投标人只需要直接将工程量清单中所列的暂列金额纳入投标总价，并不需要在工程量清单中所列的暂列金额以外再考虑任何其他费用。

3）材料（工程设备）暂估单价表，见表1-15。招标人应对每一种暂估价给出相应的拟用项目，在备注栏予以说明，以便投标人将其纳入综合单价中。

表 1-14　暂列金额明细表

工程名称：　　　　　　　　　　标段：　　　　　　　　　　　　第　页　共　页

序号	项目名称	计量单位	暂定金额（元）	备注
1				
2				
3				
合计				—

注：此表由招标人填写，如不能详列，也可只列暂定金额总额，投标人应将上述暂列金额计入投标总价中。

表 1-15　材料（工程设备）暂估单价表

工程名称：　　　　　　　　　　标段：　　　　　　　　　　　　第　页　共　页

序号	材料（工程设备）名称、规格、型号	计量单位	单价（元）	备注

注：1. 此表由招标人填写，并在备注栏说明暂估价的材料、工程设备拟用在哪些清单项目上，投标人应将上述材料、工程设备暂估单价计入工程量清单综合单价报价中。
　　2. 材料包括原材料、燃料、构配件以及按规定应计入建筑安装工程造价的设备。

4）专业工程暂估价表，见表 1-16。专业工程暂估价是指分包人实施专业分包工程含税金后的完整价。

表 1-16　专业工程暂估价表

工程名称：　　　　　　　　　　标段：　　　　　　　　　　　　第　页　共　页

序号	工程名称	工程内容	金额（元）	备注
合计				—

注：此表由招标人填写，投标人应将上述专业工程暂估价计入投标总价中。

5）计日工表，见表 1-17。

表 1-17　计日工表

工程名称：　　　　　　　　　　标段：　　　　　　　　　　　　第　页　共　页

编号	项目名称	单位	暂定数量	综合单价（元）	合价（元）
一	人工				
1					
2					
人工小计					

（续）

编号	项目名称	单位	暂定数量	综合单价（元）	合价（元）
二	材料				
1					
2					
材料小计					
三	施工机械				
1					
2					
施工机械小计					
总价					

注：此表项目名称、数量由招标人填写，编制最高投标限价时，单价由招标人按有关计价规定确定；投标时，单价由投标人自主报价，计入投标总价中。

6）总承包服务费计价表，见表1-18。

表1-18 总承包服务费计价表

工程名称： 　　　　　　　　标段： 　　　　　　　　　第 页 共 页

序号	项目名称	项目价值（元）	服务内容	计算基础	费率（%）	金额（元）
1	发包人发包专业工程					
2	发包人供应材料					
合计		—	—		—	

7）索赔与现场签证计价汇总表，见表1-19。

表1-19 索赔与现场签证计价汇总表

工程名称： 　　　　　　　　标段： 　　　　　　　　　第 页 共 页

序号	签证及索赔项目名称	计量单位	数量	单价（元）	合价（元）	索赔及签证依据
本页小计						—
合计						—

注：签证及索赔依据是指经双方认可的签证单和索赔依据的编号。

8）费用索赔申请（核准）表，见表1-20。表1-20将费用索赔申请与核准设置在一个表中。使用表1-20时，应附上费用索赔的详细理由和依据、索赔金额的计算以及证明材料。通过监理工程师（发包人现场代表）复核，造价工程师（发包人或发包人委托的工程造价咨询企业的人员）复核具体费用，经发包人审核后生效。

表1-20　费用索赔申请（核准）表

工程名称：　　　　　　　　　　标段：　　　　　　　　　　　　编号：

致：＿＿＿＿＿＿＿＿＿＿＿＿＿＿＿＿＿＿＿＿＿＿＿＿＿（发包人全称）

　　根据施工合同条款第＿＿＿＿条的约定，由于＿＿＿＿＿＿＿＿原因，我方要求索赔金额（大写）＿＿＿＿元，（小写）＿＿＿＿元，请予核准。

附：1. 费用索赔的详细理由和依据：

　　2. 索赔金额的计算：

　　3. 证明材料：

　　　　　　　　　　　　　　　　　　　　　　　　　　　　承包人（章）

　　造价人员＿＿＿＿＿＿　　　承包人代表＿＿＿＿＿＿　　日期＿＿＿＿＿＿

复核意见： 　　根据施工合同条款第＿＿＿＿条的约定，你方提出的费用索赔经复核： 　　□不同意此项索赔，具体意见见附件。 　　□同意此项索赔，索赔金额的计算，由造价工程师复核。 　　　　　　　　监理工程师＿＿＿＿＿＿ 　　　　　　　　日　　期＿＿＿＿＿＿	复核意见： 　　根据施工合同条款第＿＿＿＿条的约定，你方提出的费用索赔申请经复核，索赔金额为（大写）＿＿＿＿元，（小写）＿＿＿＿元。 　　　　　　　　造价工程师＿＿＿＿＿＿ 　　　　　　　　日　　期＿＿＿＿＿＿

审核意见：

□不同意此项索赔。

□同意此项索赔，与本期进度款同期支付。

　　　　　　　　　　　　　　　　　　　　　　　　　　发包人（章）

　　　　　　　　　　　　　　　　　　　　　　　　　　发包人代表＿＿＿＿＿＿

　　　　　　　　　　　　　　　　　　　　　　　　　　日　　期＿＿＿＿＿＿

注：1. 在选择栏中的"□"内作标识"√"。

　　2. 本表一式四份，由承包人填报，发包人、监理人、造价咨询人、承包人各存一份。

9）现场签证表，见表1-21。

表1-21　现场签证表

工程名称：　　　　　　　　　　标段：　　　　　　　　　　　　编号：

施工部位		日期	

致：＿＿＿＿＿＿＿＿＿＿＿＿＿＿＿＿＿＿＿＿＿＿＿＿＿（发包人全称）

　　根据＿＿＿＿（指令人姓名）　年　月　日的口头指令或你方＿＿＿＿（或监理人）年　月　日的书面通知，我方要求完成此项工作应支付价款金额为（大写）＿＿＿元，（小写）＿＿＿元，请予核准。

附：1. 签证事由及原因：

　　2. 附图及计算式：

　　　　　　　　　　　　　　　　　　　　　　　　　　　　承包人（章）

　　造价人员＿＿＿＿＿＿　　　承包人代表＿＿＿＿＿＿　　日期＿＿＿＿＿＿

（续）

复核意见： 你方提出的此项签证申请经复核： □不同意此项签证，具体意见见附件。 □同意此项签证，签证金额的计算，由造价工程师复核。 监理工程师＿＿＿＿＿ 日　　期＿＿＿＿＿	复核意见： □此项签证按承包人中标的计日工单位计算，金额为（大写）＿＿＿＿＿元，（小写）＿＿＿＿＿（元）。 □此项签证因无计日工单价，金额为（大写）＿＿＿＿＿元，（小写）＿＿＿＿＿元。 造价工程师＿＿＿＿＿ 日　　期＿＿＿＿＿
审核意见： □不同意此项签证。 □同意此项签证，价款与本期进度款同期支付。	发包人（章） 发包人代表＿＿＿＿＿ 日　　期＿＿＿＿＿

注：1. 在选择栏中的"□"内作标识"√"。
　　2. 本表一式四份，由承包人在收到发包人（监理人）的口头或书面通知后填写，发包人、监理人、造价咨询人、承包人各存一份。

7. 规费、税金项目清单与计价表

规费、税金项目清单与计价表见表1-22。

表 1-22　规费、税金项目清单与计价表

工程名称：　　　　　　　　　标段：　　　　　　　　　　　第　页　共　页

序号	项目名称	计 算 基 础	费率（%）	金额（元）
1	规费			
1.1	社会保险费			
（1）	养老保险费			
（2）	失业保险费			
（3）	医疗保险费			
（4）	生育保险费			
（5）	工伤保险费			
1.2	住房公积金			
2	增值税			
	合价			

注：根据住建部、财政部发布的《建筑安装工程费用项目组成》（建标〔2013〕44号）的规定，"计算基础"可为"直接费""定额人工费"或"定额人工费+定额机械费"。

8. 工程款支付申请（核准）表

工程款支付申请（核准）表见表1-23。

表1-23将工程款支付申请与核准设置在一个表中。由承包人代表在每个计量周期结束后，向发包人提出，由监理工程师（发包人现场代表）复核工程量，由发包人授权的造价工程师（可以是委托的工程造价咨询企业的人员）复核应付款项，经发包人批准实施。

表 1-23 工程款支付申请（核准）表

工程名称：_____ 标段：_____ 编号：_____

致：_____（发包人全称）

我方于_____至_____期间已完成了_____工作，根据施工合同的约定，现申请支付本周期的工程款额为（大写）_____元，（小写）_____元，请予核准。

序号	名称	金额（元）	备注
1	累计已完成的工程价款		
2	累计已实际支付的工程价款		
3	本周期已完成的工程价款		
4	本周期完成的计日工金额		
5	本周期应增加和扣减的变更金额		
6	本周期应增加和扣减的索赔金额		
7	本周期应抵扣的预付款		
8	本周期应扣减的质保金		
9	本周期应增加或扣减的其他金额		
10	本周期实际应支付的工程价款		

承包人（章）

造价人员_____ 承包人代表_____ 日期_____

复核意见： □与实际施工情况不相符，修改意见见附件。 □与实际施工情况相符，具体金额由造价工程师复核。 监理工程师_____ 日　期_____	复核意见： 　你方提出的支付申请经复核，本期间已完成工程款额为（大写）_____元，（小写）_____元，本期间应支付金额为（大写）_____元，（小写）_____元。 造价工程师_____ 日　期_____

审核意见：
□不同意。
□同意，支付时间为本表签发后的 15 天内。

发包人（章）
发包人代表_____
日　期_____

注：1. 在选择栏中的"□"内作标识"√"。
　　2. 本表一式四份，由承包人填报，发包人、监理人、造价咨询人、承包人各存一份。

1.4 最高投标限价和投标报价的编制

1.4.1 最高投标限价

最高投标限价是招标人根据国家或省级、行业建设主管部门颁发的有关计价依据和办法，以及拟定的招标文件和招标工程量清单，结合工程具体情况编制的招标工程限定的最高造价。当招标人不设标底时，为了有利于客观、合理地评审投标报价和避免哄抬标价，造成国有资产流失，招标人应编制最高投标限价。

对于最高投标限价及其规定，应注意从以下方面理解：

1）国有资金投资的建设工程招标，招标人必须编制最高投标限价，作为投标人的最高投标限价及招标人能够接受的最高交易价格。

2）最高投标限价超过批准的概算时，招标人应将其报原概算审批部门审核。

3）投标人的投标报价高于最高投标限价的，其投标应予以拒绝。

4）最高投标限价应由具有编制能力的招标人或受其委托具有相应资质的工程造价咨询人编制和复核。工程造价咨询人不得同时接受招标人和投标人对同一工程的最高投标限价和投标报价的编制。

5）最高投标限价应在招标文件中公布，不应上调或下浮，招标人应将最高投标限价及有关资料报送工程所在地工程造价管理机构备查。

1. 最高投标限价的编制依据

最高投标限价应由具有编制能力的招标人或受其委托具有相应资质的工程造价咨询人根据下列依据编制：

1）《13版计价规范》。

2）招标文件（包括招标工程量清单）及其补充通知、答疑纪要等。

3）国家或省级、行业建设主管部门的有关规定。

4）建设工程设计文件及相关资料。

5）与建设项目相关的标准、规范、技术资料。

6）施工现场情况、工程特点及常规施工方案或合理的施工组织设计。

7）工程造价信息和市场价格。

8）其他的相关资料。

2. 最高投标限价的编制

（1）分部分项工程和措施项目中的单价项目　应根据招标文件中的分部分项工程项目清单中的项目特征描述及有关要求，按照最高投标限价编制的依据确定综合单价。招标文件提供了暂估单价的材料，应按招标文件确定的暂估单价计入综合单价。

综合单价应包括招标文件中要求投标人所承担的风险内容及其范围（幅度）产生的风险费用。按照国际惯例，并根据我国工程建设的特点，发承包双方对工程施工阶段的风险宜采取如下分摊原则：

1）对于主要由市场价格波动导致的价格风险，一般材料和工程设备价格风险幅度考虑在±5%以内，施工机械使用费的风险幅度考虑在±10%以内。

2）发包人应承担的风险：国家法律、法规、规章或政策发生变化；省级或行业建设主管部门发布的人工费调整（承包人所报人工费或人工单价高于发布的除外）；政府定价或政府指导价管理的原材料（如水、电、燃油等）等价格调整。

3）由于承包人使用机械设备、施工技术以及组织管理水平等自身原因造成施工费用增加的（管理费超支或利润减少），应由承包人全部承担。

（2）措施项目中的总价项目　应根据拟定的招标文件和常规施工方案按照最高投标限价编制的依据计价，应包括除规费、税金以外的全部费用。措施项目中的安全文明施工费必须按国家或省级、行业建设主管部门的规定计算。

（3）其他项目　应按下列规定计价：

1）暂列金额，应按照招标工程量清单中列出的金额填写。暂列金额由招标人根据工程的复杂程度、设计深度、工程环境条件等，按有关计价规定进行估算确定，并在招标工程量清单中列出。一般可按分部分项工程费的 10%~15% 计算。

2）暂估价中的材料、工程设备单价，应按招标工程量清单中列出的单价计入综合单价。材料、工程设备暂估价由招标人按工程造价管理机构发布的工程造价信息或参照市场价格确定，并应在招标工程量清单中列出。

3）暂估价中的专业工程金额，应按招标工程量清单中列出的金额填写。专业工程暂估价由招标人分不同专业，按有关计价规定估算。

4）计日工，应按招标工程量清单中列出的项目根据工程特点和有关计价依据确定的综合单价计算。计日工包括计日工人工、材料和施工机械。编制最高投标限价时，对计日工中的人工单价和施工机械台班单价应按省级、行业建设主管部门或其授权的工程造价管理机构公布的单价计算；材料应按工程造价管理机构发布的工程造价信息中的材料单价计算，工程造价信息未发布材料单价的材料，其价格应按市场调查确定的单价计算。

5）总承包服务费，应根据招标工程量清单列出的内容和要求估算。编制最高投标限价时，总承包服务费应按照省级或行业建设主管部门的规定计算。招标人可根据招标文件中列出的服务内容和向总承包人提出的要求参照下列标准计算：

① 招标人仅要求总承包人对其发包的专业工程提供现场协调和统一管理，对竣工资料汇总整理等服务时，按发包的专业工程估算造价（不含设备费）的 1.5% 左右计算。

② 招标人既要求总承包人对其发包的专业工程提供现场配合、协调竣工资料及汇总等服务，又为专业工程承包人提供现有施工设施（现场办公、水电、道路、脚手架、垂直运输）时，按发包的专业工程估算造价（不含设备费）的 3%~5% 计算。

③ 招标人自行供应材料、设备的，按招标人供应材料、设备价值的 1% 计算。

（4）规费和税金　规费和税金必须按国家或省级、行业建设主管部门的规定计算。

3. 最高投标限价无须保密

招标人应在招标文件中如实公布最高投标限价，包括最高投标限价各项费用（分部分项工程费、措施项目费、其他项目费、规费和税金）组成部分的详细内容。编制最高投标限价应注意以下问题：

1）编制最高投标限价时，采用的市场价格应通过调查、分析确定，有可靠的信息来源。

2）施工机械设备的选型直接关系到基价综合单价水平。

3）不可竞争的措施项目费和规费、税金等费用的计算均属于强制性条款，编制最高投标限价时应按国家有关规定计算。

4）对于竞争性的措施项目费的编制，应该首先编制施工组织设计或施工方案，然后依据经过专家论证后的施工方案，合理地确定措施项目与费用。

1.4.2 建设工程投标报价的计价方法

1. 计价方法

国际工程中的综合单价，一般是指全费用综合单价。全费用综合单价包括完成分部分项工程所发生的人工费、材料费、施工机具使用费、企业管理费、利润、规费和税金。工程量乘以综合单价就直接得到分部分项工程的造价费用，再将各个分部分项工程的造价费用加以汇总就直接得到整个工程的总建造费用。

我国《13版计价规范》中规定的综合单价是指完成一个规定计量单位的分部分项工程量清单项目或措施清单项目所需的人工费、材料费、施工机械使用费和企业管理费与利润，以及一定范围内的风险费用。

上述两种综合单价的差异之处在于后者不包括规费和税金。我国目前建筑市场存在过度竞争的情况，保障规费和税金的计取是必要的。综合单价能更好地控制工程价格，使工程价格接近市场行情，有利于竞争，同时也有利于降低建设工程投资。

综合单价按其所包含项目工作内容及工程计量方法的不同，又可分为以下三种表达形式：

1）参照现行预算定额（或企业定额）对应子目所约定的工作内容、计算规则进行报价。企业定额反映企业技术和管理水平，是计算人工、材料和机械台班消耗量的基本依据。

2）按招标文件约定的工程量计算规则，以及按技术规范规定的每一分部分项工程所包括的工作内容进行报价。

3）由投标人依据招标图样、技术规范，自主报价，即工程量的计算方法、投标价的确定均由投标人根据自身情况决定。

2. 投标报价的费用组成

投标报价时，建筑安装工程费用项目按费用构成要素划分为人工费、材料费、施工机具使用费、企业管理费、利润、规费和税金。

（1）人工费 人工费是指按工资总额构成规定，支付给从事建筑安装工程施工的生产工人和附属生产单位工人的各项费用。人工费包括：

1）计时工资或计件工资：是指按计时工资标准和工作时间或对已做工作按计件单价支付给个人的劳动报酬。

2）奖金：是指对超额劳动和增收节支支付给个人的劳动报酬，如节约奖、劳动竞赛奖等。

　　3）津贴补贴：是指为了补偿职工特殊或额外的劳动消耗和因其他特殊原因支付给个人的津贴，以及为了保证职工工资水平不受物价影响支付给个人的物价补贴，如流动施工津贴、特殊地区施工津贴、高温（寒）作业临时津贴、高空津贴等。

　　4）加班加点工资：是指按规定支付的在法定节假日工作的加班工资和在法定日工作时间外延时工作的加点工资。

　　5）特殊情况下支付的工资：是指根据国家法律、法规和政策规定，因病、工伤、产假、计划生育假、婚丧假、事假、探亲假、定期休假、停工学习、执行国家或社会义务等原因按计时工资标准或计时工资标准的一定比例支付的工资。

　　（2）材料费　材料费是指施工过程中耗费的原材料、辅助材料、构配件、零件、半成品或成品、工程设备的费用。材料费包括：

　　1）材料原价：是指材料、工程设备的出厂价格或商家供应价格。

　　2）运杂费：是指材料、工程设备自来源地运至工地仓库或指定堆放地点所发生的全部费用。

　　3）运输损耗费：是指材料在运输装卸过程中不可避免的损耗。

　　4）采购及保管费：是指在组织采购、供应和保管材料及工程设备的过程中所需要的各项费用，包括采购费、仓储费、工地保管费、仓储损耗。工程设备是指构成或计划构成永久工程一部分的机电设备、金属结构设备、仪器装置及其他类似的设备和装置。

　　（3）施工机具使用费　施工机具使用费是指施工作业所发生的施工机械、仪器仪表使用费或其租赁费。

　　1）施工机械使用费以施工机械台班消耗量乘以施工机械台班单价表示，施工机械台班单价应由下列7项费用组成：

　　① 折旧费：是指施工机械在规定的使用年限内，陆续收回其原值的费用。

　　② 检修费：是指施工机械在规定的耐用总台班内，按规定的检修间隔进行必要的检修，以恢复其正常功能所需的费用。

　　③ 维护费：是指施工机械在规定的耐用总台班内，按规定的维护间隔进行各级维护和临时故障排除所需的费用。维护费包括为保障机械正常运转所需替换设备与随机配备工具附具的摊销和维护费用，机械运转中日常保养所需润滑与擦拭的材料费用及机械停滞期间的维护和保养费用等。

　　④ 安拆费及场外运费：安拆费是指施工机械（大型机械除外）在现场进行安装与拆卸所需的人工、材料、机械和试运转费用以及机械辅助设施的折旧、搭设、拆除等费用；场外运费是指施工机械整体或分体自停放地点运至施工现场或由一施工地点运至另一施工地点的运输、装卸、辅助材料及架线等费用。

　　⑤ 人工费：是指机上司机（司炉）和其他操作人员的人工费。

　　⑥ 燃料动力费：是指施工机械在运转作业中所消耗的各种燃料及水、电等。

　　⑦ 税费：是指施工机械按照国家规定应缴纳的车船使用税、保险费及年检费等。

　　2）仪器仪表使用费是指工程施工所需使用的仪器仪表的摊销及维修费用。

　　（4）企业管理费　企业管理费是指建筑安装企业组织施工生产和经营管理所需的费用。企业管理费包括：

1）管理人员工资：是指按规定支付给管理人员的计时工资、奖金、津贴补贴、加班加点工资及特殊情况下支付的工资等。

2）办公费：是指企业管理办公用的文具、纸张、账表、印刷、邮电、书报、办公软件、现场监控、会议、水电、烧水和集体取暖降温（包括现场临时宿舍取暖降温）等费用。

3）差旅交通费：是指职工因公出差、调动工作的差旅费、住勤补助费，市内交通费和误餐补助费，职工探亲路费，劳动力招募费，职工退休、退职一次性路费，工伤人员就医路费，工地转移费以及管理部门使用的交通工具的油料、燃料等费用。

4）固定资产使用费：是指管理和试验部门及附属生产单位使用的属于固定资产的房屋、设备、仪器等的折旧、大修、维修或租赁费。

5）工具用具使用费：是指企业施工生产和管理使用的不属于固定资产的工具、器具、家具、交通工具和检验、试验、测绘、消防用具等的购置、维修和摊销费。

6）劳动保险和职工福利费：是指由企业支付的职工退职金、按规定支付给离休干部的经费，集体福利费、夏季防暑降温、冬季取暖补贴、上下班交通补贴等。

7）劳动保护费：是指企业按规定发放的劳动保护用品的支出，如工作服、手套、防暑降温饮料以及在有碍身体健康的环境中施工的保健费用等。

8）检验试验费：是指施工企业按照有关标准规定，对建筑以及材料、构件和建筑安装物进行一般鉴定、检查所发生的费用，包括自设实验室进行试验所耗用的材料等费用。检验试验费不包括新结构、新材料的试验费，对构件做破坏性试验及其他特殊要求检验试验的费用和建设单位委托检测机构进行检测的费用，对此类检测发生的费用，由发包人在工程建设其他费用中列支。但对施工企业提供的具有合格证明的材料进行检测不合格的，该检测费用由施工企业支付。

9）工会经费：是指企业按《工会法》规定的全部职工工资总额比例计提的工会经费。

10）职工教育经费：是指按职工工资总额的规定比例计提，企业为职工进行专业技术和职业技能培训、专业技术人员继续教育、职工职业技能鉴定、职业资格认定以及根据需要对职工进行各类文化教育所发生的费用。

11）财产保险费：是指施工管理用财产、车辆等的保险费用。

12）财务费：是指企业为施工生产筹集资金或提供预付款担保、履约担保、职工工资支付担保等所发生的各种费用。

13）税金：是指企业按规定缴纳的房产税、车船使用税、土地使用税、印花税等。

14）城市维护建设税：国家为了加强城市的维护建设，扩大和稳定城市维护建设资金来源，规定凡缴纳增值税、消费税的单位和个人，都应当依照规定缴纳城市维护建设税。城市维护建设税税率为：纳税人所在地为市区者，税率为7%；纳税人所在地为县镇者，税率为5%；纳税人所在地为农村者，税率为1%。

15）教育费附加：是对缴纳增值税、消费税的单位和个人征收的一种附加费。其作用是为了发展地方性教育事业、扩大地方教育经费的资金来源。以纳税人实际缴纳的增值税、消费税的税额为计费依据，教育费附加的征收税率为3%。

16）地方教育附加：按照《关于统一地方教育附加政策有关问题的通知》（财综〔2010〕98号）要求，各地统一征收地方教育附加，地方教育附加征收标准为单位和个人实际缴纳的增值税和消费税税额的2%。

17）其他：包括技术转让费、技术开发费、投标费、业务招待费、绿化费、广告费、公证费、法律顾问费、审计费、咨询费、保险费等。

（5）利润 利润是指施工企业完成所承包工程获得的盈利。

（6）规费

（7）税金

1.4.3 工程量清单招标的投标报价

投标报价是投标人按照招标文件中规定的各种因素和要求，根据本企业自身的实际水平和能力、各种环境条件等，对承建投标工程所需的成本、拟获利润、相应的风险费用等进行计算后提出的报价。

1. 投标报价的编制原则

1）投标报价由投标人自主确定，但必须执行《13版计价规范》的强制性规定。投标报价应由投标人或受其委托具有相应资质的工程造价咨询人编制。

2）投标人的投标报价不得低于工程成本。

3）投标人必须按招标工程量清单填报价格。填写的项目编码、项目名称、项目特征、计量单位、工程量必须与招标工程量清单一致。

4）投标报价要以招标文件中设定的承发包双方责任划分，作为设定投标报价费用项目和费用计算的基础。

5）应该以施工方案、技术措施等作为投标报价计算的基本条件。

2. 投标报价的编制依据

投标报价应根据下列依据编制：

1）《13版计价规范》。

2）招标文件（包括招标工程量清单）及其补充通知、答疑纪要、异议澄清或修正。

3）建设工程设计文件及相关资料。

4）施工现场情况、工程特点及投标时拟定的施工组织设计或施工方案。

5）与建设项目相关的标准、规范等技术资料。

6）投标人企业定额、工程造价数据、自行调查的价格信息等。

7）其他的相关资料。

3. 投标前的工程询价

工程询价是投标人在投标报价前，根据招标文件的要求，对工程所需材料、工程设备等资源的质量、型号、价格、市场供应等情况进行全面系统的了解，以及调查人工市场价格和分包工程报价的工作。工程询价包括生产要素询价（材料询价、机械设备询价、人工询价）和分包询价。工程询价是投标报价的基础，为工程投标报价提供价格依据。所以，工程询价直接影响着投标人投标报价的准确性和中标后的经济收益。投标人要做好工程询价，除了投标时进行必要的市场调查了解之外，平时还要做好工程造价信息的收集、整理和分析工作。

4. 复核工程量

采用工程量清单计价方式招标，工程量清单由招标人通过招标文件提供给投标人，其准确性（数量不算错）和完整性（不缺项漏项）由招标人负责。若工程量清单中存在漏项或错误，投标人核对后可以提出，并由招标人修改后通知所有投标人。投标人依据工程量清单进行投标报价，对工程量清单不负有核实义务，更不具有修改和调整的权利。投标人复核清单工程量的目的不是修改工程量清单，而是：

1) 编制施工组织设计、施工方案，选择合适的施工机械设备。
2) 中标后，承包人施工准备时能够准确地加工订货和采购施工物资。
3) 投标报价时可以运用不平衡报价技巧，使中标后能够获得更理想的收益。

5. 投标报价的编制

投标人在最终确定投标报价前，可先投标估价。

投标估价是指投标人在施工总进度计划、主要施工方法、分包人和资源安排确定以后，根据自身工料实际消耗水平，结合工程询价结果，对完成招标工程所需要的各项费用进行分析计算，提出承建该工程的初步价格。

投标报价是投标人投标时响应招标文件要求所报出的对已标价工程量清单汇总后标明的总价。在工程采用招标发包过程中，由投标人按照招标文件的要求和招标工程量清单，根据工程特点，投标人对于该工程的投标策略，在投标估价的基础上考虑投标人在该招标工程上的竞争地位、估价准确程度、风险偏好等，并结合自身的施工技术、装备和管理水平，以及在该工程上的预期利润水平，依据有关计价规定，自主确定的工程造价。投标报价是投标人希望达成工程承包交易的期望价格，不能高于招标人设定的最高投标限价。

投标总价由分部分项工程费、措施项目费、其他项目费、规费和税金五部分合计组成。

（1）分部分项工程和措施项目中的单价项目　投标人应根据招标文件和招标工程量清单中的项目特征描述确定分部分项工程和措施项目中的单价项目的综合单价。当出现招标工程量清单中的项目特征描述与设计图不符时，投标人应以招标工程量清单中的项目特征描述为准，确定投标报价的综合单价。招标工程量清单中提供了暂估单价的材料、工程设备，按暂估的单价计入综合单价。招标文件中要求投标人承担的风险内容和范围，投标人应考虑计入综合单价。

（2）措施项目中的总价项目　应根据招标文件及投标时拟定的施工组织设计或施工方案按照规范规定自主确定。

由于各投标人拥有的施工装备、技术水平和采取的施工方法有所差别，招标人提出的措施项目清单是根据一般情况确定的，没有考虑不同投标人的"个性"。投标人投标时应根据自身编制的投标施工组织设计（或施工方案）确定措施项目，并对招标人提供的措施项目进行调整。

措施项目投标报价原则：

1）措施项目的内容应依据招标人提出的措施项目清单和投标人拟定的施工组织设计或施工方案。

2）措施项目的计价方式无论单价项目，还是总价项目均应采用综合单价方式报价，即包括除规费、税金以外的全部费用。

3）措施项目由投标人自主报价，但其中的安全文明施工费必须按国家或省级、行业建设主管部门的规定计算，不得作为竞争性费用。

（3）其他项目

1）暂列金额应按招标工程量清单中列出的金额填写，不得变动。

2）暂估价不得变动和更改。材料、工程设备暂估价应按招标工程量清单中列出的单价计入综合单价；专业工程暂估价应按招标工程量清单中列出的金额填写。

3）计日工应按招标工程量清单中列出的项目和数量，自主确定综合单价并计算计日工总金额。

4）总承包服务费应根据招标工程量清单中列出的内容和提出的要求自主确定。投标人根据招标工程量清单中列出的分包专业工程暂估价内容和供应材料、设备情况，提出的协调、配合与服务要求和施工现场管理需要等自主确定。

（4）规费和税金 必须按国家或省级、行业建设主管部门的规定计算，不得作为竞争性费用。

将以上各个项目的计算结果汇总后，填入表1-5中可得到投标报价。

实行工程量清单计价，投标人对招标人提供的工程量清单与计价表中所列的项目均应填写单价和合价，否则，将被视为此项费用已包含在其他项目的单价和合价中，在竣工结算时，此项目不得重新组价予以调整。

投标总价应当与分部分项工程费、措施项目费、其他项目费和规费、税金的合计金额一致。不能仅对投标总价优惠（让利），投标人对投标报价的任何优惠（让利）均应反映在相应清单项目的综合单价中。

投标人的投标报价不能高于最高投标限价，否则其投标作废；也不能明显低于最高投标限价（一般房屋建筑不能低于最高投标限价的6%），投标人应合理说明并提供相关证明材料，否则就是低于工程成本，其投标作废。

6. 不平衡报价法

不平衡报价法是指一个工程项目总价（估价）基本确定后，通过调整内部各分项工程的单价，使其既不提高总报价，不影响中标，又能在工程结算时获得更大的收益。工程实践中，投标人采取不平衡报价法的通常做法有：

1）能够早日结算的项目，如前期措施费、基础工程、土石方工程等可以适当提高报价。"早收钱，多收钱"，以利于资金周转，提高资金时间价值。后期工程项目，如设备安装、装饰装修等的报价可适当降低。

2）经过对清单工程量复核，预计今后工程量会增加的项目，单价可适当提高；预计今后工程量可能减少的项目，单价可适当降低。

3）设计图不明确、工程内容说明不清，预计施工过程中会发生工程变更的项目，可以降低一些单价。

4）对发包人在施工中有可能会取消的项目，或有可能会指定分包的项目，报价可低点。

5）发包人要求有些项目采用包干报价时，宜报高价。一是这类项目多半有风险，二是这类项目在完成后可全部按报价结算。

6）有时招标文件要求投标人对工程量大的项目报"工程量清单综合单价分析表"，投标时可将人工费和机械费报高些，而材料费报低些。因为结算调价时，一般人工费和机械费选用"工程量清单综合单价分析表"中的价格，而材料则往往采用市场价。

投标人采取不平衡报价法要注意单价调整时不能畸高或畸低。一般来说，单价调整幅度不宜超过±10%，只有当对施工单位具有特别优势的分项工程，才可适当增大调整幅度。否则在评标"清标"时，所报价格就会被认为不合理，影响投标人中标。

1.4.4 评标定价

《招标投标法》中规定，评标委员会应当按照招标文件确定的评标标准和方法，对投标文件进行评审和比较。中标人的投标应符合下列两个条件之一：

1）能够最大限度地满足招标文件中规定的各项综合评价标准。

2）能够满足招标文件的实质性要求，并且经评审的投标价格最低，但是投标价低于成本的除外。

投标人的投标报价是评标时考虑的主要条件，也是中标后签订合同的价格依据。所以，招标投标定价方式也是一种工程价格的定价方式。在定价的过程中，招标文件及最高投标限价均可认为是发包人的定价意图，投标报价可认为是承包人的定价意图，中标价可认为是两方都可接受的价格。中标价在合同中予以确定，具有法律效力。

■ 1.5 BIM 在工程造价中的应用

BIM 即建筑信息模型（Building Information Modeling），是指对建筑工程项目的物理特性、功能属性以及全生命周期的相关信息，进行数字化、可视化表达，利用数字模型对工程项目进行设计、建造、运维的过程。BIM 在建设项目的规划、设计、采购、生产、建造、交付、运行维护过程中，协助项目各参与方，运用三维模型及其集成的数据信息技术，信息互联互通和交互共享，进行工程建设项目全过程管理。BIM 具有三维直观可视、专业间沟通协调、模拟优化等优点。BIM 技术和 BIM 计价软件已在国内很多工程项目上得到应用，特别是大型、复杂的工程项目。

在全球进入数字经济时代的背景下，各行各业都在开展数字化转型，数字化变革已经不是选择，而是唯一出路。BIM 技术作为数字化转型的核心技术，逐渐从以施工阶段为主的应用向全生命周期应用辐射，将建筑在全生命周期内的工程信息、管理信息和资源信息集成在统一模型中，解决了设计、施工、运维不同阶段业务分块割裂、数据无法共享的问题，实现了一体化、全过程应用。

BIM 技术进入我国后，在不同行业领域中发挥出了巨大作用。从 BIM 技术的特点来看，在工程建设领域当中 BIM 技术的应用范围极其广泛。BIM 技术具有的可视化特征，能够体现对工程建设期间的成本投入进行评估，可以有效避免建设过程中存在的影响工程进度的问题，对降低建设成本有良好的效果。

住建部在《2011—2015 年建筑业信息化发展纲要》中明确加快 BIM 技术在工程建筑领域的应用之后，于 2016 年发布了《2016—2020 年建筑业信息化发展纲要》，将 BIM 列为"十三五"建筑业重点推广的五大信息技术之一。住建部标准定额司在《工程造价行业"十三五"规划》中明确要求"要以 BIM 技术为基础，以企业数据库为支撑，建立工程项目造价管理信息系统"。住建部在《"十四五"住房和城乡建设科技发展规划》中提出 2025 年基本形成 BIM 技术框架和标准体系。

为推动 BIM 技术发展，国家和地方从 2017 年开始加大 BIM 政策与标准落地，BIM 类政策呈现出了非常明显的地域和行业扩散、应用方向明确、应用支撑体系健全的发展特点。《建筑业 10 项新技术（2017 版）》将 BIM 列为信息技术之首。

1.5.1 传统工程造价管理

传统工程造价管理面临以下难题：

1）造价数据缺乏时效性。工程建设周期长，市场因素影响大。水泥、砂石等价格波动较大，造成项目造价估算价格与实际市场价格存在较大偏差，使造价数据缺乏真实性和可信度。

2）项目前期管控不足。由于项目前期花费成本较低，使开发商忽视前期工程造价，不愿意花费更多的人力、物力进行项目前期可行性研究，导致前期工程造价与实际偏离较大时，招标投标和设计施工阶段出现巨大的经济损失。

3）成本控制不足。施工单位对工程造价管理的重点放在竣工结算上，对日常施工并未开展严格的预算管理，对成本管控没有制定相应的措施。

相对于传统的工程造价管理，BIM 技术的应用使工程造价行业经历了颠覆性的变革，全面提升了工程造价行业信息化管理水平，优化了行业管理流程，提升了行业效率，具有显著的应用优势。

BIM 技术的应用提高了设计施工阶段工程量统计的效率和准确性，使工程造价人员从烦琐复杂的工程量计算中解脱出来，节省了大量的时间和成本，为全面工程造价管理提供了有力的信息基础，对推进工程全过程管理具有积极的意义。

大量的工程实践证明，BIM 技术可以降本增效，有效控制项目投资风险，能够更好地优化项目设计、招标投标、施工等各个实施环节的造价管理工作，真正意义上为建设工程造价管理赋能。

1.5.2　BIM 技术在工程造价管理中的作用

1. 提高管理效率

BIM 技术是利用计算机及相应的软件对建筑项目进行模拟，在模拟和仿真的过程中提供建筑信息，使施工团队能够从多个角度了解建筑项目的基本信息和整体情况，为施工提供便利。在工程造价管理中，可运用 BIM 技术掌握施工要求和实际情况，充分发挥 BIM 技术的优势，构建工程项目三维立体模型，使建筑的整体情况更加直观、立体。科学地分析、设计，避免设计失误，使材料与技术的应用更加明确和有针对性。管理人员可结合建筑立体模型的实际情况，确定各环节的施工管理目标和造价，并结合所获得的信息和数据，使工程造价管理更加完善、细致，促进工程造价管理逐步提升，进而帮助企业或施工团队在工程造价管理中取得较好的成效，解决原有因技术不足而存在的工程造价管理或施工问题，提高工作效率。同时，设计人员可利用 BIM 技术，结合图样、材料清单和施工技术要求，对工程造价管理方案进行有效设计，规避工程造价管理中的诸多影响因素。另外，如果图样错误或工程造价管理出现失误，将会对施工管理、质量管理造成不利影响，很难提高工程项目的经济效益。因此，运用 BIM 技术的立体模型可以明确工程造价管理各个环节的内容，提供材料数据和技术要求，根据施工现场进度合理推动工作进程，从而提高工程造价管理工作的水平和效率。

2. 减少失误

安全稳定、高质量施工是施工企业追求的最高目标之一，只有确保施工安全稳定，才能体现施工团队的建设和管理能力，提高经济效益。然而，传统的工程施工管理和工程造价管理方式存在着复杂程度高、难度大等问题。在一些比较复杂的工程项目管理中，由于工程造价管理的失误，导致施工中出现错误，不仅影响了施工进度，而且增加了工程造价，影响了工程项目最终的经济效益。因此，需要借助 BIM 技术在工程造价管理中的优势，使管理人员获得更为详细、健全的建筑信息，并根据工程的实际情况确定具体材料应用数量、技术方法等，提高材料与技术应用的完整性，防止因工程造价管理和施工设计不合理而出现事故，从而进一步提高施工管理和工程造价管理水平。同时，最大限度地控制工程造价，确保材料与技术的充分利用，避免材料浪费和经济损失，从而提高施工企业和施工团队的经济效益。

1.5.3　BIM 在工程造价管理方面的优势

1）BIM 技术将有效缩减算量工作时间，提高工程计量的准确度与效率，实现对整个工程造价的实时、动态、精确的成本分析。BIM 技术在工程造价管理中的应用，使工程造价从业人员从繁重的算量、对量、审核工作中解放出来，可以更加深入地研究价格组成、成本管理等工作，可以实现实时、动态、精确的成本分析，协助建设方提高建设成本的管控力度，展现出工程造价的价值所在。

2）BIM技术的应用有利于推进全过程、全生命周期造价管理模式的开展。BIM模型将建设项目建设过程的各种相关信息，通过BIM三维模型的形式在各个阶段之中相互串联起来。BIM模型为建设工程各参与方提供信息共享平台，实现远程信息传递和信息共享等服务，有效避免数据的重复录入，实现了项目各个方面的协同与融合。因此，BIM技术的推广有利于全过程、全生命周期的工程造价管理模式的开展。

3）信息化应用程度高，BIM技术加强了建设工程各参与方的协同合作，提升了造价管理效率。BIM技术作为一种信息化集成应用手段，将设计、采购、施工等各方协同进行统一管理，阶段式分离的建设管理工作模式将不复存在，直接加强了建设工程各参与方的协同合作。建设工程各参与方将以此捆绑在一体，联合集中处理和解决工程问题，有效优化工程设计质量，减少设计变更、工程索赔等，提升造价管理的工作效率。

4）BIM技术可以满足大体量、特殊异型项目的工程计量和计价要求。在BIM技术条件下，大体量、特殊异型项目等不再是工程计量的难题。在适当修改工程造价管理规则的基础上（如BIM计量规则等），基于信息准确的BIM模型将迅速提供建设项目工程量信息，可以满足大体量、特殊异型项目的工程计量和计价要求。

5）BIM技术有助于工程造价数据的积累和共享。BIM技术作为一种能追根溯源的信息技术，带来了另外一种思维模式。采用统一标准建立的三维模型可以进行数据积累，且数据方便调用、对比和分析，可以直接进行工程计价，并提供相应的数据支持。同时，通过统一的数据接口，BIM模型可以支持数据存储、传输以及移动应用，支持工程造价管理的信息化要求，是工程造价精细化管理的有力保障。

思 考 题

1. 什么是工程量清单？其作用是什么？

2. 工程量清单由哪几部分组成？分部分项工程项目清单应包括哪几个要素？

3. 试述分部分项工程项目清单中项目编码的含义。

4. 编制工程量清单时，如何描述项目特征？

5. 分部分项工程项目清单的工程量有什么特点？

6. 措施项目清单中的通用措施项目包括哪些？

7. 在工程量清单计价中，总承包服务费指的是什么？

8. 根据现行计价规范规定，采用工程量清单计价时，建筑安装工程造价由哪几项费用组成？各项费用又分别如何计算？

9. 什么是工程量清单的综合单价？投标时如何确定综合单价？

10. 采用工程量清单招标时，最高投标限价的编制依据有哪些？

11. 采用工程量清单招标时，工程量清单由招标人提供给投标人，而投标人复核清单工程量的目的是什么？

12. 什么是不平衡报价法？其通常有哪些做法？

<h1 style="text-align:center">习 题</h1>

一、单项选择题

1. 下列措施项目费中，宜采用参数法计价的是（　　）。

A. 垂直运输费　　　　　　　　　　B. 夜间施工增加费

C. 混凝土模板及支架费　　　　　　D. 室内空气污染测试费

2. 根据《建设工程工程量清单计价规范》（GB 50500—2013），下列投标报价计算公式中，正确的是（　　）。

A. 措施项目费 = ∑（措施项目工程量×措施项目综合单价）

B. 分部分项工程费 = ∑（分部分项工程量×分部分项工程综合单价）

C. 其他项目费 = 暂列金额+暂估价+计日工+总承包服务费+规费

D. 单位工程报价 = 分部分项工程费+措施项目费+其他项目费

3. 根据《建设工程工程量清单计价规范》，下列关于使用国有资金投资的工程项目最高投标限价的说法，正确的是（　　）。

A. 最高投标限价是所有投标人的最高投标限价

B. 最高投标限价可以根据需要在开标时适当上调或者下浮

C. 最高投标限价必须由工程造价咨询人编制，不得由招标人自行编制

D. 最高投标限价性质与标底相同，必须保密

4. 根据《建设工程工程量清单计价规范》，下列费用中，必须按照国家或省级行业建设主管部门规定的标准计算，不得作为竞争性费用的是（　　）。

A. 安全文明施工费和企业管理费　　B. 规费和企业管理费

C. 措施项目费和规费　　　　　　　D. 规费和税金

5. 工程量清单作为清单计价的基础，主要用于建设工程的（　　）。

A. 决策阶段和设计阶段　　　　　　B. 设计阶段和招标投标阶段

C. 施工阶段和运营使用阶段　　　　D. 招标投标阶段和施工阶段

6. 根据《建设工程工程量清单计价规范》（GB 50500—2013），下列关于暂列金额的说法，正确的是（　　）。

A. 暂列金额应由投标人根据招标工程量清单列出的内容和要求估算

B. 暂列金额应包括在签约合同价中，属承包人所有

C. 暂列金额不能用于施工中发生的工程变更的费用支付

D. 暂列金额可用于施工过程中索赔、现场签证确认的费用

7. 下列施工中发生的与材料有关的费用，属于建筑安装工程费中材料费的是（　　）。

A. 对原材料进行一般鉴定，检查所发生的费用

B. 原材料在运输装卸过程中不可避免的损耗费

C. 施工机械场外运输的辅助材料费

D. 机械设备日常保养所需的材料费用

8. 施工企业按规定标准发放的工作服、手套、防暑降温饮料等发生的费用，属于建筑安装工程费中的（　　　）。

A. 津贴补贴
B. 劳动保护费

C. 特殊情况下支付的工资
D. 劳动保险费

9. 已知招标工程量清单中土方工程量为 2000m³，某投标人根据施工方案确定的土方工程量为 3800m³，根据测算，完成该土方工程的人工费为 50000 元，机械费为 40000 元，材料费为 10000 元，管理费按照人工、材料、机械费用之和的 10% 计取，利润按人工、材料、机械费用以及管理费之和的 6% 计取。其他因素均不考虑。则该土方工程的投标综合单价为（　　　）元/m³。

A. 58.30
B. 30.53

C. 30.68
D. 58.00

10. 编制其他项目清单时，下列关于计日工表中的材料和机械列项要求的说法，正确的是（　　　）。

A. 材料和机械仅按实际使用数量列项

B. 材料和机械应按规格、型号详细列项

C. 材料应按使用数量详细列项，机械应按类别粗略列项

D. 材料应按供应厂商详细列项，机械应按型号粗略列项

二、多项选择题

1. 分部分项工程项目清单中项目特征描述通常包括（　　　）。

A. 项目的管理模式
B. 项目的材质、规格

C. 项目的工艺特征
D. 项目的组织方式

E. 可能对项目施工方法产生影响的特征

2. 建设工程采用工程量清单招标模式时，下列关于投标报价的说法，正确的有（　　　）。

A. 投标人应以施工方案、技术措施等作为投标报价计算的基本条件

B. 投标报价不得低于工程成本

C. 招标工程量清单的工程数量与施工图不完全一致时，应按照招标人提供的清单工程量填报投标价格

D. 投标报价只能由投标人编制，不能委托造价咨询机构编制

E. 投标报价应以招标文件中设定的承发包责任划分，作为设定投标报价费用项目和费用计算的基础

3.《建设工程工程量清单计价规范》（GB 50500—2013）中，分部分项工程的综合单价除包括人工、材料、机械费用外，还包括（　　　）。

A. 利润
B. 一定范围内的风险费用

C. 规费
D. 管理费

E. 税金

第2章

建筑工程工程量清单的编制与BIM应用

> **学习重点：**建筑工程工程量清单的编制。
>
> **学习目标：**掌握土石方工程、地基处理与边坡支护工程、砌筑工程、混凝土及钢筋混凝土工程、门窗工程、屋面及防水工程的工程量计算规则；熟悉桩基工程、金属结构工程及保温、隔热、防腐工程的工程量计算规则；熟悉各分部工程清单项目的设置、项目特征描述的内容及工作内容；了解木结构工程的工程量计算规则，了解其他相关问题说明。
>
> **思政目标：**在学习土建工程主要分部分项工程的工程量清单编制方法的过程中，培养学生具备认真务实、精益求精的专业态度。

本章以《房屋建筑与装饰工程工程量计算规范》（GB 50854—2013）为依据，介绍房屋建筑工程工程量清单和清单计价表的编制。

■ 2.1 土石方工程

2.1.1 土石方工程的工程量计算规则

1. 土方工程的工程量计算规则

土方工程包括平整场地、挖土方、冻土开挖、挖淤泥、流砂、管沟土方。

1）平整场地的工程量按设计图示尺寸以建筑物首层面积计算。

2）挖土方的工程量：

① 挖一般土方的工程量：按设计图示尺寸以体积计算。

② 挖沟槽土方、挖基坑土方的工程量：按设计图示尺寸以基础垫层底面积乘以挖土深度计算。

3）冻土开挖的工程量按设计图示尺寸开挖面积乘以厚度以体积计算。

4）挖淤泥、流砂的工程量按设计图示位置、界限以体积计算。

5）管沟土方的工程量：

① 以米计量，按设计图示以管道中心线长度计算。

② 以立方米计量，按设计图示管底垫层面积乘以挖土深度计算；无管底垫层时，按管外径的水平投影面积乘以挖土深度计算。不扣除各类井的长度，井的土方量并入管沟土方量。

2. 石方工程的工程量计算规则

石方工程包括挖一般石方、挖沟槽石方、挖基坑石方、挖管沟石方。

1) 挖一般石方的工程量按设计图示尺寸以体积计算。

2) 挖沟槽石方的工程量按设计图示尺寸沟槽底面积乘以挖石深度以体积计算。

3) 挖基坑石方的工程量按设计图示尺寸基坑底面积乘以挖石深度以体积计算。

4) 挖管沟石方的工程量按设计图示以管道中心线长度或按设计图示截面面积乘以长度计算。

3. 回填的工程量计算规则

回填包括回填方和余方弃置。

1) 回填方工程量按设计图示尺寸以体积计算。

① 场地回填工程量按回填面积乘以平均回填厚度。

② 室内回填工程量按主墙间净面积乘以回填厚度，不扣除间隔墙。

③ 基础回填工程量按挖方清单项目工程量减去自然地坪以下埋设的基础体积（包括基础垫层及其他构筑物）。

2) 余方弃置工程量按挖方清单项目工程量减去利用回填方体积（正数）计算。

2.1.2 土石方工程工程量清单项目的设置

1) 土方工程工程量清单项目设置、项目特征描述的内容、计量单位及工作内容，按表2-1的规定执行。

表2-1 土方工程（编码：010101）

项目编码	项目名称	项目特征	计量单位	工作内容
010101001	平整场地	1. 土壤类别 2. 弃土运距 3. 取土运距	m²	1. 土方挖填 2. 场地找平 3. 运输
010101002	挖一般土方	1. 土壤类别 2. 挖土深度 3. 弃土运距	m³	1. 排地表水 2. 土方开挖 3. 围护（挡土板）及拆除 4. 基底钎探 5. 运输
010101003	挖沟槽土方			
010101004	挖基坑土方			
010101005	冻土开挖	1. 冻土厚度 2. 弃土运距		1. 爆破 2. 开挖 3. 清理 4. 运输
010101006	挖淤泥、流砂	1. 挖掘深度 2. 弃淤泥、流砂距离		1. 开挖 2. 运输

（续）

项目编码	项目名称	项目特征	计量单位	工作内容
010101007	管沟土方	1. 土壤类别 2. 管外径 3. 挖沟深度 4. 回填要求	1. m 2. m³	1. 排地表水 2. 土方开挖 3. 围护（挡土板）、支撑 4. 运输 5. 回填

2）石方工程工程量清单项目设置、项目特征描述的内容、计量单位及工作内容，按表 2-2 的规定执行。

表 2-2　石方工程（编码：010102）

项目编码	项目名称	项目特征	计量单位	工作内容
010102001	挖一般石方	1. 岩石类别 2. 开凿深度 3. 弃碴运距	m³	1. 排地表水 2. 凿石 3. 运输
010102002	挖沟槽石方			
010102003	挖基坑石方			
010102004	挖管沟石方	1. 岩石类别 2. 管外径 3. 挖沟深度	1. m 2. m³	1. 排地表水 2. 凿石 3. 回填 4. 运输

3）回填工程量清单项目设置、项目特征描述的内容、计量单位及工作内容，按表 2-3 的规定执行。

表 2-3　回填（编码：010103）

项目编码	项目名称	项目特征	计量单位	工作内容
010103001	回填方	1. 密实度要求 2. 填方材料品种 3. 填方粒径要求 4. 填方来源、运距	m³	1. 运输 2. 回填 3. 压实
010103002	余方弃置	1. 废弃料品种 2. 运距		余方点装料运输至弃置点

2.1.3　其他相关问题说明

1）土壤及岩石的分类应按表 2-4 确定。当土壤类别不能准确划分时，招标人可注明为综合，由投标人根据地质勘察报告决定报价。

表 2-4　土壤及岩石的分类

土壤类别	土壤名称	开挖方法
一、二类土	粉土、砂土（粉砂、细砂、中砂、粗砂、砾砂）、粉质黏土、弱中盐渍土、软土（淤泥质土、泥炭、泥炭质土）、软塑红黏土、冲填土	用锹，少许用镐、条锄开挖。机械能全部直接铲挖满载者

（续）

土壤类别	土壤名称	开挖方法
三类土	黏土、碎石土（圆砾、角砾）混合土、可塑红黏土、硬塑红黏土、强盐渍土、素填土、压实填土	主要用镐、条锄，少许用锹开挖。机械需部分刨松方能铲挖满载者或可直接铲挖但不能满载者
四类土	碎石土（卵石、碎石、漂石、块石）、坚硬红黏土、超盐渍土、杂填土	全部用镐、条锄挖掘，少许用撬棍挖掘。机械须普遍刨松方能铲挖满载者

岩石分类		代表性岩石	开挖方法
极软岩		1. 全风化的各种岩石 2. 各种半成岩	部分用手凿工具、部分用爆破法开挖
软质岩	软岩	1. 强风化的坚硬岩或较硬岩 2. 中等风化—强风化的较软岩 3. 未风化—微风化的页岩、泥岩、泥质砂岩等	用风镐和爆破法开挖
	较软岩	1. 中等风化—强风化的坚硬岩或较硬岩 2. 未风化—微风化的凝灰岩、千枚岩、泥灰岩、砂质泥岩等	用爆破法开挖
硬质岩	较硬岩	1. 微风化的坚硬岩 2. 未风化—微风化的大理岩、板岩、石灰岩、白云岩、钙质砂岩等	用爆破法开挖
	坚硬岩	未风化—微风化的花岗岩、闪长岩、辉绿岩、玄武岩、安山岩、片麻岩、石英岩、石英砂岩、硅质砾岩、硅质石灰岩等	用爆破法开挖

2）土石方体积应按挖掘前的天然密实度体积计算。非天然密实度土石方应按表2-5、表2-6折算。

表2-5　土方体积折算系数

天然密实度体积	虚方体积	夯实后体积	松填体积
0.77	1.00	0.67	0.83
1.00	1.30	0.87	1.08
1.15	1.50	1.00	1.25
0.92	1.20	0.80	1.00

注：虚方是指未经碾压、堆积时间≤1年的土壤。

表2-6　石方体积折算系数

石方类别	天然密实度体积	虚方体积	松填体积	码方
石方	1.0	1.54	1.31	
块石	1.0	1.75	1.43	1.67
砂夹石	1.0	1.07	0.94	

3）挖土方、石方平均厚度应按自然地面测量标高至设计地坪标高间的平均厚度确定。基础土方、石方开挖深度应按基础垫层底表面标高至交付施工场地标高确定，无交付

施工场地标高时，应按自然地面标高确定。

4）建筑物场地厚度≤±300mm的挖、填、运、找平，按表2-1中平整场地项目编码列项。厚度>±300mm的竖向布置挖土或山坡切土，按表2-1中挖一般土方项目编码列项。厚度>±300mm的竖向布置挖石或山坡凿石，应按表2-2中挖一般石方项目编码列项。

5）沟槽、基坑、一般土方（或一般石方）的划分为：底宽≤7m且底长>3倍底宽为沟槽；底长≤3倍底宽且底面面积≤150m² 为基坑；超出上述范围则为一般土方（或一般石方）。

6）挖土方如需截桩头时，按桩基工程相关项目列项。桩间挖土不扣除桩的体积，并在项目特征中加以描述。

7）弃、取土运距、弃碴运距可以不描述，但应注明由投标人根据施工现场实际情况自行考虑，决定报价。

8）挖沟槽、基坑、一般土方因工作面和放坡增加的工程量（管沟工作面增加的工程量）是否并入各土方工程量中，应按各地建设行政主管部门的规定实施，如并入各土方工程量中，办理工程结算时，按经发包人认可的施工组织设计规定计算，编制工程量清单时，可分别按表2-7、表2-8、表2-9规定计算。

表 2-7　放坡系数

土类别	放坡起点/m	人工挖土	机械挖土		
			在坑内作业	在坑上作业	顺沟槽在坑上作业
一、二类土	1.20	1：0.5	1：0.33	1：0.75	1：0.5
三类土	1.50	1：0.33	1：0.25	1：0.67	1：0.33
四类土	2.00	1：0.25	1：0.10	1：0.33	1：0.25

注：1. 沟槽、基坑中土类别不同时，分别按其放坡起点、放坡系数，依不同土类别厚度加权平均计算。
2. 计算放坡时，在交接处的重复工程量不予扣除，原槽、坑作基础垫层时，放坡自垫层上表面开始计算。

表 2-8　基础施工所需工作面宽度

基础材料	每边各增加工作面宽度/mm	基础材料	每边各增加工作面宽度/mm
砖基础	200	混凝土基础支模板	300
浆砌毛石、条石基础	150	基础垂直面做防水层	1000（防水层面）
混凝土基础垫层支模板	300	—	—

表 2-9　管沟施工每侧所需工作面宽度　　　　　　（单位：mm）

管沟材料	管道结构宽			
	≤500	≤1000	≤2500	>2500
混凝土及钢筋混凝土管道	400	500	600	700
其他材质管道	300	400	500	600

注：管道结构宽：有管座的按基础外缘，无管座的按管道外径。

9）挖方出现流砂、淤泥时，如设计未明确，在编制工程量清单时，其工程数量可为暂估量，结算时应根据实际情况由发包人与承包人双方现场签证确认工程量。

10）管沟土石方项目适用于管道（给水排水、工业、电力、通信）、光（电）缆沟

［包括：人（手）孔、接口坑］及连接井（检查井）等。

11）填方密实度要求，在无特殊要求情况下，项目特征可描述为满足设计和规范的要求。

12）填方材料品种可以不描述，但应注明由投标人根据设计要求验方后方可填入，并符合相关工程的质量规范要求。

13）填方粒径要求，在无特殊要求情况下，项目特征可以不描述。

14）如需买土回填应在项目特征"填方来源"中描述，并注明买土方数量。

15）回填土的相关概念。

① 场地回填。场地回填是指按设计要求进行分层回填，由推土机将土推平，压路机进行碾压。计算公式为

$$场地回填=回填面积×平均回填厚度 \tag{2-1}$$

② 室内回填。室内回填土是指室外设计地坪标高以上、室内地面垫层标高以下的房心部位回填土（见图2-1）。计算公式为

$$房心回填体积=室内主墙之间的净面积×回填厚度h \tag{2-2}$$

$$\begin{aligned}回填厚度h&=室内设计地坪标高-室外设计地坪标高-地面面层厚度-地面垫层厚度\\&=室内外高差-地面做法厚度\end{aligned} \tag{2-3}$$

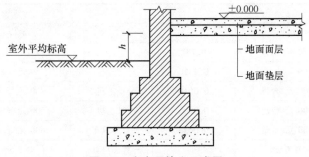

图2-1　室内回填土示意图

③ 基础回填。对于无地下室的建筑物，基础回填土即基坑、土方和沟槽的肥槽回填土部分（见图2-2）。回填时采用夯填，主要以人工操作蛙式打夯机进行夯实。通常按打夯两遍为准测算。计算公式为

$$基础回填体积=挖土体积-室外设计地坪以下被埋设的基础和垫层及构筑物的体积 \tag{2-4}$$

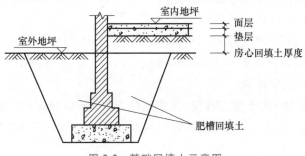

图2-2　基础回填土示意图

④ 地下室内回填。对于有地下室的建筑物,基础回填土就是地下室内回填土,其工程量按设计图示尺寸以立方米计算。地下室内回填剖面图如图2-3所示。

【例2-1】 某建筑工程采用同一断面的带形基础[条],基础(含垫层)断面面积为2.0m²,基础总长度为200m,垫层宽度为2m,厚度为200mm,挖土深度为2.2m。土壤类别为一、二类土。根据工程情况以及施工现场条件等因素确定基础土方开挖工程施工方案为人工放坡开挖、机械配合,工作面每边300mm,自垫层上表面开始放坡,放坡系数为1:0.33。沟边堆土用于回填,余土全部外运,弃土运距15km内,挖、填土方计算均按天然密实土。相关市场资源价格及定额消耗量见表2-10。

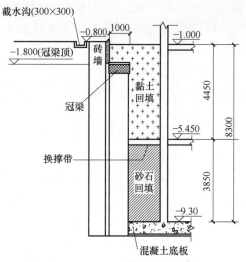

图2-3 地下室内回填剖面图

表2-10 相关市场资源价格及定额消耗量

人工挖沟槽			土方运输		
名称	单价	消耗量	名称	单价	消耗量
人工	170 元/工日	0.182	人工	170 元/工日	0.090
柴油	9 元/kg	0.2310	柴油	9 元/kg	1.5374
挖土机	900 元/台班	0.0010	挖土机	900 元/台班	0.0065
推土机	500 元/台班	0.0003	推土机	500 元/台班	0.0021
自卸汽车	600 元/台班	0.0028	自卸汽车	600 元/台班	0.0182
其他机具	0.6 元	—	其他机具	0.3 元	—

工程采用工程量清单计价,管理费费率取9%,利润率和风险系数取8%,试编制挖沟槽土方工程工程量清单及综合单价。

【解】 1. 计算挖沟槽土方清单工程量

挖沟槽土方工程量是按设计图示尺寸以基础垫层底面积乘以挖土深度计算。

清单工程量 $= 2m \times 200m \times 2.2m = 880m^3$

2. 根据施工方案计算施工作业工程量

(1)挖土方工程量计算

挖土方工程量 $= \{(2+2 \times 0.3) \times 0.2 + [(2+2 \times 0.3) \times 2 + 0.33 \times (2.2-0.2) \times 2] \times$
$(2.2-0.2) \div 2\} m^2 \times 200m = (0.52+6.52) m^2 \times 200m = 1408m^3$

(2)余土外运工程量计算

基础回填土工程量 = 挖土方工程量 - 条形基础工程量 $= 1408m^3 - 2 \times 200m^3 = 1008m^3$

余土外运工程量 = 挖土方工程量 - 基础回填土工程量 $= 1408m^3 - 1008m^3 = 400m^3$

⊖ 现采用条形基础,条形基础即带形基础,计价规范中采用带形基础,故本书不改。

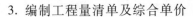

3. 编制工程量清单及综合单价

根据企业定额消耗量、市场资源价格以及管理费费率、利润率和风险系数，首先编制工程量清单综合单价分析表，然后编制分部分项工程项目清单与计价表。

（1）编制工程量清单综合单价分析表　清单工程量没有考虑施工工作面和放坡增加的土方工程量，这与实际施工作业量差距很大，并将随着挖土深度的增大而相差更大。所以，在清单计价中应将这部分土方工程量的费用考虑到综合单价中。

1）清单单位含量＝定额工程量/清单工程量。

$$人工挖基础土方清单单位含量 = 1408 \div 880 = 1.60$$

$$机械土方运输清单单位含量 = 400 \div 880 = 0.45$$

2）人工费、材料费、机械费以及管理费和利润单价计算。

人工挖土人工费单价 $= 170 \times 0.182$ 元/m^3 $= 30.94$ 元/m^3

合价 $= 30.94 \times 1.60$ 元/m^3 $= 49.50$ 元/m^3

人工挖土材料费单价 $= 9 \times 0.2310$ 元/m^3 $= 2.08$ 元/m^3

合价 $= 2.08 \times 1.60$ 元/m^3 $= 3.33$ 元/m^3

人工挖土机械费单价 $= 900 \times 0.0010$ 元/m^3 $+ 500 \times 0.0003$ 元/m^3 $+ 600 \times 0.0028$ 元/m^3 $+ 0.6$ 元/m^3 $= 3.33$ 元/m^3

合价 $= 3.33 \times 1.60$ 元/m^3 $= 5.33$ 元/m^3

人工挖土管理费和利润单价 $= (30.94 + 2.08 + 3.33)$ 元/m^3 $\times 9\% + (30.94 + 2.08 + 3.33)$ 元/m^3 $\times (1 + 9\%) \times 8\% = 6.44$ 元/m^3

合价 $= 6.44 \times 1.60$ 元/m^3 $= 10.30$ 元/m^3

土方运输人工费单价 $= 170 \times 0.090$ 元/m^3 $= 15.30$ 元/m^3

合价 $= 15.30 \times 0.45$ 元/m^3 $= 6.89$ 元/m^3

土方运输材料费单价 $= 9 \times 1.5374$ 元/m^3 $= 13.84$ 元/m^3

合价 $= 13.84 \times 0.45$ 元/m^3 $= 6.23$ 元/m^3

土方运输机械费单价 $= 900 \times 0.0065$ 元/m^3 $+ 500 \times 0.0021$ 元/m^3 $+ 600 \times 0.0182$ 元/m^3 $+ 0.3$ 元/m^3 $= 18.12$ 元/m^3

合价 $= 18.12 \times 0.45$ 元/m^3 $= 8.15$ 元/m^3

土方运输管理费和利润单价 $= (15.30 + 13.84 + 18.12)$ 元/m^3 $\times 9\% + (15.30 + 13.84 + 18.12)$ 元/m^3 $\times (1 + 9\%) \times 8\% = 8.37$ 元/m^3

合价 $= 8.37 \times 0.45$ 元/m^3 $= 3.77$ 元/m^3

3）工程量清单综合单价分析表。从【例2-1】可以看出，实际施工的工程量考虑了施工时的工作面宽度和放坡土方增量的影响，而清单挖沟槽土方的计算规则中不考虑这些因素，所以挖土方的实际施工工程量大于清单工程量。在投标报价时，施工企业应将工作面宽度和放坡土方增量造成的施工成本增加，包含在挖土方的清单综合单价中。将以上计算结果写入工程量清单综合单价分析表，见表2-11。

《13版计价规范》中挖沟槽土方工程内容综合了土方运输，故将以上计算的人工挖土和土方运输的人工费、材料费、机械费以及管理费和利润分别相加，最后得到挖沟槽土方工程量清单综合单价。

表2-11 工程量清单综合单价分析表

工程名称：某建筑工程　　　　　　　　标段：　　　　　　　　第　页　共　页

项目编码	010101003001	项目名称	挖沟槽土方	计量单位	m³		
清单综合单价组成明细							
定额编号	定额名称	定额单位	清单单位含量	单价（元）				合价（元）			
				人工费	材料费	机械费	管理费和利润	人工费	材料费	机械费	管理费和利润
1-15	人工挖土	m³	1.60	30.94	2.08	3.33	6.44	49.50	3.33	5.33	10.30
1-51	土方运输	m³	0.45	15.30	13.84	18.12	8.37	6.89	6.23	8.15	3.77
人工单价		小计（元）						56.39	9.56	13.48	14.07
170元/工日		未计价材料（元）									
清单项目综合单价（元）								93.50			

材料费明细	主要材料名称、规格、型号	单位	数量	单价（元）	合价（元）	暂估单价（元）	暂估合价（元）
	柴油	kg	1.062	9	9.56		
	其他材料费（元）						
	材料费小计（元）				9.56		

（2）编制分部分项工程项目清单与计价表　分部分项工程项目清单与计价表见表2-12。

表2-12 分部分项工程项目清单与计价表

工程名称：某建筑工程　　　　　　　　标段：　　　　　　　　第　页　共　页

序号	项目编码	项目名称	项目特征描述	计量单位	工程量	金额（元）		其中
						综合单价	合价	暂估价
1	010101003001	挖沟槽土方	1. 土壤类别：一、二类土 2. 挖土深度：2.2m 3. 弃土运距：15km内	m³	880	93.50	82280.00	
	……							
			本页小计					
			合计					

【例2-2】　某砖混结构两层住宅，基础平面图如图2-4所示，基础剖面图如图2-5所示，室外地坪标高为-0.2m，混凝土基础及垫层支模板需留工作面。计算平整场地、挖沟槽土方的清单工程量。

【解】（1）平整场地的清单工程量

平整场地的清单工程量=首层建筑面积

$$=(2.1+4.2+0.12×2)m×(3+3.3+3.3+0.12×2)m=64.35m^2$$

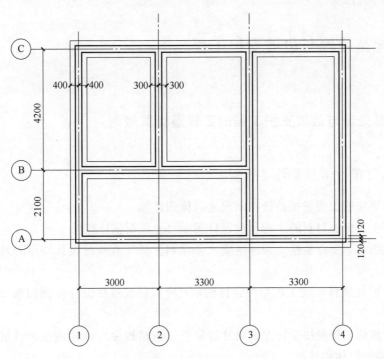

图 2-4 基础平面图

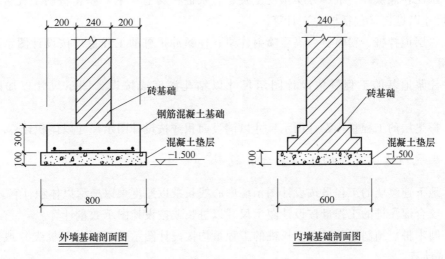

图 2-5 基础剖面图

（2）混凝土垫层

内墙垫层净长 = (4.2-0.4-0.3)m+(3.3+3-0.4-0.3)m+(4.2+2.1-0.4-0.4)m = 14.6m

外墙垫层中心线长 = (3+3.3+3.3+2.1+4.2)m×2 = 31.8m

基础混凝土垫层的底面面积 = 内墙基础垫层底面面积+外墙基础垫层底面面积

$$= (0.6×14.6)m^2+(0.8×31.8)m^2 = 34.2m^2$$

挖沟槽土方的清单工程量 = 基础垫层底面面积×挖土深度 = 34.2m^2×(1.5-0.2)m

$$= 44.46m^3$$

■ 2.2　地基处理与边坡支护工程

2.2.1　地基处理与边坡支护工程的工程量计算规则

1. 地基处理的工程量计算规则

1）换填垫层的工程量按设计图示尺寸以体积计算。

2）铺设土工合成材料的工程量按设计图示尺寸以面积计算。

3）预压地基、强夯地基、振冲密实（不填料）的工程量按设计图示处理范围以面积计算。

4）振冲桩（填料）的工程量按设计图示尺寸以桩长或按设计桩截面乘以桩长以体积计算。

5）砂石桩的工程量按设计图示尺寸以桩长（包括桩尖）计算或按设计桩截面乘以桩长（包括桩尖）以体积计算。

6）水泥粉煤灰碎石桩、夯实水泥土桩、石灰桩、灰土（土）挤密桩的工程量均按设计图示尺寸以桩长（包括桩尖）计算。

7）深层搅拌桩、粉喷桩、高压喷射注浆、柱锤冲扩桩的工程量均按设计图示尺寸以桩长计算。

8）注浆地基的工程量按设计图示尺寸以钻孔深度或按设计图示尺寸以加固体积计算。

9）褥垫层的工程量按设计图示尺寸以铺设面积或按设计图示尺寸以体积计算。

2. 基坑与边坡支护的工程量计算规则

1）地下连续墙的工程量按设计图示墙中心线长乘以厚度乘以槽深以体积计算。

2）咬合灌注桩的工程量按设计图示尺寸以桩长或按设计图示数量计算。

3）圆木桩、预制钢筋混凝土板桩的工程量均按设计图示桩长（包括桩尖）或按设计图示数量计算。

4）型钢桩的工程量按设计图示尺寸以质量或按设计图示数量计算。

5）钢板桩的工程量按设计图示尺寸以质量或按设计图示墙中心线长乘以桩长以面积计算。

6）锚杆（锚索）、土钉的工程量按设计图示尺寸以钻孔深度或按设计图示数量计算。

7）喷射混凝土、水泥砂浆的工程量设计图示尺寸以面积计算。

8）钢筋混凝土支撑的工程量按设计图示尺寸以体积计算。

9）钢支撑的工程量按设计图示尺寸以质量计算。不扣除孔眼质量，焊条、铆钉、螺栓等不另增加质量。

2.2.2 地基处理及基坑与边坡支护的清单项目设置

1）地基处理工程量清单项目设置、项目特征描述的内容、计量单位及工作内容，按表 2-13 的规定执行。

表 2-13 地基处理（编码：010201）

项目编码	项目名称	项目特征	计量单位	工作内容
010201001	换填垫层	1. 材料种类及配合比 2. 压实系数 3. 掺加剂品种	m³	1. 分层铺填 2. 碾压、振密或夯实 3. 材料运输
010201002	铺设土工合成材料	部位、品种、规格		1. 挖填锚固沟 2. 铺设、固定、运输
010201003	预压地基	1. 排水竖井种类、断面尺寸、排列方式、间距、深度 2. 预压方法、预压荷载和时间 3. 砂垫层厚度	m²	1. 设置排水竖、盲沟、滤水管 2. 铺设砂垫层、密封膜 3. 堆载、卸载或抽气设备安拆、抽真空 4. 材料运输
010201004	强夯地基	1. 夯击能量、夯击遍数、夯击点布置形式和间距 2. 地耐力要求 3. 夯填材料种类		1. 铺设夯填材料 2. 强夯 3. 夯填材料运输
010201005	振冲密实（不填料）	1. 地层情况 2. 振密深度 3. 孔距		振冲加密、泥浆运输
010201006	振冲桩（填料）	1. 地层情况 2. 空桩长度、桩长、桩径 3. 填充材料种类	1. m 2. m³	1. 振冲成孔、填料、振实 2. 材料运输、泥浆运输
010201007	砂石桩	1. 地层情况 2. 空桩长度、桩长、桩径 3. 成孔方法 4. 材料种类、级配		1. 成孔、填充、振实 2. 材料运输
010201008	水泥粉煤灰碎石桩	1. 地层情况 2. 空桩长度、桩长、桩径 3. 成孔方法 4. 混合料强度等级		1. 成孔 2. 混合料制作、灌注、养护 3. 材料运输
010201009	深层搅拌桩	1. 地层情况 2. 空桩长度、桩长、桩截面尺寸 3. 水泥强度等级、掺量	m	1. 预搅下钻、水泥浆制作、喷浆搅拌提升成桩 2. 材料运输
010201010	粉喷桩	1. 地层情况 2. 空桩长度、桩长、桩径 3. 粉体种类、掺量 4. 水泥强度等级、石灰粉要求		1. 预搅下钻、喷粉搅拌提升成桩 2. 材料运输

（续）

项目编码	项目名称	项目特征	计量单位	工作内容
010201011	夯实水泥土桩	1. 地层情况 2. 空桩长度、桩长、桩径 3. 成孔方法 4. 水泥强度等级 5. 混合料配合比	m	1. 成孔、夯底 2. 水泥土拌和、填料、夯实 3. 材料运输
010201012	高压喷射注浆桩	1. 地层情况 2. 空桩长度、桩长、桩截面 3. 注浆类型、方法 4. 水泥强度等级		1. 成孔 2. 水泥浆制作、高压喷射注浆 3. 材料运输
010201013	石灰桩	1. 地层情况 2. 空桩长度、桩长、桩径 3. 成孔方法 4. 掺合料种类、配合比		1. 成孔 2. 混合料制作、运输、夯填
010201014	灰土（土）挤密桩	1. 地层情况 2. 空桩长度、桩长、桩径 3. 成孔方法 4. 灰土级配		1. 成孔 2. 灰土拌和、运输、填充、夯实
010201015	柱锤冲扩桩	1. 地层情况 2. 空桩长度、桩长、桩径 3. 成孔方法 4. 桩体材料种类、配合比		1. 安、拔套管 2. 冲孔、填料、夯实 3. 桩体材料制作、运输
010201016	注浆地基	1. 地层情况 2. 空钻深度、注浆深度及间距 3. 浆液种类及配合比 4. 注浆方法 5. 水泥强度等级	1. m 2. m³	1. 成孔 2. 注浆导管制作、安装 3. 浆液制作、压浆 4. 材料运输
010201017	褥垫层	厚度、材料品种及比例	1. m² 2. m³	材料拌和、运输、铺设、压实

2）基坑与边坡支护工程量清单项目设置、项目特征描述的内容、计量单位及工作内容，按表 2-14 的规定执行。

表 2-14　基坑与边坡支护（编码：010202）

项目编码	项目名称	项目特征	计量单位	工作内容
010202001	地下连续墙	1. 地层情况 2. 导墙类型、截面 3. 墙体厚度、成槽深度 4. 混凝土种类、强度等级 5. 接头形式	m³	1. 导墙挖填、制作、安装、拆除 2. 挖土成槽、固壁、清底置换 3. 混凝土制作、运输、灌注、养护 4. 接头处理 5. 土方、废泥浆外运 6. 打桩场地硬化及泥浆池、泥浆沟

（续）

项目编码	项目名称	项目特征	计量单位	工作内容
010202002	咬合灌注桩	1. 地层情况 2. 桩长、桩径 3. 混凝土种类、强度等级 4. 部位	1. m 2. 根	1. 成孔、固壁 2. 混凝土制作、运输、灌注、养护 3. 套管压拔 4. 土方、废泥浆外运 5. 打桩场地硬化及泥浆池、泥浆沟
010202003	圆木桩	1. 地层情况 2. 桩长、材质、尾径 3. 桩倾斜度		1. 工作平台搭拆 2. 桩机移位 3. 桩靴安装 4. 沉桩
010202004	预制钢筋混凝土板桩	1. 地层情况 2. 送桩深度、桩长、桩截面 3. 沉桩方法、连接方式 4. 混凝土强度等级		1. 工作平台搭拆 2. 桩机移位 3. 沉桩 4. 板桩连接
010202005	型钢桩	1. 地层情况或部位 2. 送桩深度、桩长 3. 规格型号 4. 桩倾斜度 5. 防护材料种类 6. 是否拔出	1. t 2. 根	1. 工作平台搭拆 2. 桩机移位 3. 打（拔）桩 4. 接桩 5. 刷防护材料
010202006	钢板桩	1. 地层情况 2. 桩长、板桩厚度	1. t 2. m²	1. 工作平台搭拆 2. 桩机移位 3. 打拔钢板桩
010202007	锚杆（锚索）	1. 地层情况 2. 锚杆（锚索）类型、部位 3. 钻孔深度、钻孔直径 4. 杆体材料品种、规格、数量 5. 预应力 6. 浆液种类、强度等级	1. m 2. 根	1. 钻孔、浆液制作、运输、压浆 2. 锚杆（锚索）制作、安装 3. 张拉锚固 4. 锚杆（锚索）施工平台搭设、拆除
010202008	土钉	1. 地层情况 2. 钻孔深度、钻孔直径 3. 置入方法 4. 杆体材料品种、规格、数量 5. 浆液种类、强度等级		1. 钻孔、浆液制作、运输、压浆 2. 土钉制作、安装 3. 土钉施工平台搭设、拆除
010202009	喷射混凝土、水泥砂浆	1. 部位、厚度、材料种类 2. 混凝土（砂浆）类别、强度等级	m²	1. 修整边坡 2. 混凝土（砂浆）制作、运输、喷射、养护 3. 钻排水孔、安装排水管 4. 喷射施工平台搭设、拆除

（续）

项目编码	项目名称	项目特征	计量单位	工作内容
010202010	钢筋混凝土支撑	1. 部位 2. 混凝土种类、强度等级	m³	1. 模板（支架或支撑）制作、安装、拆除、堆放、运输及清理模内杂物、刷隔离剂等 2. 混凝土制作、运输、浇筑、振捣、养护
010202011	钢支撑	1. 部位 2. 钢材品种、规格 3. 探伤要求	t	1. 支撑、铁件制作（摊销、租赁） 2. 支撑、铁件安装 3. 探伤、刷漆、拆除、运输

2.2.3 其他相关问题说明

1）地层情况按表2-4的规定，并根据岩土工程勘察报告按单位工程各地层所占比例（包括范围值）进行描述。对无法准确描述的地层情况，可注明由投标人根据岩土工程勘察报告自行决定报价。

2）项目特征中的桩长应包括桩尖，空桩长度=孔深-桩长，孔深为自然地面至设计桩底的深度。

3）高压喷射注浆类型包括旋喷、摆喷、定喷，高压喷射注浆方法包括单管法、双重管法、三重管法。

4）如采用泥浆护壁成孔，工作内容包括土方、废泥浆外运，如采用沉管灌注成孔，工作内容包括桩尖制作、安装。

5）土钉置入方法包括钻孔置入、打入或射入等。

6）混凝土种类是指清水混凝土、彩色混凝土等，如在同一地区既使用预拌（商品）混凝土，又允许现场搅拌混凝土时，也应注明。

7）地下连续墙和喷射混凝土（砂浆）的钢筋网、咬合灌注桩的钢筋笼及钢筋混凝土支撑的钢筋制作、安装，按第2.5节混凝土及钢筋混凝土工程中相关项目列项。本节未列的基坑与边坡支护的排桩按第2.3节桩基工程相关项目列项。水泥土墙、坑内加固按表2-13中相关项目列项。砖、石挡土墙、护坡按第2.4节砌筑工程中相关项目列项。混凝土挡土墙按第2.5节混凝土及钢筋混凝土工程中相关项目列项。

8）边坡支护的几种做法：

① 水泥粉煤灰碎石桩是由水泥、粉煤灰、碎石、石屑或砂等混合料加水拌和形成的高黏结强度桩。水泥粉煤灰碎石桩与桩间土和褥垫层一起组成复合地基，实现地基处理。

② 地下连续墙是指形成建筑物或构筑物的永久性地下承重结构或围护结构（如地下室外墙）构件的地下连续墙。其施工工艺是：导墙施工→槽段开挖→清孔→插入接头管和钢筋笼→水下浇注混凝土→（初凝后）拔出接头管。地下连续墙施工过程如图2-6所示。

③ 预应力锚杆由杆体（钢绞线、预应力螺纹钢筋、普通钢筋或钢管）、注浆固结体、

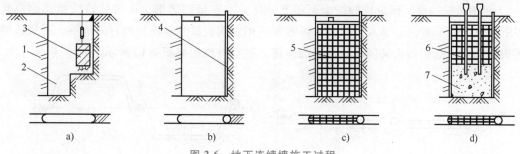

图 2-6 地下连续墙施工过程

a）成槽 b）插入接头管 c）放入钢筋笼 d）浇注混凝土

1—已完成的单元槽段 2—泥浆 3—成槽机 4—接头管 5—钢筋笼 6—导管 7—浇注的混凝土

锚具、套管所组成的一端与支护结构构件连接，另一端锚固在稳定岩体内的受拉杆件。杆体采用钢绞线时，也可称为锚索。预应力锚杆构造如图 2-7 所示。

④ 土钉墙：在开挖后的边坡表面每隔一定距离埋设土钉，并铺钢筋网喷射细石混凝土面层，使其与边坡土体形成共同工作的复合体，从而有效提高边坡的稳定性，增强土体破坏的延性，对边坡起到加固作用。土钉墙支护的构造如图 2-8 所示。

⑤ 型钢桩横挡板挡墙：用作基坑护壁的型钢桩主要是工字钢、槽钢或 H 型钢。土质好时，在桩间可以不加挡板。桩的间距根据土质和挖深等条件而定。当土质比较松

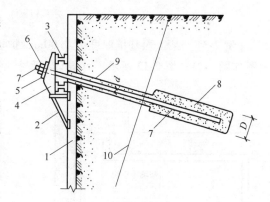

图 2-7 预应力锚杆构造

1—挡墙 2—承插支架 3—横梁 4—台座
5—承压垫板 6—锚具 7—钢拉杆 8—水泥浆
或水泥砖浆锚固体 9—非锚固段 10—滑动面
D—锚固体直径 d—拉杆直径

散时，在型钢间需随挖土随加挡土板，以防止砂土流散。型钢桩横挡板挡墙如图 2-9 所示。

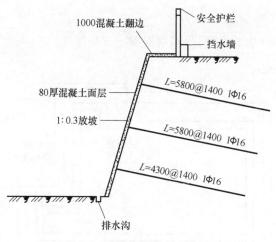

图 2-8 土钉墙支护的构造

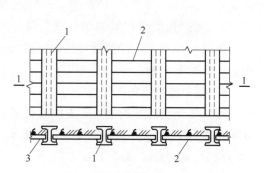

图 2-9 型钢桩横挡板挡墙

1—型钢桩 2—横向挡土板 3—木楔

⑥ 钢板桩挡墙。钢板桩的截面形状有一字形、U 形和 Z 形，由带锁口或钳口的热轧型钢制成，打设方便，承载力较大，可重复使用。钢板桩互相连接地打入地下，形成连续钢板桩挡墙，既能挡土又能起到截水的作用。钢板桩挡墙如图 2-10 所示。

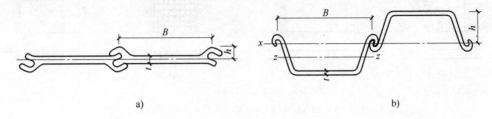

图 2-10　钢板桩挡墙

a）一字形钢板桩　b）U 形钢板桩

【例 2-3】　某工程基坑深度为 3.00m，护坡设计方案为挂网喷射混凝土，平面图、剖面图如图 2-11、图 2-12 所示，计算该工程挂网喷射混凝土的工程量。

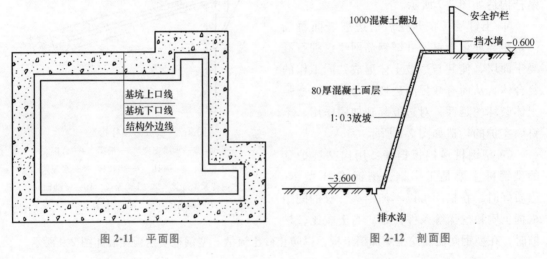

图 2-11　平面图　　　　　　　　　图 2-12　剖面图

【解】　1）斜面长。

$$斜面长 = \sqrt{(喷射混凝土支护深度 \times 放坡系数)^2 + 喷射混凝土支护深度^2}$$
$$= \sqrt{(3 \times 0.3)^2 + 3^2}\,m = 3.132m$$

2）支护长度按护坡面中心线长度计算，如图 2-13 所示，经测量计算，护坡面中心线长度为 213m。

3）喷射混凝土的工程量。

喷射混凝土的工程量 =（支护斜面长度＋翻边长度）×护坡面中心线长度 =（3.132＋1）m×213m＝880.12m²

【例 2-4】　某水泥搅拌墙（见图 2-14），采用三轴搅拌桩施工（见图 2-15），桩径

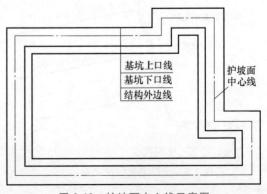

图 2-13　护坡面中心线示意图

为 850mm，桩轴（圆心）距为 600mm，桩长 10m，水泥掺量为 20%，计算该水泥搅拌墙消耗量。

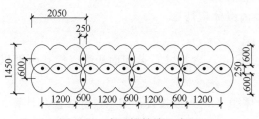

图 2-14　水泥搅拌墙示意图

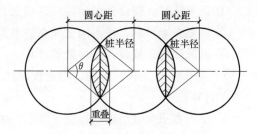

图 2-15　三轴搅拌桩示意图

【解】　（1）计算三轴搅拌桩单独成桩（单幅）时成桩体积　按照计算规则，三轴搅拌桩单独成桩时重叠部分体积应扣除。根据图 2-15 可知，单独成桩截面面积 S 为三个圆面积扣减 4 个重叠的弓形面积。

圆面积：$S_1 = (0.85 \div 2)^2 \times 3.1416 \times 3 m^2 = 1.7024 m^2$

圆心角：$\theta = 2 \times \arccos(0.3 \div 0.425) = 90.1983°$

一个扇形面积：$S_2 = (0.85 \div 2)^2 m^2 \times 3.1416 \times 90.1983° \div 360° = 0.1422 m^2$

三角形面积：$S_3 = \sqrt{(0.425^2 - 0.3^2)} m \times 2 \times 0.3 m \div 2 = 0.0903 m^2$

一个弓形面积：$S_4 = S_2 - S_3 = 0.1422 m^2 - 0.0903 m^2 = 0.052 m^2$

单独成桩截面面积：$S = S_1 - 4 \times S_4 = 1.7024 m^2 - 0.052 m^2 \times 4 = 1.4944 m^2$

该单独成桩的三轴搅拌桩工程量：$V_1 = 1.4944 m^2 \times 10 m = 14.94 m^3$

（2）计算水泥搅拌墙（搅拌桩群桩）时成桩体积　按照计算规则，不扣除搅拌桩每次成桩时与群桩间的重叠部分体积。根据图 2-14 可知，该水泥搅拌墙由 8 幅三轴搅拌桩组成，则

该水泥搅拌墙工程量 $V = V_1 \times 8 = 119.52 m^3$

■ 2.3　桩基工程

2.3.1　桩基工程的工程量计算规则

1）预制钢筋混凝土方桩、预制钢筋混凝土管桩的工程量：

① 以米计量，按设计图示尺寸以桩长（包括桩尖）计算。

② 以立方米计量，按设计图示截面面积乘以桩长（包括桩尖）以实体积计算。

③ 以根计量，按设计图示数量计算。

2）钢管桩的工程量按设计图示尺寸以质量（t）或按设计图示数量（根）计算。

3）截（凿）桩头的工程量：

① 以立方米计量，按设计桩截面乘以桩头长度以体积计算。

② 以根计量，按设计图示数量计算。

4）泥浆护壁成孔灌注桩、沉管灌注桩、干作业成孔灌注桩的工程量：

① 以米计量，按设计图示尺寸以桩长（包括桩尖）计算。

② 以立方米计量，按不同截面在桩上范围内以体积计算。

③ 以根计量，按设计图示数量计算。

5）挖孔桩土（石）方的工程量按设计图示尺寸（含护壁）截面面积乘以挖孔深度以立方米计算。

6）人工挖孔灌注桩的工程量按桩芯混凝土体积（m^3）或按设计图示数量（根）计算。

7）钻孔压浆桩的工程量按设计图示尺寸以桩长（m）或按设计图示数量（根）计算。

8）灌注桩后压浆的工程量按设计图示以注浆孔数计算。

2.3.2 桩基工程的清单项目设置

1）打桩工程量清单项目设置、项目特征描述的内容、计量单位及工作内容，按表 2-15 的规定执行。

表 2-15 打桩（编码：010301）

项目编码	项目名称	项目特征	计量单位	工作内容
010301001	预制钢筋混凝土方桩	1. 地层情况 2. 送桩深度、桩长 3. 桩截面 4. 桩倾斜度 5. 沉桩方法 6. 接桩方式 7. 混凝土强度等级	1. m 2. m^3 3. 根	1. 工作平台搭拆 2. 桩机竖拆、移位 3. 沉桩 4. 接桩 5. 送桩
010301002	预制钢筋混凝土管桩	1. 地层情况 2. 送桩深度、桩长 3. 桩外径、壁厚 4. 桩倾斜度 5. 沉桩方法 6. 桩尖类型 7. 混凝土强度等级 8. 填充材料种类 9. 防护材料种类		1. 工作平台搭拆 2. 桩机竖拆、移位 3. 沉桩 4. 接桩 5. 送桩 6. 桩尖制作、安装 7. 填充材料、刷防护材料
010301003	钢管桩	1. 地层情况 2. 送桩深度、桩长 3. 材质 4. 管径、壁厚 5. 桩倾斜度 6. 沉桩方法 7. 填充材料种类 8. 防护材料种类	1. t 2. 根	1. 工作平台搭拆 2. 桩机竖拆、移位 3. 沉桩 4. 接桩 5. 送桩 6. 切割钢管、精割盖帽 7. 管内取土 8. 填充材料、刷防护材料
010301004	截（凿）桩头	1. 桩类型 2. 桩头截面、高度 3. 混凝土强度等级 4. 有无钢筋	1. m^3 2. 根	1. 截（切割）桩头 2. 凿平 3. 废料外运

2）灌注桩工程量清单项目设置、项目特征描述的内容、计量单位及工作内容，按表2-16的规定执行。

表2-16　灌注桩（编码：010302）

项目编码	项目名称	项目特征	计量单位	工作内容
010302001	泥浆护壁成孔灌注桩	1. 地层情况 2. 空桩长度、桩长 3. 桩径 4. 成孔方法 5. 护筒类型、长度 6. 混凝土种类、强度等级		1. 护筒埋设 2. 成孔、固壁 3. 混凝土制作、运输、灌注、养护 4. 土方、废泥浆外运 5. 打桩场地硬化及泥浆池、泥浆沟
010302002	沉管灌注桩	1. 地层情况 2. 空桩长度、桩长 3. 复打长度 4. 桩径 5. 沉管方法 6. 桩尖类型 7. 混凝土种类、强度等级	1. m 2. m³ 3. 根	1. 打（沉）拔钢管 2. 桩尖制作、安装 3. 混凝土制作、运输、灌注、养护
010302003	干作业成孔灌注桩	1. 地层情况 2. 空桩长度、桩长 3. 桩径 4. 扩孔直径、高度 5. 成孔方法 6. 混凝土种类、强度等级		1. 成孔、扩孔 2. 混凝土制作、运输、灌注、振捣、养护
010302004	挖孔桩土（石）方	1. 地层情况 2. 挖孔深度 3. 弃土（石）运距	m³	1. 排地表水 2. 挖土、凿石 3. 基底钎探 4. 运输
010302005	人工挖孔灌注桩	1. 桩芯长度 2. 桩芯直径、扩底直径及扩底高度 3. 护壁厚度、高度 4. 护壁混凝土种类、强度等级 5. 桩芯混凝土种类、强度等级	1. m³ 2. 根	1. 护壁制作 2. 混凝土制作、运输、灌注、振捣、养护
010302006	钻孔压浆桩	1. 地层情况 2. 空钻长度、桩长 3. 钻孔直径 4. 水泥强度等级	1. m 2. 根	钻孔、下注浆管、投放骨料、浆液制作、运输、压浆
010302007	灌注桩后压浆	1. 注浆导管材料、规格 2. 注浆导管长度 3. 单孔注浆量 4. 水泥强度等级	孔	1. 注浆导管制作、安装 2. 浆液制作、运输、压浆

2.3.3 其他相关问题说明

1）地层情况按表 2-4 的规定，并根据岩土工程勘察报告按单位工程各地层所占比例（包括范围值）进行描述。对无法准确描述的地层情况，可注明由投标人根据岩土工程勘察报告自行决定报价。

2）项目特征中的桩截面（桩径）、混凝土强度等级、桩类型等可直接用标准图代号或设计桩类型进行描述。

3）预制钢筋混凝土方桩、预制钢筋混凝土管桩项目以成品桩编制，应包括成品桩购置费，如果用现场预制，应包括现场预制桩的所有费用。预制钢筋混凝土管桩桩顶与承台的连接构造按第 2.5 节混凝土与钢筋混凝土相关项目列项。

4）打试验桩和打斜桩应按相应项目单独列项，并应在项目特征中注明试验桩和斜桩（斜率）。

5）泥浆护壁成孔灌注桩是指在泥浆护壁条件下成孔，采用水下灌注混凝土的桩（见图 2-16）。其成孔方法包括冲击钻成孔、冲抓锥成孔、回旋钻成孔、潜水钻成孔、泥浆护壁的旋挖成孔等。

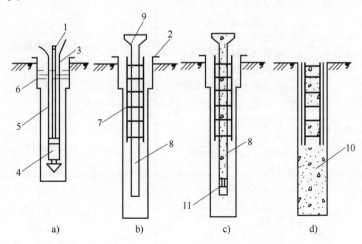

图 2-16 泥浆护壁成孔灌注桩施工程序

a）埋护筒、注泥浆、水下钻孔 b）下钢筋笼及导管 c）水下浇注混凝土 d）成桩

1—钻杆 2—护筒 3—电缆 4—潜水电钻 5—输水胶管 6—泥浆

7—钢筋笼 8—导管 9—料斗 10—混凝土 11—隔水栓

6）沉管灌注桩的沉管方法包括锤击沉管法、振动沉管法、振动冲击沉管法、内夯沉管法等。

7）干作业成孔灌注桩是指不用泥浆护壁和套管护壁的情况下，用钻机成孔后，下钢筋笼，灌注混凝土的桩，适用于地下水位以上的土层使用。其成孔方法包括螺旋钻成孔、螺旋钻成孔扩底、干作业的旋挖成孔等。

8）混凝土的种类是指清水混凝土、彩色混凝土、水下混凝土等，如在同一地区既使用预拌（商品）混凝土，又允许现场搅拌混凝土时，也应注明。

9）混凝土灌注桩的钢筋笼制作、安装，按第2.5节混凝土与钢筋混凝土相关项目编码列项。

10）桩基础施工的基本知识。预制桩分实心桩和管桩。实心桩多为方桩，断面尺寸一般为200mm×200mm～450mm×450mm。单根桩长度有8m、12m、18m等，方桩桩长一般不超过30m。短桩一般在工厂预制，长桩一般在现场预制。当桩设计长度大于预制桩长度时，需分段施打，并在现场进行接桩。当桩尖接近或处于硬持力层中时，应避免接桩。常见的连接方式有焊接、法兰连接和机械快速连接（常见的有啮合式和螺纹式），如图2-17所示。

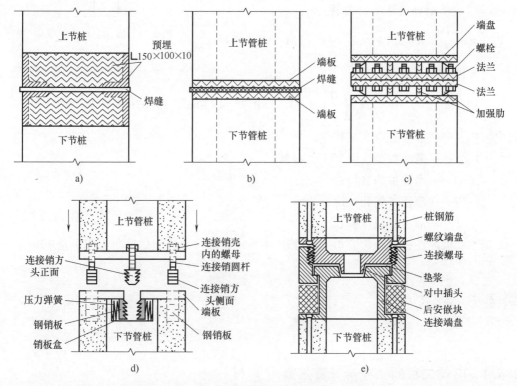

图2-17 桩的连接方式

a）方桩焊接连接 b）管桩焊接连接 c）管桩法兰连接 d）管桩机械啮合待连接剖面 e）管桩螺纹连接剖面

打桩时，为了使桩顶达到设计标高，还需要送桩或凿打、切割桩头。管桩一般在工厂采用离心法制作。管桩外径一般为400～500mm，与实心桩相比，管桩有质量轻的特点。

打桩工程均以机械为动力，打桩前首先根据土壤性质、工程大小、施工期限、动力供应等情况，选择打桩机械。其次，按照设计要求、现场地形、桩的布置和桩架移动等条件提出打桩顺序。打桩方法有锤击法、振动法、静力压桩法。

截桩是沉桩完成后，需按设计要求的桩顶标高，将桩头多余部分的混凝土凿除的过程。截桩过程中应注意不要破坏桩身混凝土，并保留好桩顶纵向主筋，以便将其锚入承台以内，使桩和承台成为一个整体。桩钢筋锚入承台长度一般为35d。

灌注桩一般专指混凝土灌注桩，是一种直接在现场设计桩位上就地成孔，然后在孔内浇注混凝土或安放钢筋笼后再浇注混凝土而成的桩。北京地区常见的两种灌注桩是旋挖成孔灌注桩和螺旋成孔灌注桩。灌注桩具有施工噪声小、振动小、直径大以及在各种地基上均可使用等优点。

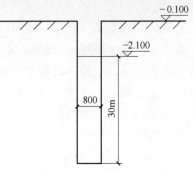

图 2-18　灌注桩桩孔示意图

【例 2-5】　如图 2-18 所示，螺旋钻孔灌注桩，直径为 800mm，设计桩长为 30m，桩顶标高为 -2.100m，自然地坪标高为 -0.100m，共计 100 根桩。求灌注桩成孔和灌注混凝土的清单工程量。

【解】　单根桩的清单工程量：

$$V_{成孔} = \pi \left(\frac{D}{2} \right)^2 H = 3.14 \times 0.8^2 \div 4 \times \left[(2.1 - 0.1) + 30 \right] m^3$$

$$= 16.08 m^3$$

$$V_{灌注} = \pi \left(\frac{D}{2} \right)^2 L = 3.14 \times 0.8^2 \div 4 \times 30 m^3 = 15.07 m^3$$

式中　$V_{成孔}$——灌注桩成孔工程量；

　　　$V_{灌注}$——灌注桩灌注混凝土工程量；

　　　D——灌注桩的直径；

　　　H——灌注桩钻孔长度；

　　　L——灌注桩设计桩长。

则 100 根灌注桩成孔的清单工程量是 1608m^3，灌注混凝土的清单工程量是 1507m^3。

■ 2.4　砌筑工程

2.4.1　砌筑工程的工程量计算规则

1. 基础、墙（柱）身、勒脚的划分

1）基础与墙（柱）身的划分：使用同一种材料时，以设计室内地面为界（有地下室者，以地下室室内设计地面为界），以下为基础，以上为墙（柱）身。基础与墙身使用不同材料时，位于设计室内地面高度 ≤±300mm 时，以不同材料为分界线，高度 >±300mm 时，以设计室内地面为分界线。

2）石基础、石勒脚与石墙身的划分：基础与勒脚应以设计室外地坪为界，勒脚与墙身应以设计室内地面为界。

3）砖围墙基础与砖墙身的划分：以设计室外地坪为界，以下为基础，以上为墙身。

4）石围墙基础与石墙身的划分：内外地坪标高不同时，应以较低地坪标高为界，以下为基础；内外标高之差为挡土墙时，挡土墙以上为墙身。

2.墙体高度的确定

1）外墙的高度：斜（坡）屋面无檐口天棚者算至屋面板底；有屋架且室内外均有天棚者算至屋架下弦底另加200mm；无天棚者算至屋架下弦底另加300mm，出檐宽度超过600mm时按实砌高度计算；有钢筋混凝土楼板隔层者算至板顶；平屋顶算至钢筋混凝土板底。

2）内墙的高度：位于屋架下弦者，算至屋架下弦底；无屋架者算至天棚底另加100mm；有钢筋混凝土楼板隔层者算至楼板顶；有框架梁时算至梁底。

3）女儿墙的高度：从屋面板上表面算至女儿墙顶面（如有混凝土压顶时算至压顶下表面）。

4）内、外山墙的高度：按其平均高度计算。

5）围墙的高度：算至压顶上表面（如有混凝土压顶时算至压顶下表面）。

3.墙长度的确定

外墙按中心线计算，内墙按净长计算。框架间墙不分内、外墙，按墙体净长计算。

4.基础长度的确定

外墙按中心线计算，内墙按净长计算。

5.砖砌体、砌块砌体的工程量计算规则

1）砖基础的工程量按设计图示尺寸以体积计算。包括附墙垛基础宽出部分体积，扣除地梁（圈梁）、构造柱所占体积，不扣除基础大放脚T形接头处的重叠部分及嵌入基础内的钢筋、铁件、管道、基础砂浆防潮层和单个面积≤0.3m^{2}的孔洞所占体积，靠墙暖气沟的挑檐不增加。

2）砖砌挖孔桩护壁的工程量按设计图示尺寸以立方米计算。

3）实心砖墙、多孔砖墙、空心砖墙、砌块墙的工程量均按设计图示尺寸以体积计算。扣除门窗、洞口、嵌入墙内的钢筋混凝土柱、梁、圈梁、挑梁、过梁及凹进墙内的壁龛、管槽、暖气槽、消火栓箱所占体积，不扣除梁头、板头、檩头、垫木、木楞头、沿椽木、木砖、门窗走头、砖墙内加固钢筋、木筋、铁件、钢管及单个面积≤0.3m^{2}的孔洞所占体积。凸出墙面的腰线、挑檐、压顶、窗台线、虎头砖、门窗套的体积也不增加。凸出墙面的砖垛并入墙体体积内计算。

4）空斗墙的工程量按设计图示尺寸以空斗墙外形体积计算。墙角、内外墙交接处、门窗洞口立边、窗台砖、屋檐处的实砌部分体积并入空斗墙体积内。

5）空花墙的工程量按设计图示尺寸以空花部分外形体积计算，不扣除空洞部分体积。

6）填充墙的工程量按设计图示尺寸以填充墙外形体积计算。

7）实心砖柱、多孔砖柱、砌块柱的工程量均按设计图示尺寸以体积计算，扣除混凝土及钢筋混凝土梁垫、梁头、板头所占体积。围墙柱并入围墙体积内。

8）砖检查井的工程量按设计图示数量以座计算。

9）零星砌砖的工程量：

① 以立方米计量，按设计图示尺寸截面面积乘以长度计算。

② 以平方米计量，按设计图示尺寸水平投影面积计算。

③ 以米计量，按设计图示尺寸长度计算。

④ 以个计量，按设计图示数量计算。

10）砖散水、地坪的工程量按设计图示尺寸以面积计算。

11）砖地沟、明沟的工程量以米计量，按设计图示以中心线长度计算。

6. 石砌体的工程量计算规则

1）石基础的工程量按设计图示尺寸以体积计算。包括附墙垛基础宽出部分体积，不扣除基础砂浆防潮层及单个面积≤$0.3m^2$的孔洞所占体积，靠墙暖气沟的挑檐不增加体积。

2）石勒脚的工程量按设计图示尺寸以体积计算，扣除单个面积>$0.3m^2$的孔洞所占体积。

3）石墙的工程量同实心砖墙、空心砖墙、多孔砖墙、砌块墙的工程量计算规则。

4）石挡土墙、石柱、石护坡、石台阶的工程量按设计图示尺寸以体积计算。

5）石栏杆的工程量按设计图示以长度计算。

6）石坡道的工程量按设计图示尺寸以水平投影面积计算。

7）石地沟、明沟的工程量按设计图示尺寸以中心线长度计算。

7. 垫层的工程量计算规则

垫层的工程量按设计图示尺寸以立方米计算。

2.4.2 砌筑工程的清单项目设置

1）砖砌体工程量清单项目设置、项目特征描述的内容、计量单位及工作内容，按表2-17的规定执行。

表 2-17 砖砌体（编码：010401）

项目编码	项目名称	项目特征	计量单位	工作内容
010401001	砖基础	1. 砖品种、规格、强度等级 2. 基础类型 3. 砂浆强度等级 4. 防潮层材料种类	m^3	1. 砂浆制作、运输 2. 砌砖 3. 防潮层铺设 4. 材料运输
010401002	砖砌挖孔桩护壁	1. 砖品种、规格、强度等级 2. 砂浆强度等级		1. 砂浆制作、运输 2. 砌砖 3. 材料运输

（续）

项目编码	项目名称	项目特征	计量单位	工作内容
010401003	实心砖墙	1. 砖品种、规格、强度等级 2. 墙体类型 3. 砂浆强度等级、配合比	m³	1. 砂浆制作、运输 2. 砌砖 3. 刮缝 4. 砖压顶砌筑 5. 材料运输
010401004	多孔砖墙			
010401005	空心砖墙			
010401006	空斗墙	1. 砖品种、规格、强度等级 2. 墙体类型 3. 砂浆强度等级、配合比		1. 砂浆制作、运输 2. 砌砖 3. 装填充料 4. 刮缝 5. 材料运输
010401007	空花墙			
010401008	填充墙	1. 砖品种、规格、强度等级 2. 墙体类型 3. 填充材料种类及厚度 4. 砂浆强度等级、配合比		
010401009	实心砖柱	1. 砖品种、规格、强度等级 2. 柱类型 3. 砂浆强度等级、配合比		1. 砂浆制作、运输 2. 砌砖 3. 刮缝 4. 材料运输
010401010	多孔砖柱			
010401011	砖检查井	1. 井截面、深度 2. 砖品种、规格、强度等级 3. 垫层材料种类、厚度 4. 底板厚度 5. 井盖安装 6. 混凝土强度等级 7. 砂浆强度等级 8. 防潮层材料种类	座	1. 砂浆制作、运输 2. 铺设垫层 3. 底板混凝土制作、运输、浇筑、振捣、养护 4. 砌砖 5. 刮缝 6. 井池底、壁抹灰 7. 抹防潮层 8. 材料运输
010401012	零星砌砖	1. 零星砌砖名称、部位 2. 砖品种、规格、强度等级 3. 砂浆强度等级、配合比	1. m³ 2. m² 3. m 4. 个	1. 砂浆制作、运输 2. 砌砖 3. 刮缝 4. 材料运输
010401013	砖散水、地坪	1. 砖品种、规格、强度等级 2. 垫层材料种类、厚度 3. 散水、地坪厚度 4. 面层种类、厚度 5. 砂浆强度等级	m²	1. 土方挖、运、填 2. 地基找平、夯实 3. 铺设垫层 4. 砌砖散水、地坪 5. 抹砂浆面层
010401014	砖地沟、明沟	1. 砖品种、规格、强度等级 2. 沟截面尺寸 3. 垫层材料种类、厚度 4. 混凝土强度等级 5. 砂浆强度等级	m	1. 土方挖、运、填 2. 铺设垫层 3. 底板混凝土制作、运输、浇筑、振捣、养护 4. 砌砖 5. 刮缝、抹灰 6. 材料运输

2）砌块砌体工程量清单项目设置、项目特征描述的内容、计量单位及工作内容，按

建筑工程计量与计价BIM应用

表 2-18 的规定执行。

表 2-18　砌块砌体（编码：010402）

项目编码	项目名称	项目特征	计量单位	工作内容
010402001	砌块墙	1. 砌块品种、规格、强度等级 2. 墙体类型 3. 砂浆强度等级	m³	1. 砂浆制作、运输 2. 砌砖、砌块 3. 勾缝 4. 材料运输
010402002	砌块柱			

3）石砌体工程量清单项目设置、项目特征描述的内容、计量单位及工作内容，按表 2-19 的规定执行。

表 2-19　石砌体（编码：010403）

项目编码	项目名称	项目特征	计量单位	工作内容
010403001	石基础	1. 石料种类、规格 2. 基础类型 3. 砂浆强度等级	m³	1. 砂浆制作、运输 2. 吊装 3. 砌石 4. 防潮层铺设 5. 材料运输
010403002	石勒脚			1. 砂浆制作、运输 2. 吊装 3. 砌石 4. 石表面加工 5. 勾缝 6. 材料运输
010403003	石墙			
010403004	石挡土墙	1. 石料种类、规格 2. 石表面加工要求 3. 勾缝要求 4. 砂浆强度等级、配合比		1. 砂浆制作、运输 2. 吊装 3. 砌石 4. 变形缝、泄水孔、压顶抹灰 5. 滤水层 6. 勾缝 7. 材料运输
010403005	石柱			1. 砂浆制作、运输 2. 吊装 3. 砌石 4. 石表面加工 5. 勾缝 6. 材料运输
010403006	石栏杆		m	
010403007	石护坡	1. 垫层材料种类、厚度 2. 石料种类、规格 3. 护坡厚度、高度 4. 石表面加工要求 5. 勾缝要求 6. 砂浆强度等级、配合比	m³	
010403008	石台阶			1. 铺设垫层 2. 石料加工 3. 砂浆制作、运输 4. 砌石 5. 石表面加工 6. 勾缝 7. 材料运输
010403009	石坡道		m²	

（续）

项目编码	项目名称	项目特征	计量单位	工作内容
010403010	石地沟、明沟	1. 沟截面尺寸 2. 土壤类别、运距 3. 垫层材料种类、厚度 4. 石料种类、规格 5. 石表面加工要求 6. 勾缝要求 7. 砂浆强度等级、配合比	m	1. 土方挖、运 2. 砂浆制作、运输 3. 铺设垫层 4. 砌石 5. 石表面加工 6. 勾缝 7. 回填 8. 材料运输

4）垫层工程量清单项目设置、项目特征描述的内容、计量单位及工作内容，按表2-20的规定执行。

表 2-20 垫层（编码：010404）

项目编码	项目名称	项目特征	计量单位	工作内容
010404001	垫层	垫层材料的种类、配合比、厚度	m^3	1. 垫层材料的拌制 2. 垫层铺设 3. 材料运输

2.4.3 其他相关问题说明

1）标准砖尺寸应为240mm×115mm×53mm。标准砖墙厚度按表2-21计算。

表 2-21 标准砖墙计算厚度表

砖数（厚度）	1/4	1/2	3/4	1	$1\frac{1}{2}$	2	$2\frac{1}{2}$	3
计算厚度/mm	53	115	180	240	365	490	615	740

2）砌筑工程中相关项目的适用范围：

"砖基础"项目适用于各种类型砖基础：柱基础、墙基础、管道基础等。

"石基础"项目适用于各种规格（粗料石、细料石等）、各种材质（砂石、青石等）和各种类型（柱基、墙基、直形、弧形等）基础。

"石勒脚""石墙"项目适用于各种规格（粗料石、细料石等）、各种材质（砂石、青石、大理石、花岗石等）和各种类型（直形、弧形等）勒脚和墙体。

"石挡土墙"项目适用于各种规格（粗料石、细料石、块石、毛石、卵石等）、各种材质（砂石、青石、石灰石等）和各种类型（直形、弧形、台阶形等）挡土墙。

"石柱"项目适用于各种规格、各种石质和各种类型的石柱。

"石栏杆"项目适用于无雕饰的一般石栏杆。

"石护坡"项目适用于各种石质和各种石料（粗料石、细料石、片石、块石、毛石、卵石等）。

3）框架外表面的镶贴砖部分，按零星项目编码列项。

4）附墙烟囱、通风道、垃圾道，应按设计图示尺寸以体积（扣除孔洞所占体积）计算，并入所依附的墙体体积内。当设计规定孔洞内需抹灰时，应按第3.2节中零星抹灰项目编码列项。

5）空斗墙的窗间墙、窗台下、楼板下、梁头下等的实砌部分，按零星砌砖项目编码列项。

6）"空花墙"项目适用于各种类型的空花墙，使用混凝土花格砌筑的空花墙，实砌墙体与混凝土花格应分别计算，混凝土花格按第2.5节混凝土及钢筋混凝土工程中的预制构件相关项目编码列项。

7）砖砌体内钢筋加固、检查井内的爬梯、砌体内加筋及墙体拉结筋的制作、安装，均按第2.5节混凝土及钢筋混凝土工程中的相关项目编码列项。检查井内的混凝土构件按第2.5节混凝土及钢筋混凝土工程中的预制构件编码列项。

8）砖砌体勾缝按第3.2节中相关项目编码列项。

9）台阶、台阶挡墙、梯带、锅台、炉灶、蹲台、池槽、池槽腿、砖胎模、花台、花池、楼梯栏板、阳台栏板、地垄墙、≤0.3m²的孔洞填塞等，应按零星砌砖项目编码列项。砖砌锅台与炉灶可按外形尺寸以个计算，砖砌台阶可按水平投影面积以平方米计算，小便槽、地垄墙可按长度计算，其他工程量以立方米计算。

10）如施工图设计标注做法见标准图集时，应在项目特征中注明标注图集的编码、页号及节点大样。

11）砌块排列应上、下错缝搭砌，如果搭错缝长度满足不了规定的压搭要求，应采取压砌钢筋网片的措施，具体构造要求按设计规定。如设计无规定时，应注明由投标人根据工程实际情况自行考虑；钢筋网片按第2.6节金属结构工程中相应编码列项。

12）砌体垂直灰缝宽>30mm时，采用C20细石混凝土灌实。灌注的混凝土应按第2.5节混凝土及钢筋混凝土工程中的相关项目编码列项。

13）"石台阶"项目包括石梯带（垂带），不包括石梯膀，石梯膀应按表2-19中石挡土墙项目编码列项。

14）除混凝土垫层应按第2.5节混凝土及钢筋混凝土工程中的相关项目编码列项外，没有包括垫层要求的清单项目应按表2-20中的垫层项目列项。

15）砖基础大放脚折加高度和增加断面表见表2-22。

$$砖基断面积=基础墙高×基础墙厚+大放脚增加面积$$
$$或砖基断面积=基础墙厚×（基础墙高+大放脚折加高度）$$

表2-22　砖基础大放脚折加高度和增加断面表

放脚层数	折加高度/m										增加断面/m²	
	1/2		1		1½		2砖		2½			
	等高	不等高	等高	不等高	等高	不等高	等高	不等高	等高	不等高	等高	不等高
一	0.137	0.137	0.066	0.066	0.043	0.043	0.032	0.032	0.026	0.026	0.016	0.016

（续）

放脚层数	拆加高度/m										增加断面/m²	
	1/2		1		1½		2 砖		2½			
	等高	不等高	等高	不等高	等高	不等高	等高	不等高	等高	不等高	等高	不等高
二	0.411	0.342	0.197	0.164	0.129	0.108	0.096	0.080	0.077	0.064	0.047	0.039
三			0.394	0.328	0.259	0.216	0.193	0.161	0.154	0.128	0.095	0.079
四			0.656	0.525	0.432	0.345	0.321	0.257	0.256	0.205	0.158	0.126
五			0.984	0.788	0.647	0.518	0.482	0.386	0.384	0.307	0.236	0.189
六			1.378	1.083	0.906	0.712	0.675	0.530	0.538	0.423	0.331	0.260
七			1.838	1.444	1.208	0.949	0.900	0.707	0.717	0.563	0.441	0.347
八			2.363	1.838	1.553	1.208	1.157	0.900	0.922	0.717	0.567	0.441
九			2.953	2.297	1.942	1.510	1.446	1.125	1.152	0.896	0.709	0.551
十			3.609	2.789	2.373	1.834	1.768	1.366	1.409	1.088	0.866	0.669
十一					2.848	2.201	2.121	1.639	1.690	1.306	1.040	0.803
十二					3.366	2.589	2.507	1.929	1.998	1.537	1.229	0.945
十三							2.925	2.250	2.330	1.793	1.433	1.103
十四							3.375	2.588	2.689	2.062	1.654	1.268
十五							3.857	2.957	3.073	2.356	1.890	1.449

【例 2-6】 某砖混结构二层住宅楼，首层平面图如图 2-19 所示，二层平面图如图 2-20 所示，基础平面图如图 2-21 所示，基础剖面图如图 2-22 所示，内墙砖基础为两步等高大放脚。外墙构造柱从钢筋混凝土基础上生根，外墙砖基础中构造柱的体积为 1.2m³；外墙高 6m，内墙每层高 2.9m，内外墙厚度均为 240mm；外墙上均有女儿墙，高 600mm，厚 240mm；外墙上的过梁、圈梁和构造柱的总体积为 2.5m³；内墙上的过梁体积为 1.2m³，圈梁体积为 1.5m³；门窗框外围尺寸：C1 为 1500mm×1200mm，M1 为 900mm×2000mm，M2 为 1000mm×2100mm。计算砖基础、实心砖墙和垫层的清单工程量。

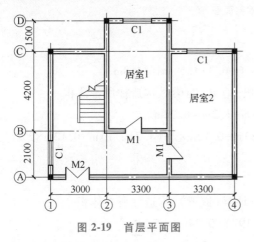

图 2-19 首层平面图

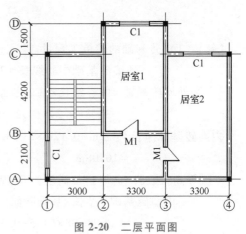

图 2-20 二层平面图

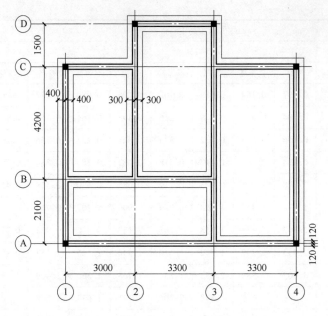

图 2-21 基础平面图

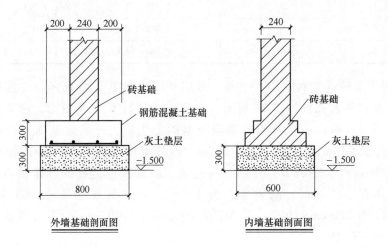

外墙基础剖面图　　　　内墙基础剖面图

图 2-22 基础剖面图

【解】 1）砖基础的清单工程量。

外墙砖基础中心线长 = 2×（9.6+6.3+1.5）m = 34.8m

外墙砖基础 = 中心线长×基础断面面积-地梁（圈梁）、构造柱所占体积

= 34.8×0.24×（1.5-0.6）m-1.2m = 6.32m³

内墙砖基础净长 = 4.2m-0.12m×2+（3.3+3）m-0.12m×2+（4.2+2.1）m-0.12m×2

= 16.08m

二层等高大放脚-砖厚折加高度为 0.197m。

内墙砖基础 = 净长×基础断面面积-地梁（圈梁）、构造柱所占体积

= 16.08×（1.5-0.3+0.197）×0.24m³ = 5.39m³

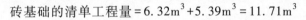

砖基础的清单工程量 = 6.32m³ + 5.39m³ = 11.71m³

2）实心砖墙的清单工程量。

砖外墙 = 中心线长×墙高×墙厚 − 门窗洞口、圈梁、过梁、构造柱所占体积

= 34.8×6×0.24m³ − 12.9×0.24m³ − 2.5m³ = 44.52m³

砖内墙 = 净长×墙高×墙厚 − 门窗洞口、圈梁、过梁、构造柱所占体积

= 13.32×2.9×2×0.24m³ − 7.2×0.24m³ − 1.5m³ − 1.2m³ = 14.11m³

砖女儿墙 = 中心线长×墙高×墙厚 = 34.8×0.6×0.24m³ = 5.01m³

3）垫层的清单工程量。

外墙基础垫层 = 外墙基础垫层断面面积×外墙基础垫层中心线长

= 0.3×0.8×34.8m³ = 8.352m³

内墙基础垫层 = 内墙基础垫层断面面积×内墙基础垫层净长

= 0.3×0.6×(4.2−0.7+6.3−0.7+6.3−0.8)m³

= 2.628m³

垫层的清单工程量合计 = 8.352m³ + 2.628m³ = 10.98m³

因墙体类型不同，清单中的实心砖墙应分为砖外墙、砖内墙和砖女儿墙三个项目列项，其综合单价以及砖基础和垫层的综合单价可以参考企业定额报价（见表2-23）。

表2-23 分部分项工程和单价措施项目清单与计价表

工程名称：某建筑工程 　　　　　　　　　　标段： 　　　　　第 页 共 页

序号	项目编码	项目名称	项目特征描述	计量单位	工程量	金额(元)		
						综合单价	合价	其中 暂估价
1	010401001001	砖基础	1. 砖品种、规格、强度等级：页岩砖、240mm×115mm×53mm、MU7.5 2. 基础类型：带形基础 3. 砂浆强度等级：砌筑砂浆DM7.5-HR	m³	11.71	815.16	9545.52	—
2	010401003001	实心砖墙	1. 砖品种、规格、强度等级：页岩砖、240mm×115mm×53mm、MU7.5 2. 墙体类型：外墙 3. 砂浆强度等级、配合比：砌筑砂浆 DM7.5-HR		44.52	905.22	40300.39	—

（续）

序号	项目编码	项目名称	项目特征描述	计量单位	工程量	金额（元）		其中
						综合单价	合价	暂估价
3	010401003002	实心砖墙	1. 砖品种、规格、强度等级：页岩砖、240mm×115mm×53mm、MU7.5 2. 墙体类型：内墙 3. 砂浆强度等级、配合比：砌筑砂浆 DM7.5-HR	m³	14.11	830.90	11724.00	—
4	010401003003	实心砖墙	1. 砖品种、规格、强度等级：页岩砖、240mm×115mm×53mm、MU7.5 2. 墙体类型：女儿墙 3. 砂浆强度等级、配合比：砌筑砂浆 DM7.5-HR		5.01	852.64	4271.73	—
5	010404001001	垫层	1. 垫层材料的种类：灰土垫层 2. 配合比、厚度：3：7、300mm		10.98	62.18	682.74	—

■ 2.5 混凝土及钢筋混凝土工程

2.5.1 混凝土及钢筋混凝土工程的工程量计算规则

1. 现浇混凝土构件的工程量计算规则

1）垫层、带形基础、独立基础、满堂基础、桩承台基础、设备基础的工程量均按设计图示尺寸以体积计算。不扣除伸入承台基础的桩头所占体积。

2）矩形柱、构造柱、异形柱的工程量按设计图示尺寸以体积计算。

其中，柱高的确定：

① 有梁板的柱高，应自柱基上表面（或楼板上表面）至上一层楼板上表面之间的高度计算。

② 无梁板的柱高，应自柱基上表面（或楼板上表面）至柱帽下表面之间的高度计算。

③ 框架柱的柱高，应自柱基上表面至柱顶高度计算。

④ 构造柱按全高计算，嵌接墙体部分（马牙槎）并入柱身体积。

⑤ 依附柱上的牛腿和升板的柱帽，并入柱身体积计算。

3）基础梁、矩形梁、异形梁、圈梁、过梁、弧形、拱形梁的工程量按设计图示尺寸以体积计算。伸入墙内的梁头、梁垫并入梁体积内。

其中，梁长的确定：梁与柱连接时，梁长算至柱侧面；主梁与次梁连接时，次梁长算至主梁侧面。

4）直形墙、弧形墙、短肢剪力墙、挡土墙的工程量按设计图示尺寸以体积计算。扣除门窗洞口及单个面积>0.3m²的孔洞所占体积，墙垛及突出墙面部分并入墙体体积内计算。

5）有梁板、无梁板、平板、拱板、薄壳板、栏板的工程量按设计图示尺寸以体积计算，不扣除单个面积≤0.3m²的柱、垛以及孔洞所占体积。压形钢板混凝土楼板扣除构件内压形钢板所占体积。有梁板（包括主、次梁与板）按梁、板体积之和计算，无梁板按板和柱帽体积之和计算，各类板伸入墙内的板头并入板体积内计算，薄壳板的肋、基梁并入薄壳体积内计算。

6）天沟（檐沟）、挑檐板、其他板、后浇带的工程量均按设计图示尺寸以体积计算。

7）雨篷、悬挑板、阳台板的工程量按设计图示尺寸以墙外部分体积计算，包括伸出墙外的牛腿和雨篷反挑檐的体积。

8）空心板的工程量按设计图示尺寸以体积计算，空心板（GBF高强薄壁蜂巢芯板等）应扣除空心部分体积。

9）直形楼梯、弧形楼梯的工程量：

① 以平方米计量，按设计图示尺寸以水平投影面积计算，不扣除宽度≤500mm的楼梯井，伸入墙内部分不计算。

② 以立方米计量，按设计图示尺寸以体积计算。

10）散水、坡道、室外地坪的工程量按设计图示尺寸以水平投影面积计算，不扣除单个面积≤0.3m²的孔洞所占面积。

11）电缆沟、地沟的工程量按设计图示以中心线长度计算。

12）台阶的工程量按设计图示尺寸水平投影面积或按设计图示尺寸以体积计算。

13）扶手、压顶的工程量按设计图示的中心线延长米或按设计图示尺寸以体积计算。

14）化粪池、检查井、其他构件的工程量按设计图示尺寸以体积或按设计图示数量计算。

2. 预制混凝土构件的工程量计算规则

1）矩形柱、异形柱、矩形梁、异形梁、过梁、拱形梁、鱼腹式吊车梁、其他梁的工程量按设计图示尺寸以体积或按设计图示尺寸以数量计算。

2）预制混凝土屋架（折线型、组合、薄腹、门式刚架、天窗架）的工程量按设计图示尺寸以体积或按设计图示尺寸以数量计算。

3）预制混凝土板（平板、空心板、槽形板、网架板、折线板、带肋板、大型板）的工程量：

① 以立方米计量，按设计图示尺寸以体积计算。不扣除单个面积≤300mm×300mm的孔洞所占体积，扣除空心板空洞体积。

② 以块计量，按设计图示尺寸以数量计算。

4）沟盖板、井盖板、井圈的工程量按设计图示尺寸以体积或按设计图示尺寸以数量计算。

5）楼梯的工程量：

① 以立方米计量，按设计图示尺寸以体积计算，扣除空心踏步板空洞体积。

② 以段计量，按设计图示数量计算。

6）垃圾道、通风道、烟道、其他预制构件的工程量：

① 以立方米计量，按设计图示尺寸以体积计算。不扣除单个面积≤300mm×300mm的孔洞所占体积，扣除垃圾道、通风道、烟道的孔洞所占体积。

② 以平方米计量，按设计图示尺寸以面积计算。不扣除单个面积≤300mm×300mm的孔洞所占面积。

③ 以根计量，按设计图示尺寸以数量计算。

3. 钢筋工程的工程量计算规则

1）现浇构件钢筋、预制构件钢筋、钢筋网片、钢筋笼的工程量按设计图示钢筋（网）长度（面积）乘以单位理论质量计算。

2）先张法预应力钢筋的工程量按设计图示钢筋长度乘以单位理论质量计算。

3）后张法预应力钢筋、预应力钢丝、预应力钢绞线的工程量按设计图示钢筋（丝束、绞线）长度乘以单位理论质量计算。

① 低合金钢筋两端均采用螺杆锚具时，钢筋长度按孔道长度减0.35m计算，螺杆另行计算。

② 低合金钢筋一端采用镦头插片，另一端采用螺杆锚具时，钢筋长度按孔道长度计算，螺杆另行计算。

③ 低合金钢筋一端采用镦头插片，另一端采用帮条锚具时，钢筋长度按孔道长度增加0.15m计算；两端均采用帮条锚具时，钢筋长度按孔道长度增加0.3m计算。

④ 低合金钢筋采用后张混凝土自锚时，钢筋长度按孔道长度增加0.35m计算。

⑤ 低合金钢筋（钢绞线）采用JM、XM、QM型锚具，孔道长度≤20m时，钢筋长度增加1m计算；孔道长度>20m时，钢筋长度增加1.8m计算。

⑥ 碳素钢丝采用锥形锚具，孔道长度≤20m时，钢丝束长度按孔道长度增加1m计算；孔道长度>20m时，钢丝束长度按孔道长度增加1.8m计算。

⑦ 碳素钢丝采用镦头锚具时，钢丝束长度按孔道长度增加0.35m计算。

4）支撑钢筋（铁马）的工程量按钢筋长度乘以单位理论质量计算。

5）声测管、螺栓、预埋铁件的工程量按设计图示尺寸以质量计算。

6）机械连接的工程量按数量计算。

2.5.2 混凝土及钢筋混凝土工程的清单项目设置

1）现浇混凝土基础工程量清单项目设置、项目特征描述的内容、计量单位及工作内容，按表2-24的规定执行。

表 2-24 现浇混凝土基础（编码：010501）

项目编码	项目名称	项目特征	计量单位	工作内容
010501001	垫层	1. 混凝土种类 2. 混凝土强度等级	m³	1. 模板及支撑制作、安装、拆除、堆放、运输及清理模内杂物、刷隔离剂等 2. 混凝土制作、运输、浇筑、振捣、养护
010501002	带形基础			
010501003	独立基础			
010501004	满堂基础			
010501005	桩承台基础			
010501006	设备基础	1. 混凝土种类、强度等级 2. 灌浆材料及其强度等级		

2）现浇混凝土柱工程量清单项目设置、项目特征描述的内容、计量单位及工作内容，按表 2-25 的规定执行。

表 2-25 现浇混凝土柱（编码：010502）

项目编码	项目名称	项目特征	计量单位	工作内容
010502001	矩形柱	1. 混凝土种类 2. 混凝土强度等级	m³	1. 模板及支架（撑）制作、安装、拆除、堆放、运输及清理模内杂物、刷隔离剂等 2. 混凝土制作、运输、浇筑、振捣、养护
010502002	构造柱			
010502003	异形柱	1. 柱形状 2. 混凝土种类 3. 混凝土强度等级		

3）现浇混凝土梁工程量清单项目设置、项目特征描述的内容、计量单位及工作内容，按表 2-26 的规定执行。

表 2-26 现浇混凝土梁（编码：010503）

项目编码	项目名称	项目特征	计量单位	工作内容
010503001	基础梁	1. 混凝土种类 2. 混凝土强度等级	m³	1. 模板及支架（撑）制作、安装、拆除、堆放、运输及清理模内杂物、刷隔离剂等 2. 混凝土制作、运输、浇筑、振捣、养护
010503002	矩形梁			
010503003	异形梁			
010503004	圈梁			
010503005	过梁			
010503006	弧形、拱形梁			

4）现浇混凝土墙工程量清单项目设置、项目特征描述的内容、计量单位及工作内容，按表 2-27 的规定执行。

表 2-27 现浇混凝土墙（编码：010504）

项目编码	项目名称	项目特征	计量单位	工作内容
010504001	直形墙	1. 混凝土种类 2. 混凝土强度等级	m³	1. 模板及支架（撑）制作、安装、拆除、堆放、运输及清理模内杂物、刷隔离剂等 2. 混凝土制作、运输、浇筑、振捣、养护
010504002	弧形墙			
010504003	短肢剪力墙			
010504004	挡土墙			

5）现浇混凝土板工程量清单项目设置、项目特征描述的内容、计量单位及工作内容，按表 2-28 的规定执行。

表 2-28　现浇混凝土板（编码：010505）

项目编码	项目名称	项目特征	计量单位	工作内容
010505001	有梁板			
010505002	无梁板			
010505003	平板			1. 模板及支架（撑）制作、安装、拆除、堆放、运输及清理模内杂物、刷隔离剂等
010505004	拱板			
010505005	薄壳板	1. 混凝土种类 2. 混凝土强度等级	m^3	
010505006	栏板			
010505007	天沟（檐沟）、挑檐板			2. 混凝土制作、运输、浇筑、振捣、养护
010505008	雨篷、悬挑板、阳台板			
010505009	空心板			
010505010	其他板			

6）现浇混凝土楼梯工程量清单项目设置、项目特征描述的内容、计量单位及工作内容，按表 2-29 的规定执行。

表 2-29　现浇混凝土楼梯（编码：010506）

项目编码	项目名称	项目特征	计量单位	工作内容
010506001	直形楼梯	1. 混凝土种类 2. 混凝土强度等级	1. m^2 2. m^3	1. 模板及支架（撑）制作、安装、拆除、堆放、运输及清理模内杂物、刷隔离剂等
010506002	弧形楼梯			2. 混凝土制作、运输、浇筑、振捣、养护

7）现浇混凝土其他构件工程量清单项目设置、项目特征描述的内容、计量单位及工作内容，按表 2-30 的规定执行。

表 2-30　现浇混凝土其他构件（编码：010507）

项目编码	项目名称	项目特征	计量单位	工作内容
010507001	散水、坡道	1. 垫层材料种类、厚度 2. 面层厚度 3. 混凝土种类 4. 混凝土强度等级 5. 变形缝填塞材料种类	m^2	1. 地基夯实 2. 铺设垫层 3. 模板及支架（撑）制作、安装、拆除、堆放、运输及清理模内杂物、刷隔离剂等 4. 混凝土制作、运输、浇筑、振捣、养护 5. 变形缝填塞
010507002	室外地坪	1. 地坪厚度 2. 混凝土强度等级		
010507003	电缆沟、地沟	1. 土壤类别 2. 沟截面净空尺寸 3. 垫层材料种类、厚度 4. 混凝土种类 5. 混凝土强度等级 6. 防护材料种类	m	1. 挖填、运土石方 2. 铺设垫层 3. 模板及支撑制作、安装、拆除、堆放、运输及清理模内杂物、刷隔离剂等 4. 混凝土制作、运输、浇筑、振捣、养护 5. 刷防护材料

（续）

项目编码	项目名称	项目特征	计量单位	工作内容
010507004	台阶	1. 踏步高、宽 2. 混凝土种类、强度等级	1. m² 2. m³	1. 模板及支架（撑）制作、安装、拆除、堆放、运输及清理模内杂物、刷隔离剂等 2. 混凝土制作、运输、浇筑、振捣、养护
010507005	扶手、压顶	1. 截面尺寸 2. 混凝土种类、强度等级	1. m 2. m³	
010507006	化粪池、检查井	1. 部位 2. 混凝土强度等级 3. 防水、抗渗要求	1. m³ 2. 座	
010507007	其他构件	1. 构件类型、构件规格 2. 部位 3. 混凝土种类、强度等级	m³	

8）后浇带工程量清单项目设置、项目特征描述的内容、计量单位及工作内容，按表2-31的规定执行。

表2-31　后浇带（编码：010508）

项目编码	项目名称	项目特征	计量单位	工作内容
010508001	后浇带	1. 混凝土种类 2. 混凝土强度等级	m³	1. 模板及支架（撑）制作、安装、拆除、堆放、运输及清理模内杂物、刷隔离剂等 2. 混凝土制作、运输、浇筑、振捣、养护及混凝土交接面、钢筋等的清理

9）预制混凝土构件工程量清单项目设置、项目特征描述的内容、计量单位及工作内容，按表2-32规定执行。

表2-32　预制混凝土构件（编码：010509~010514）

项目编码	项目名称	项目特征	计量单位	工作内容
010509001	矩形柱	1. 图代号 2. 单件体积 3. 安装高度 4. 混凝土强度等级 5. 砂浆（细石混凝土）强度等级、配合比	1. m³ 2. 根	1. 模板制作、安装、拆除、堆放、运输及清理模内杂物、刷隔离剂等 2. 混凝土制作、运输、浇筑、振捣、养护 3. 构件运输、安装 4. 砂浆制作、运输 5. 接头灌缝、养护
010509002	异形柱			
010510001	矩形梁			
010510002	异形梁			
010510003	过梁			
010510004	拱形梁			
010510005	鱼腹式吊车梁			
010510006	其他梁			
010511001	折线型		1. m³ 2. 榀	
010511002	组合			
010511003	薄腹			
010511004	门式刚架			
010511005	天窗架			
010512001	平板		1. m³ 2. 块	

（续）

项目编码	项目名称	项目特征	计量单位	工作内容
010512002	空心板	1. 图代号 2. 单件体积 3. 安装高度 4. 混凝土强度等级 5. 砂浆（细石混凝土）强度等级、配合比	1. m³ 2. 块	1. 模板制作、安装、拆除、堆放、运输及清理模内杂物、刷隔离剂等 2. 混凝土制作、运输、浇筑、振捣、养护 3. 构件运输、安装 4. 砂浆制作、运输 5. 接头灌缝、养护
010512003	槽形板			
010512004	网架板			
010512005	折线板			
010512006	带肋板			
010512007	大型板			
010512008	沟盖板、井盖板、井圈	1. 单件体积 2. 安装高度 3. 混凝土强度等级 4. 砂浆强度等级、配合比	1. m³ 2. 块 （套）	
010513001	楼梯	1. 楼梯类型 2. 单件体积 3. 混凝土强度等级 4. 砂浆（细石混凝土）强度等级	1. m³ 2. 段	
010514001	垃圾道、通风道、烟道	1. 单件体积 2. 混凝土强度等级 3. 砂浆强度等级	1. m³ 2. m² 3. 根 （块、套）	
010514002	其他构件	1. 单件体积 2. 构件类型 3. 混凝土强度等级 4. 砂浆强度等级		

10）钢筋工程工程量清单项目设置、项目特征描述的内容、计量单位及工作内容，按表 2-33 的规定执行。

表 2-33　钢筋工程（编码：010515）

项目编码	项目名称	项目特征	计量单位	工作内容
010515001	现浇构件钢筋	钢筋种类、规格		1. 钢筋、钢筋网、钢筋笼制作、运输 2. 钢筋、钢筋网、钢筋笼安装 3. 焊接（绑扎）
010515002	预制构件钢筋			
010515003	钢筋网片			
010515004	钢筋笼			
010515005	先张法预应力钢筋	1. 钢筋种类、规格 2. 锚具种类		钢筋制作、运输、张拉
010515006	后张法预应力钢筋	1. 钢筋种类、规格 2. 钢丝种类、规格 3. 钢绞线种类、规格 4. 锚具种类 5. 砂浆强度等级	t	1. 钢筋、钢丝、钢绞线制作、运输 2. 钢筋、钢丝、钢绞线安装 3. 预埋管孔道铺设 4. 锚具安装 5. 砂浆制作、运输 6. 孔道压浆、养护
010515007	预应力钢丝			
010515008	预应力钢绞线			
010515009	支撑钢筋（铁马）	钢筋种类、规格		钢筋制作、焊接、安装
010515010	声测管	材质、规格型号		1. 检测管截断、封头 2. 套管制作、焊接 3. 定位、固定

11）螺栓、铁件工程量清单项目设置、项目特征描述的内容、计量单位及工作内容，按表2-34的规定执行。

表2-34　螺栓、铁件（编码：010516）

项目编码	项目名称	项目特征	计量单位	工作内容
010516001	螺栓	螺栓种类、规格	t	1. 螺栓、铁件制作、运输 2. 螺栓、铁件安装
010516002	预埋铁件	钢材种类、规格、铁件尺寸		
010516003	机械连接	1. 连接方式 2. 螺纹套筒种类 3. 规格	个	1. 钢筋套丝 2. 套筒连接

2.5.3　其他相关问题说明

1）有肋带形基础、无肋带形基础应按表2-24中相关项目列项，并注明肋高。

2）箱式满堂基础中柱、梁、墙、板按表2-25～表2-28相关项目分别编码列项；箱式满堂基础底板按表2-24中的满堂基础项目列项。

3）框架式设备基础中柱、梁、墙、板按表2-25～表2-28相关项目分别编码列项；基础部分按表2-24中相关项目编码列项。

4）如为毛石混凝土基础，项目特征应描述毛石所占比例。

5）混凝土种类：指清水混凝土、彩色混凝土等，如在同一地区既使用预拌（商品）混凝土，又允许现场搅拌混凝土时，也应注明。

6）短肢剪力墙是指截面厚度不大于300mm、各肢截面高度与厚度之比的最大值大于4但不大于8的剪力墙；各肢截面高度与厚度之比的最大值不大于4的剪力墙按柱项目编码列项。

7）现浇挑檐、天沟板、雨篷、阳台与板（包括屋面板、楼板）连接时，以外墙外边线为分界线；与圈梁（包括其他梁）连接时，以梁外边线为分界线。外边线以外为挑檐、天沟、雨篷或阳台。

8）整体楼梯（包括直形楼梯、弧形楼梯）水平投影面积包括休息平台、平台梁、斜梁和楼梯的连接梁。当整体楼梯与现浇楼板无梯梁连接时，以楼梯的最后一个踏步边缘加300mm为界。

9）现浇混凝土小型池槽、垫块、门框等，按表2-30中其他构件项目编码列项。

10）架空式混凝土台阶按现浇楼梯计算。

11）以根、榀、块、套计量的项目，在项目特征中必须描述单件体积。

12）预制混凝土三角形屋架按折线型屋架项目编码列项。

13）不带肋的预制遮阳板、雨篷板、挑檐板、拦板等，按表2-32中平板项目编码列项。

14）预制F形板、双T形板、单肋板和带反挑檐的遮阳板、雨篷板、挑檐板等，按表2-32中带肋板项目编码列项。

15）预制大型墙板、大型楼板、大型屋面板等，按表2-32中大型板项目编码列项。

16）预制钢筋混凝土小型池槽、压顶、扶手、垫块、隔热板、花格等，按表 2-32 中其他构件项目编码列项。

17）现浇构件中伸出构件的锚固钢筋应并入钢筋工程量内。除设计（包括规范规定）标明的搭接外，其他施工搭接不计算工程量，在综合单价中综合考虑。

18）现浇构件中固定位置的支撑钢筋、双层钢筋用的"铁马"、螺栓、预埋铁件、机械连接等，在编制工程量清单时，如果设计未明确，其工程数量可为暂估量，结算时按现场签证数量计算。

19）预制混凝土构件或预制钢筋混凝土构件，如施工图设计标注做法见标准图集时，项目特征注明标准图集的编码、页号及节点大样即可。

20）现浇或预制混凝土构件和钢筋混凝土构件，不扣除构件内钢筋、螺栓、预埋铁件、张拉孔道所占体积，但应扣除劲性骨架的型钢所占体积。

21）现浇混凝土工程项目"工作内容"中包括模板工程的内容，同时又在措施项目中单列了现浇混凝土模板工程项目。对此，招标人应根据工程实际情况选用。若招标人在措施项目清单中未编列现浇混凝土模板工程项目清单，即表示现浇混凝土模板工程项目不单列，现浇混凝土工程项目的综合单价中应包括模板工程费用。

22）对预制混凝土构件按现场制作编制项目，"工作内容"中包括模板工程，不再单列。若采用成品预制混凝土构件时，构件成品价（包括模板、钢筋、混凝土等所有费用）应计入综合单价中。

23）混凝土构件的区别

① 各类混凝土基础的区分。混凝土基础包括满堂基础、带形基础、独立基础、桩承台基础和设备基础等。

a. 满堂基础。满堂基础分为板式满堂基础（无梁式）、梁板式满堂基础（有梁式）和箱形满堂基础，如图 2-23 所示。

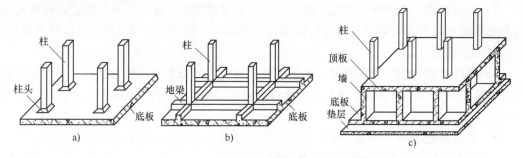

图 2-23　满堂基础

a）板式满堂基础　b）梁板式满堂基础　c）箱形满堂基础

箱形基础是由钢筋混凝土底板、顶板、侧墙及一定数量的内隔墙构成封闭的箱体，基础中部可在内隔墙开门洞作为地下室。这种基础整体性和刚度较好，调整不均匀沉降的能力及抗震能力较强，可消除因地基变形使建筑物开裂的可能性，减少基底处原有地基自重应力，降低总沉降量。这种基础其底板按满堂基础计算，顶板按楼板计算，内外墙按混凝土墙计算。

b. 带形基础。带形基础分为墙下带形基础和柱下带形基础，如图2-24所示。

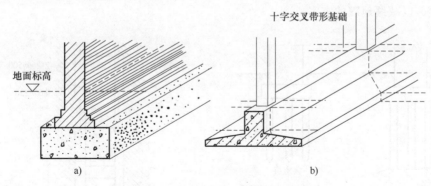

图 2-24　带形基础

a）墙下带形基础　b）柱下带形基础

柱下带形基础常用钢筋混凝土材料。当土质差，上部荷载大时可做成十字交叉式布置，构成柱下井格式带形基础，如图2-25所示。

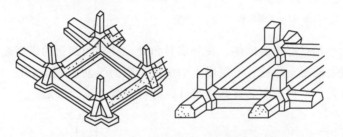

图 2-25　柱下井格式带形基础示意图

c. 独立基础。独立基础分为现浇柱下独立基础和预制柱下独立基础，如图2-26所示。预制柱下独立基础也称杯形基础或杯口基础。

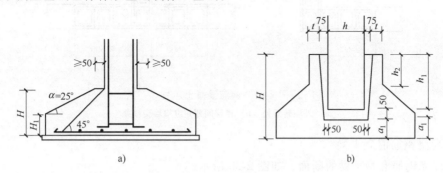

图 2-26　独立基础示意图

a）现浇柱下独立基础　b）预制柱下独立基础

d. 桩承台基础。桩承台基础由若干个沉入土体中的桩和连接于桩顶端的承台组成。桩承台基础如图2-27所示。

② 现浇钢筋混凝土柱。现浇钢筋混凝土柱分为承重柱和构造柱。承重柱分为钢筋混凝土柱和劲性钢骨架柱（用于升板结构）。承重柱常见于框架结构中。构造柱（见

图2-28)、芯柱（见图2-29）一般用于混合结构中，它与圈梁组成一个框架，为加强结构的整体性，以减缓地震的灾害。

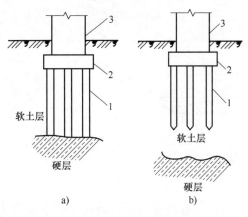

图 2-27　桩承台基础

a）端承桩　b）摩擦桩

1—桩　2—承台　3—上部结构

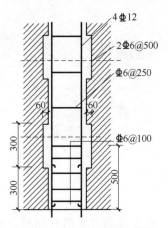

图 2-28　砖墙与构造柱咬接

对于混凝土小型空心砌块砌体，在外墙转角处、楼梯间四角的纵横墙交接处等部位的三个孔洞，设置素混凝土芯柱；五层以上的房屋，则为钢筋混凝土芯柱（见图2-29）；芯柱在楼盖处应贯通；不得削弱芯柱截面尺寸，芯柱混凝土不得漏灌。

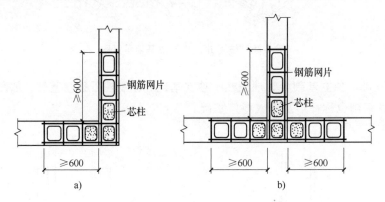

图 2-29　钢筋混凝土芯柱

a）外墙转角处　b）楼梯间四角纵横墙交接处

③ 现浇钢筋混凝土梁。

a. 现浇钢筋混凝土梁的断面，如图2-30所示。

b. 框架梁在框架结构工程中，与柱子相连接的承重梁称为框架梁，梁的端点在柱子上。计算梁的长度时，梁与柱连接时，梁长算至柱侧面；主梁与次梁连接时，次梁长算至主梁侧面。框架结构柱与有梁板示意图如图2-31所示。

c. 圈梁。砌体结构房屋中，在砌体内沿水平方向设置封闭的钢筋混凝土梁，以提高房屋空间刚度、增加建筑物的整体性、提高砖石砌体的抗剪、抗拉强度，防止由于地基不均匀沉降、地震或其他较大振动荷载对房屋的破坏。在房屋基础上部连续的钢筋混凝土梁

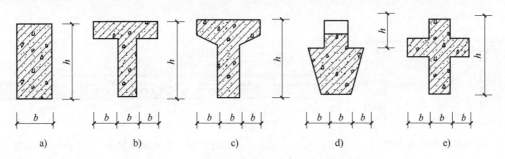

图 2-30 现浇钢筋混凝土梁的断面示意图

a）矩形梁 b）T形梁一 c）T形梁二 d）花蓝梁 e）十字梁

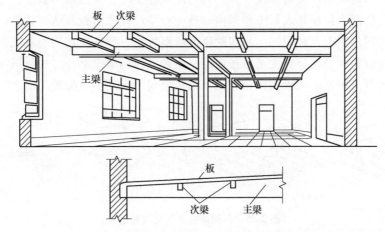

图 2-31 框架结构柱与有梁板示意图

叫基础圈梁，也叫地圈梁（DQL）；而在墙体上部，紧挨楼板的钢筋混凝土梁叫上圈梁。计算圈梁的长度时，外墙按中心线、内墙按净长线计算。

④ 现浇混凝土板。常见的现浇混凝土板有：有梁板、无梁板、平板、叠合板等。无梁板、平板、叠合板分别如图 2-32～图 2-34 所示。

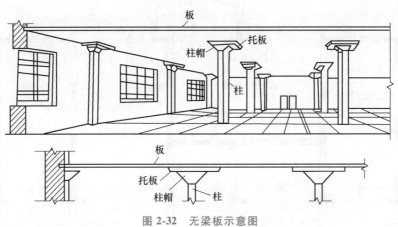

图 2-32 无梁板示意图

现浇混凝土板按设计图示尺寸以体积计算，即用板的面积乘以板的厚度来计算，其中：有梁板由主梁、次梁与板组成，按次梁和板体积之和计算清单工程量。无梁板按板外

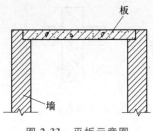

图 2-33　平板示意图

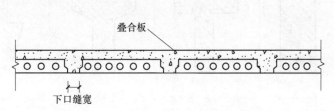

图 2-34　叠合板示意图

边线的水平投影面积乘以板的厚度计算，注意：无梁板的柱帽并入无梁板体积内计算。平板按主墙间的净面积乘以板的厚度计算；板与圈梁连接时，算至圈梁侧面；板与砖墙连接时，伸出墙面的板头体积并入板工程量内。叠合板按设计图示板和肋合并后的体积计算。

压型钢板混凝土板是利用凹凸相间的压型薄钢板作为衬板与现浇混凝土浇筑在一起支承在钢梁上构成整体型楼板，主要由楼面层、组合板和钢梁三部分组成。压型钢板混凝土楼板应扣除构件内压型钢板所占体积。压型钢板上现浇混凝土板如图 2-35 所示。

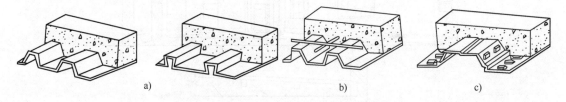

图 2-35　压型钢板上现浇混凝土板

a）无附加抗剪措施的压型钢板　b）带锚固件的压型钢板　c）有抗剪键的压型钢板

⑤ 现浇混凝土墙。现浇混凝土墙包括直形墙、弧形墙、短肢剪力墙和挡土墙。短肢剪力墙结构只适用于小高层建筑，不适用于高层建筑，如图 2-36 所示。

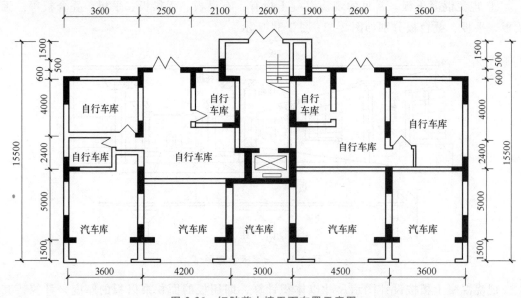

图 2-36　短肢剪力墙平面布置示意图

注意，和墙连在一起的暗梁、暗柱（是指与墙同厚度的梁、柱）并入墙体工程量中，按墙的项目编码列项。

⑥ 后浇带。后浇带是大面积混凝土结构的刚性接缝，用于不允许设置变形缝且后期变形趋于稳定的结构，一种是为了避免大面积混凝土结构的收缩开裂而设置的后浇带，另一种是为了避免沉降差造成断裂而设置的后浇带，均需待结构变形基本完成后再行补浇。防水混凝土基础后浇带留设的位置及宽度应符合设计要求，其断面形式可留成平直缝（见图2-37a）、阶梯缝（见图2-37b）或企口缝，但结构钢筋不能断开。

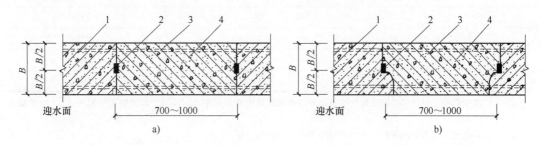

图 2-37　后浇带留缝形式示意图

a）后浇带平直缝　b）后浇带阶梯缝

1—先浇混凝土　2—遇水膨胀止水条　3—结构主筋　4—后浇补偿收缩混凝土

2.5.4　钢筋工程量计算原理

混凝土构件中的钢筋按设计图示长度乘以单位理论质量计算。钢筋的公称直径与单位理论质量见表2-35，可以直接套用，因此在计算钢筋工程量时，其关键就是计算钢筋的长度。钢筋工程量计算原理如图2-38所示。

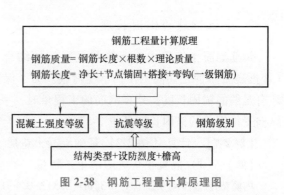

图 2-38　钢筋工程量计算原理图

表 2-35　钢筋的公称直径与单位理论质量

公称直径/mm	单根钢筋理论质量/(kg/m)	公称直径/mm	单根钢筋理论质量/(kg/m)
6	0.222	20	2.47
6.5	0.26	22	2.98
8	0.395	25	3.85
10	0.617	28	4.83
12	0.888	32	6.31
14	1.21	36	7.99
16	1.58	40	9.87
18	2	50	15.42

1. 混凝土保护层

受力钢筋的混凝土保护层最小厚度（从钢筋的外边缘算起）要受环境的影响，混凝土在不同环境中的保护层厚度可查表 2-36 确定。

表 2-36　混凝土保护层的最小厚度　　　　　　　　　　　　（单位：mm）

环境	板、墙	梁、柱
一 a	15	20
二 a	20	25
二 b	25	35
三 a	30	40
三 b	40	50

注：1. 表中混凝土保护层厚度是指外层钢筋外边缘至混凝土表面的距离，适用于设计使用年限为 50 年的混凝土结构。
2. 构件中受力钢筋的保护层厚度不应小于钢筋的公称直径。
3. 设计使用年限为 100 年的混凝土结构，一类环境中，最外层钢筋的保护层厚度不应小于表中数值的 1.4 倍，二、三类环境中，应采取专门的有效措施。
4. 混凝土强度等级不大于 C25 时，表中保护层厚度数值应增加 5mm。
5. 基础底面钢筋的保护层厚度，有混凝土垫层时应从垫层顶面算起，且不应小于 40mm。

2. 受拉钢筋的锚固长度

钢筋混凝土工程中，钢筋与混凝土的结合主要是依靠钢筋与混凝土之间的黏结力（即握裹力）使之共同工作，承受荷载。为了保证钢筋与混凝土能够有效地黏结，钢筋必须有足够的锚固长度。计算钢筋的工程量时，一定要考虑钢筋的锚固长度。有抗震要求的纵向受拉钢筋的锚固长度见表 2-37。

【例 2-7】　计算【例 2-2】基础混凝土垫层、外墙混凝土基础的清单工程量。

【解】　（1）混凝土垫层的清单工程量

内墙垫层净长 = (4.2-0.4-0.3)m+(3.3+3-0.4-0.3)m+(4.2+2.1-0.4-0.4)m = 14.6m

外墙垫层中心线长 = (3+3.3+3.3+2.1+4.2)m×2 = 31.8m

混凝土垫层的清单工程量 = 内墙垫层工程量 + 外墙垫层工程量

$$= (0.6×0.1×14.6)m^3 + (0.8×0.1×31.8)m^3$$
$$= 3.42m^3$$

（2）混凝土基础的清单工程量

混凝土基础的清单工程量 = 混凝土基础断面面积×中心线长 = $0.3m^3 × 0.64m^3 × 31.8m^3$
$$= 6.11m^3$$

【例 2-8】　某四层钢筋混凝土现浇框架办公楼的平面结构示意图和独立柱基础断面图如图 2-39 所示，轴线即为梁、柱的中心线。已知楼层高均为 3.60m；柱顶标高为 14.400m；柱断面为 400mm×400mm；L1 宽 300mm，高 600mm；L2 宽 300mm，高 400mm。求混凝土柱、梁的清单工程量。

表 2-37 纵向受拉钢筋抗震锚固长度 l_{aE}

混凝土强度与抗震等级		HPB300	HRB335				HRB400				HRB500			
		普通钢筋	普通钢筋		环氧树脂涂层钢筋		普通钢筋		环氧树脂涂层钢筋		普通钢筋		环氧树脂涂层钢筋	
			$d \leqslant 25$	$d > 25$	$d \leqslant 25$	$d > 25$	$d \leqslant 25$	$d > 25$	$d \leqslant 25$	$d > 25$	$d \leqslant 25$	$d > 25$	$d \leqslant 25$	$d > 25$
C20	一、二级抗震等级	45d	44d	49d	55d	61d	—	—	—	—	—	—	—	—
	三级抗震等级	41d	40d	45d	51d	56d	—	—	—	—	—	—	—	—
C25	一、二级抗震等级	39d	38d	42d	48d	53d	46d	51d	58d	63d	55d	61d	69d	76d
	三级抗震等级	36d	35d	39d	44d	48d	42d	46d	53d	58d	50d	55d	63d	69d
C30	一、二级抗震等级	35d	33d	37d	42d	46d	40d	44d	51d	56d	49d	54d	62d	68d
	三级抗震等级	32d	31d	34d	39d	43d	37d	41d	47d	51d	47d	50d	56d	62d
C35	一、二级抗震等级	32d	31d	34d	39d	43d	37d	41d	47d	51d	45d	50d	56d	62d
	三级抗震等级	29d	28d	31d	35d	39d	34d	38d	43d	47d	41d	45d	51d	56d
C40	一、二级抗震等级	29d	29d	32d	36d	39d	33d	37d	42d	46d	41d	45d	51d	56d
	三级抗震等级	26d	26d	29d	33d	36d	30d	34d	38d	42d	38d	42d	47d	52d
C45	一、二级抗震等级	28d	26d	30d	34d	37d	32d	35d	40d	44d	39d	43d	49d	54d
	三级抗震等级	25d	24d	27d	30d	33d	29d	32d	37d	40d	36d	39d	46d	49d
C50	一、二级抗震等级	26d	25d	29d	32d	36d	31d	34d	39d	43d	37d	41d	45d	51d
	三级抗震等级	24d	23d	25d	29d	32d	28d	31d	35d	39d	34d	38d	43d	47d
C55	一、二级抗震等级	25d	24d	27d	31d	34d	30d	33d	37d	41d	36d	40d	45d	50d
	三级抗震等级	23d	22d	25d	28d	31d	27d	30d	34d	38d	33d	36d	41d	45d
≥C60	一、二级抗震等级	24d	24d	27d	30d	33d	29d	31d	36d	40d	35d	38d	43d	48d
	三级抗震等级	22d	22d	24d	28d	30d	26d	29d	33d	36d	32d	35d	40d	44d

注：1. 当钢筋在混凝土施工过程中易受扰动（如滑模施工）时，其锚固长度乘以修正系数 1.1。
2. 在任何情况下，锚固长度不得小于 250mm。
3. d 为纵向钢筋直径。
4. HRB335 级钢筋已不再使用，但本书中涉及的工程当时仍在应用，故本表予以保留。

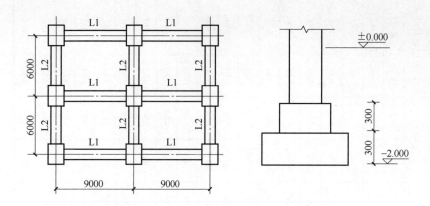

图 2-39　某办公楼平面结构示意图和独立柱基础断面图

【解】　（1）混凝土柱的清单工程量

混凝土柱的清单工程量＝柱断面面积×每根柱长×根数

$$= (0.4×0.4)\text{m}^2×(14.4+2.0-0.3-0.3)\text{m}×9$$

$$= 0.16\text{m}^2×15.8\text{m}×9$$

$$= 22.75\text{m}^3$$

（2）混凝土梁的清单工程量

混凝土梁的清单工程量＝[L1 梁长×L1 断面×L1 根数+L2 梁长×L2 断面×L2 根数]×层数

$$= [(9.0-0.2×2)×(0.3×0.6)×(2×3)+(6.0-0.2×2)×(0.3×0.4)×(2×3)]\text{m}^3×4$$

$$= [9.288+4.032]\text{m}^3×4$$

$$= 53.28\text{m}^3$$

【例 2-9】　KL1 平法施工图如图 2-40 所示，计算条件见表 2-38。试计算钢筋工程的清单工程量。

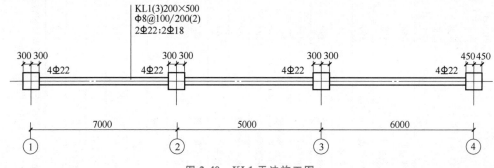

图 2-40　KL1 平法施工图

表 2-38　计算条件

参数	计算条件
混凝土强度	C25
抗震等级	一级抗震

(续)

参数	计算条件
纵筋链接方式	对焊(本题纵筋钢筋接头只按定尺长度计算接头个数,不考虑钢筋的实际连接位置)
钢筋定尺长度	8000mm
h_c	柱宽
h_b	梁高

表 2-39 梁通长筋端支座锚固构造

类型	识图	构造要点
端支座弯锚	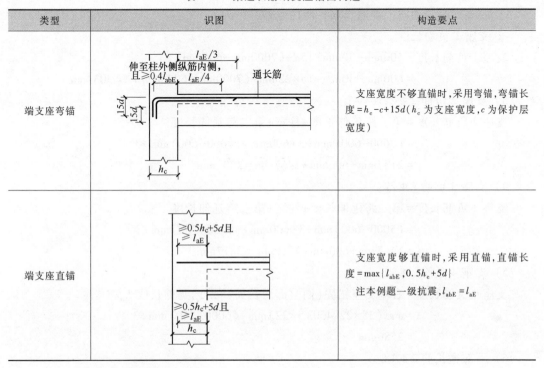	支座宽度不够直锚时,采用弯锚,弯锚长度$=h_c-c+15d$(h_c 为支座宽度,c 为保护层宽度)
端支座直锚		支座宽度够直锚时,采用直锚,直锚长度$=\max\{l_{abE},0.5h_c+5d\}$ 注本例题一级抗震,$l_{abE}=l_{aE}$

【解】 (1)计算参数

1)查表 2-36,取柱混凝土保护层厚度 $c=30mm$,梁混凝土保护层厚度 $c=30mm$。

2)查表 2-37 知,$l_{aE}=38d$。

3)双肢箍长度计算公式:$(b-2c+d)\times2+(h-2c+d)\times2+(1.9d+10d)\times2$。

4)箍筋起步距离$=50mm$。

5)箍筋加密区长度:

① 抗震等级为一级:$\geq2.0h_b$,且$\geq500mm$。

② 抗震等级为二至四级:$\geq1.5h_b$,且$\geq500mm$。

(2)钢筋计算过程

1)上部通长筋 $2\oplus22$。

① 判断两端支座锚固方式。根据梁通长筋端支座锚固构造规定(见表 2-39),可知:左端支座 $600mm<l_{aE}$,因此左端支座内弯锚;右端支座 $900mm>l_{aE}$,因此右端支座内直锚。

② 上部通长筋长度。

上部通长筋长度 $=7000\text{mm}+5000\text{mm}+6000\text{mm}-300\text{mm}-450\text{mm}+(600\text{mm}-30\text{mm}+15d)+$

$$\max(38d,450\text{mm}+5d)$$

$$=7000\text{mm}+5000\text{mm}+6000\text{mm}-300\text{mm}-450\text{mm}+(600\text{mm}-30\text{mm}+15\times$$

$$22\text{mm})+\max(38\times22\text{mm},450\text{mm}+5\times22\text{mm})$$

$$=18986\text{mm}$$

接头个数 $=(18986\div8000-1)$ 个 $=2$ 个

2）支座1负筋2Φ22。

① 左端支座锚固同上部通长筋；跨内延伸长度为 $L_n/3$。

② 支座1负筋长度。

支座1负筋长度 $=600\text{mm}-30\text{mm}+15d+(7000\text{mm}-600\text{mm})\div3$

$$=600\text{mm}-30\text{mm}+15\times22\text{mm}+(7000\text{mm}-600\text{mm})\div3=3034\text{mm}$$

3）支座2负筋2Φ22。

支座2负筋长度 $=$ 第一跨延伸长度 $+$ 柱宽 $+$ 第二跨延伸长度

$$=(7000-600)\text{mm}\div3+600\text{mm}+(5000-600)\text{mm}\div3$$

$$=2134\text{mm}+600\text{mm}+1467\text{mm}=4201\text{mm}$$

4）支座3负筋2Φ22。

支座3负筋长度 $=$ 第二跨延伸长度 $+$ 柱宽 $+$ 第三跨延伸长度

$$=(5000-600)\text{mm}\div3+600\text{mm}+(6000-750)\text{mm}\div3$$

$$=1467\text{mm}+600\text{mm}+1750\text{mm}=3817\text{mm}$$

5）支座4负筋2Φ22。

支座4负筋长度 $=$ 右端支座锚固（同上部通长筋） $+$ 跨内延伸长度 $L_n/3$

$$=\max(38\times22;450+5\times22)\text{mm}+(6000-750)\text{mm}\div3$$

$$=2586\text{mm}$$

6）下部通长筋2Φ18。

① 判断两端支座锚固方式。左端支座 $600\text{mm}<l_{aE}$，因此左端支座内弯锚；右端支座 $900\text{mm}>l_{aE}$，因此右端支座内直锚。

② 下部通长筋长度。

下部通长筋长度 $=7000\text{mm}+5000\text{mm}+6000\text{mm}-300\text{mm}-450\text{mm}+(600\text{mm}-30\text{mm}+15d)+$

$$\max(38d,450\text{mm}+5d)$$

$$=7000\text{mm}+5000\text{mm}+6000\text{mm}-300\text{mm}-450\text{mm}+(600\text{mm}-30\text{mm}+15\times$$

$$18\text{mm})+\max(38\times18\text{mm},450\text{mm}+5\times18\text{mm})$$

$$=18774\text{mm}$$

接头个数 $=(18774\div8000-1)$ 个 $=2$ 个

7）箍筋长度。

箍筋长度 $=(b-2c+d)\times2+(h-2c+d)\times2+(1.9d+10d)\times2$

$$=(200-2\times30+8)\text{mm}\times2+(500-2\times30+8)\text{mm}\times2+2\times11.9\times8\text{mm}$$

$$=1382.4\text{mm}$$

$$=1383\text{mm}$$

8）每跨箍筋根数。

① 箍筋加密区长度 = 2×500mm = 1000mm。

② 第一跨根数 = 22 根 + 21 根 = 43 根。

其中：加密区根数 = 2×[（1000−50）÷100+1] 根

$\qquad\qquad\qquad$ = 2×11 根 = 22 根，非加密区根数 = （7000−600−2000）÷200 根 −1 根 = 21 根。

③ 第二跨根数 = 22 根 + 11 根 = 33 根。

其中：加密区根数 = 2×[（1000−50）÷100+1] 根

$\qquad\qquad\qquad$ = 2×11 根 = 22 根，非加密区根数 = （5000−600−2000）÷200 根 −1 根 = 11 根。

④ 第三跨根数 = 22 根 + 16 根 = 38 根。

其中：加密区根数 = 2×[（1000−50）÷100+1] 根

$\qquad\qquad\qquad$ = 2×11 根 = 22 根，非加密区根数 = （6000−750−2000）÷200 根 −1 根 = 16 根。

⑤ 总根数 = 43mm + 33mm + 38mm = 114 根。

则箍筋总长 = 1383mm×114 = 157662mm = 157.66m。

故汇总计算：

2 Φ 22 钢筋总长 = 65.25m，质量 = 194.700kg = 0.195t。

2 Φ 18 钢筋总长 = 37.55m，质量 = 75.021kg = 0.075t。

Φ 8 箍筋总长 = 157.66m，质量 = 62.726kg = 0.063t。

2.6 金属结构工程

2.6.1 金属结构工程的工程量计算规则

1）钢网架、钢托架、钢桁架、钢架桥、钢支撑、钢拉条、钢檩条、钢天窗架、钢挡风架、钢墙架、钢平台、钢走道、钢梯、钢护栏、钢支架、零星钢构件的工程量均按设计图示尺寸以质量计算。不扣除孔眼的质量，焊条、铆钉、螺栓等不另增加质量。

2）钢屋架的工程量：

① 以榀计量，按设计图示数量计算。

② 以吨计量，按设计图示尺寸以质量计算。不扣除孔眼的质量，焊条、铆钉、螺栓等不另增加质量。

3）实腹钢柱、空腹钢柱的工程量均按设计图示尺寸以质量计算。不扣除孔眼的质量，焊条、铆钉、螺栓等不另增加质量，依附在钢柱上的牛腿及悬臂梁等并入钢柱工程量内。

4）钢管柱的工程量按设计图示尺寸以质量计算。不扣除孔眼的质量，焊条、铆钉、螺栓等不另增加质量，钢管柱上的节点板、加强环、内衬管、牛腿等并入钢管柱工程量内。

5）钢梁、钢吊车梁的工程量均按设计图示尺寸以质量计算。不扣除孔眼的质量，焊条、铆钉、螺栓等不另增加质量，制动梁、制动板、制动桁架、车挡并入钢吊车梁工程量内。

6）钢板楼板的工程量按设计图示尺寸以铺设水平投影面积计算。不扣除单个面积≤ $0.3m^2$ 的柱、垛及孔洞所占面积。

7）钢板墙板（见图2-41）的工程量按设计图示尺寸以铺挂展开面积计算。不扣除单个面积≤ $0.3m^2$ 的梁、孔洞所占面积，包角、包边、窗台泛水等不另增加面积。

8）钢漏斗、钢板天沟的工程量按设计图示尺寸以质量计算。不扣除孔眼的质量，焊条、铆钉、螺栓等不另增加质量，依附漏斗或天沟的型钢并入漏斗或天沟工程量内。

9）成品空调金属百页（也为百叶）护栏、成品栅栏、金属网栏的工程量按设计图示尺寸以框外围展开面积计算。

10）成品雨篷的工程量按设计图示接触边以米或按设计图示尺寸以展开面积计算。

11）砌块墙钢丝网加固、后浇带金属网的工程量按设计图示尺寸以面积计算。

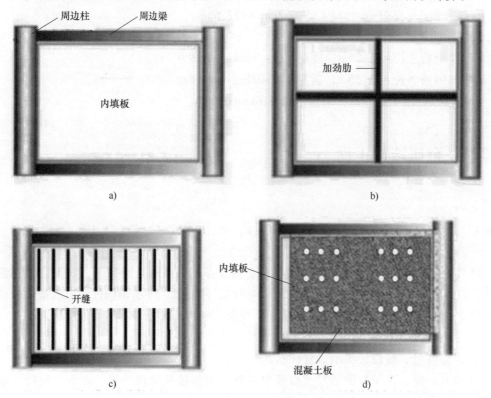

图 2-41　钢板墙板

a）无加劲肋钢板剪力墙　b）加劲肋钢板剪力墙　c）带缝钢板剪力墙　d）组合钢板剪力墙

2.6.2　金属结构工程的清单项目设置

1）钢网架、钢屋架、钢托架、钢桁架和钢架桥工程量清单项目设置、项目特征描述的内容、计量单位及工作内容，按表2-40的规定执行。

表2-40　钢网架、钢屋架、钢托架、钢桁架和钢架桥（编码：010601~010602）

项目编码	项目名称	项目特征	计量单位	工作内容
010601001	钢网架	1. 钢材品种、规格 2. 网架节点形式、连接方式 3. 网架跨度、安装高度 4. 探伤要求 5. 防火要求	t	1. 拼装 2. 安装 3. 探伤 4. 补刷油漆
010602001	钢屋架	1. 钢材品种、规格 2. 单榀质量 3. 屋架跨度、安装高度 4. 螺栓种类 5. 探伤要求 6. 防火要求	1. 榀 2. t	1. 拼装 2. 安装 3. 探伤 4. 补刷油漆
010602002	钢托架	1. 钢材品种、规格 2. 单榀质量 3. 安装高度 4. 螺栓种类 5. 探伤要求 6. 防火要求	t	
010602003	钢桁架			
010602004	钢架桥	1. 桥类型 2. 钢材品种、规格 3. 单榀质量 4. 安装高度 5. 螺栓种类 6. 探伤要求		

2）钢柱、钢梁、钢板楼板、墙板工程量清单项目设置、项目特征描述的内容、计量单位及工作内容，按表2-41的规定执行。

表2-41　钢柱、钢梁、钢板楼板、墙板（编码：010603~010605）

项目编码	项目名称	项目特征	计量单位	工作内容
010603001	实腹钢柱	1. 柱类型 2. 钢材品种、规格 3. 单根柱质量 4. 螺栓种类 5. 探伤要求 6. 防火要求	t	1. 拼装 2. 安装 3. 探伤 4. 补刷油漆
010603002	空腹钢柱			
010603003	钢管柱	1. 钢材品种、规格 2. 单根柱质量 3. 螺栓种类 4. 探伤要求 5. 防火要求		

（续）

项目编码	项目名称	项目特征	计量单位	工作内容
010604001	钢梁	1. 梁类型 2. 钢材品种、规格 3. 单根质量 4. 螺栓种类 5. 安装高度 6. 探伤要求 7. 防火要求	t	1. 拼装 2. 安装 3. 探伤 4. 补刷油漆
010604002	钢吊车梁	1. 钢材品种、规格 2. 单根质量 3. 螺栓种类 4. 安装高度 5. 探伤要求 6. 防火要求		
010605001	钢板楼板	1. 钢材品种、规格 2. 钢板厚度 3. 螺栓种类 4. 防火要求	m²	
010605002	钢板墙板	1. 钢材品种、规格 2. 钢板厚度、复合板厚度 3. 螺栓种类 4. 复合板夹芯材料种类、层数、型号、规格 5. 防火要求		

3）钢构件工程量清单项目设置、项目特征描述的内容、计量单位及工作内容，按表 2-42 的规定执行。

表 2-42　钢构件（编码：010606）

项目编码	项目名称	项目特征	计量单位	工作内容
010606001	钢支撑、钢拉条	1. 钢材品种、规格 2. 构件类型 3. 安装高度 4. 螺栓种类 5. 探伤要求 6. 防火要求	t	1. 拼装 2. 安装 3. 探伤 4. 补刷油漆
010606002	钢檩条	1. 钢材品种、规格 2. 构件类型 3. 单根质量 4. 安装高度 5. 螺栓种类 6. 探伤要求 7. 防火要求		

（续）

项目编码	项目名称	项目特征	计量单位	工作内容
010606003	钢天窗架	1. 钢材品种、规格 2. 单榀质量 3. 安装高度 4. 螺栓种类 5. 探伤要求 6. 防火要求	t	1. 拼装 2. 安装 3. 探伤 4. 补刷油漆
010606004	钢挡风架	1. 钢材品种、规格 2. 单榀质量 3. 螺栓种类 4. 探伤要求 5. 防火要求		
010606005	钢墙架			
010606006	钢平台	1. 钢材品种、规格 2. 螺栓种类 3. 防火要求		
010606007	钢走道			
010606008	钢梯	1. 钢材品种、规格 2. 钢梯形式 3. 螺栓种类 4. 防火要求		
010606009	钢护栏	1. 钢材品种、规格 2. 防火要求		
010606010	钢漏斗	1. 钢材品种、规格 2. 漏斗、天沟形式 3. 安装高度 4. 探伤要求		
010606011	钢板天沟			
010606012	钢支架	1. 钢材品种、规格 2. 安装高度 3. 防火要求		
010606013	零星钢构件	1. 构件名称 2. 钢材品种、规格		

4）金属制品工程量清单项目设置、项目特征描述的内容、计量单位及工作内容，按表 2-43 的规定执行。

表 2-43　金属制品（编码：010607）

项目编码	项目名称	项目特征	计量单位	工作内容
010607001	成品空调金属百页护栏	1. 材料品种、规格 2. 边框材质	m²	1. 安装 2. 校正 3. 预埋铁件及安螺栓
010607002	成品栅栏	1. 材料品种、规格 2. 边框及立柱型钢品种、规格		1. 安装 2. 校正 3. 预埋铁件 4. 安螺栓及金属立柱

（续）

项目编码	项目名称	项目特征	计量单位	工作内容
010607003	成品雨篷	1. 材料品种、规格 2. 雨篷宽度 3. 晾衣杆品种、规格	1. m 2. m^2	1. 安装 2. 校正 3. 预埋铁件及安螺栓
010607004	金属网栏	1. 材料品种、规格 2. 边框及立柱型钢品种、规格	m^2	1. 安装 2. 校正 3. 安螺栓及金属立柱
010607005	砌块墙钢丝网加固	1. 材料品种、规格 2. 加固方式		铺贴、铆固
010607006	后浇带金属网			

2.6.3　其他相关问题说明

1）实腹钢柱类型是指十字形、T形、L形、H形等，空腹钢柱类型是指箱形、格构式等。梁类型是指H形、L形、T形、箱形、格构式等。钢支撑、钢拉条类型是指单式、复式；钢檩条类型是指型钢式、格构式；钢漏斗类型是指方形、圆形；天沟类型是指矩形沟或半圆形沟。

2）型钢混凝土柱、梁浇筑钢筋混凝土和钢板楼板上浇筑钢筋混凝土，其混凝土和钢筋应按第2.5节混凝土及钢筋混凝土工程中相关项目编码列项。

3）以榀计量，按标准图设计的应注明标准图代号，按非标准图设计的项目特征必须描述单榀屋架的质量。

4）钢墙架项目包括墙架柱、墙架梁和连接杆件。

5）加工铁件等小型构件，按表2-42中零星钢构件项目编码列项。

6）抹灰钢丝网加固按表2-43中砌块墙钢丝网加固项目编码列项。

7）金属构件的切边，不规则及多边形钢板发生的损耗在综合单价中考虑。

8）防火要求指耐火极限。

9）金属结构构件按成品编制项目，构件成品价应计入综合单价中，若采用现场制作，包括制作的所有费用。

10）常见的金属结构形式。金属结构是指主体结构为金属制品的结构形式，如钢结构、铝合金结构、铜合金结构等。目前在我国使用的大多数为钢结构。清单项目主要包括钢网架、钢屋架、钢托架、钢桁架、钢柱、钢梁、钢板楼板、钢板墙板、其他钢构件、金属制品等。下面介绍前面几个。

① 钢网架。由于钢网架设计复杂，杆件及球节点数量多，计算烦琐，工程量计算时可按照设计图、材料表给出的尺寸和质量计算，也可按照下列方法计算。杆件组件如图2-42～图2-44所示。

a. 网架杆件质量：

T = 实际长度 × 相应规格的理论质量

实际长度 = 两个网架球之间连接杆的实际净长度

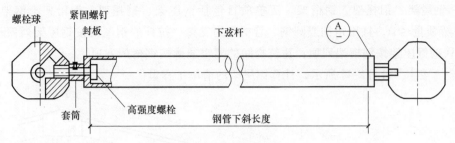

图 2-42 杆件组件（一）

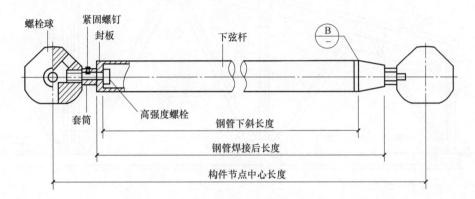

图 2-43 杆件组件（二）

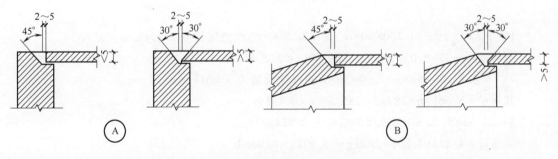

图 2-44 杆件组件（三）

无缝钢管每米质量的快速计算公式：0.02466×壁厚×（外径−壁厚）。

不锈钢管每米质量的快速计算公式：0.02491×壁厚×（外径−壁厚）。

合金制管每米质量的快速计算公式：0.02483×壁厚×（外径−壁厚）。

b. 螺栓球质量：

T＝球体积×理论质量

其中：计算球体积时不扣除切削面和螺栓孔的体积。

c. 焊接空心球质量：

T＝图示球体表面积×壁厚×理论质量

d. 支托节点板质量：

T＝图示钢板尺寸×壁厚×理论质量

② 钢屋架、钢托架、钢桁架。清单项目包括钢屋架、钢托架、钢桁架、钢架桥等，其中单榀质量≤1t，且用角钢或圆钢、管材作为支撑，拉杆的钢屋架按钢屋架列项；单榀质量>1t的钢屋架按钢桁架列项；建筑物间的架空通廊按钢桁架列项。

【例 2-10】 如图 2-45 所示，计算钢屋架的清单工程量。

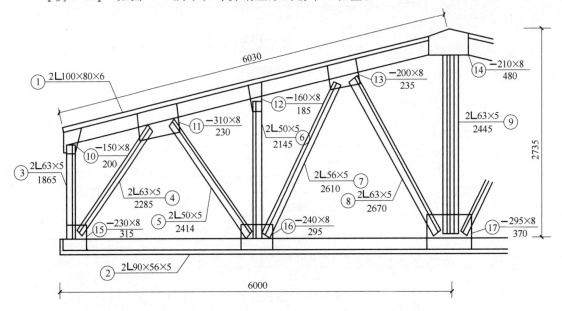

图 2-45 钢屋架（半榀）

【解】 1）上弦 2∟100×80×6：∟100×80×6 的理论质量为 8.35kg/m。

其质量 = 8.35×6.03×2×2kg = 201.40kg = 0.2014t

2）下弦 2∟90×56×5：∟90×56×5 的理论质量为 5.661kg/m。

其质量 = 5.661×6×2×2kg = 135.86kg = 0.1359t

3）2∟63×5：∟63×5 的理论质量为 4.822kg/m。

其质量 = 4.822×1.865×2×2kg = 35.97kg = 0.0360t

4）2∟63×5：∟63×5 的理论质量为 4.822kg/m。

其质量 = 4.822×2.285×2×2kg = 44.07kg = 0.0441t

5）2∟50×5：∟50×5 的理论质量为 3.77kg/m。

其质量 = 3.77×2.414×2×2kg = 36.40kg = 0.0364t

6）2∟50×5：∟50×5 的理论质量为 3.77kg/m。

其质量 = 3.77×2.145×2×2kg = 32.35kg = 0.0324t

7）2∟56×5：∟56×5 的理论质量为 4.251kg/m。

其质量 = 4.251×2.61×2×2kg = 44.38kg = 0.0444t

8）2∟63×5：∟63×5 的理论质量为 4.822kg/m。

其质量 = 4.822×2.67×2×2kg = 51.50kg = 0.0515t

9）2∟63×5：∟63×5 的理论质量为 4.822kg/m。

其质量 = 4.822×2.445×2kg = 23.58kg = 0.0236t

10）⑭、⑰板的质量：

其质量 = （0.48×0.21+0.37×0.295）×0.008×7.85t = 0.0132t

11）⑩、⑪、⑫、⑬、⑮、⑯板面积 = 2×（0.15×0.2+0.31×0.23+0.16×0.185+0.2×0.235+0.315×0.23+0.295×0.24）m^2 = 0.6423m^2。

其质量 = 0.6423×0.008×7.85t = 0.0403t

合计 = 0.659t

③ 钢柱。钢柱按截面形式可分为实腹钢柱、空腹钢柱、钢管柱、型钢混凝土组合结构柱。

a. 实腹钢柱具有整体截面，最常用的有工形截面、T形截面、十字形截面、L形截面、H形截面和组合截面，如图2-46所示。

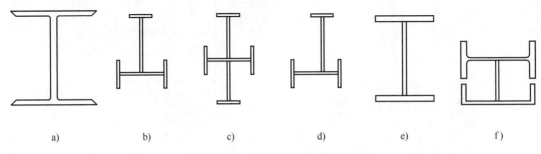

图 2-46 实腹钢柱的截面形式

a）工形截面 b）T形截面 c）十字形截面 d）L形截面 e）H形截面 f）组合截面

b. 空腹钢柱的形式包括两类，一类是指截面相对封闭的箱形（图2-47）、多边形、日字形、田字形、目字形等。另一类是指格构形截面柱，简称格构柱，如图2-48所示。

格构柱属于压弯构件，多用于厂房框架柱和独立柱，截面一般为型钢或钢板设计成

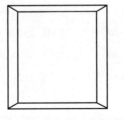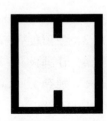

图 2-47 箱形柱截面形式

双轴对称或单轴对称的截面。格构体系构件由两肢或多肢组成，各肢间用缀条或缀板连接组成。当荷载较大、柱身较宽时，钢材用量较省，可以很好地节约材料。

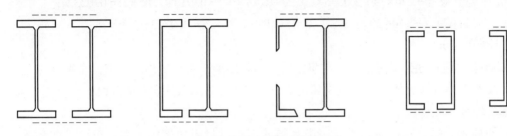

图 2-48 格构柱截面形式

【例 2-11】 如图2-49所示，计算H形钢柱的清单工程量。

【解】 1）翼缘（-300×20）：0.3×5.0×0.02×7.85×2t = 0.4710t。

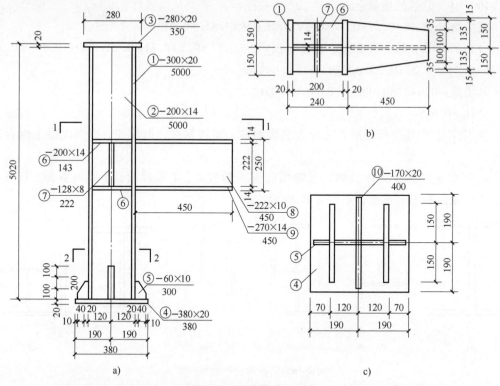

图 2-49　H 形钢柱示意图

2）腹板（−200×14）：0.2×0.014×5.0×7.85t = 0.1099t。

3）柱顶板（−280×20）：0.28×0.35×0.02×7.85t = 0.01539t。

4）柱脚板（−380×20）：0.38×0.38×0.02×7.85t = 0.02267t。

5）加劲板 1（−60×10）：［（0.02＋0.06）×0.2÷2＋0.1×0.06］×0.01×7.85× 2t = 0.002198t。

6）加劲板 2（−200×14）：0.2×0.014×0.143×7.85×4t = 0.01257t。

7）加劲板 3（−128×8）：0.128×0.222×0.008×7.85×2t = 0.003569t。

8）牛腿腹板（−222×10）：0.45×0.222×0.01×7.85t = 0.007842t。

9）牛腿翼缘（−270×14）：0.45×（0.27＋0.2）×0.5×0.014×7.85×2t = 0.02324t。

10）加劲板 4（−170×20）：0.17×0.4×0.02×7.85×2t = 0.02135t。

合计 = 0.690t

④ 钢梁。钢梁分为实腹钢梁、空腹钢梁、型钢混凝土组合结构梁、钢吊车梁。

a. 实腹钢梁具有整体截面，最常用的有工形截面、T 形截面、L 形截面、十字形截面以及组合截面。

b. 空腹钢梁的形式包括两类：一类是指截面相对封闭的箱形、多边形、日字形等；另一类是指格构形截面梁。

c. 型钢混凝土组合结构梁又称劲性梁、混凝土劲性梁、混凝土钢骨梁，常见形式有 H 形、十字形、箱形、T 形、L 形、组合等，一般在钢梁上焊上栓钉后再浇筑混凝土。

d. 钢吊车梁通常是指用于专门装载在厂房内部起重机的梁。

【例2-12】　如图2-50所示，计算H形钢梁的清单工程量。

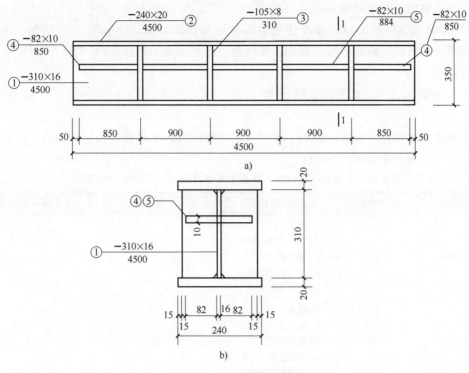

图2-50　H形钢梁示意图

a）立面图　b）1—1剖面图

【解】　1）腹板（-310×16）：0.31×0.016×4.5×7.85t=0.1752t。

2）翼缘（-240×20）：0.24×0.02×4.5×7.85×2t=0.3391t。

3）纵向加劲肋（-105×8）：0.105×0.008×0.31×7.85×8t=0.01635t。

4）横向加劲肋1（-82×10）：0.082×0.01×0.85×7.85×4t=0.02189t。

5）横向加劲肋2（-82×10）：0.082×0.01×0.884×7.85×6t=0.03414t。

合计=0.587t

■ 2.7　木结构工程

2.7.1　木结构工程的工程量计算规则

1）木屋架的工程量按设计图示数量以榀或按设计图示的规格尺寸以体积计算。

2）钢木屋架的工程量以榀计量，按设计图示数量计算。

3）木柱、木梁的工程量按设计图示尺寸以体积计算。

4）木檩、其他木结构的工程量按设计图示尺寸以体积或以长度计算。

5）木楼梯的工程量按设计图示尺寸以水平投影面积计算。不扣除宽度≤300mm 的楼梯井，伸入墙内部分不计算。

6）屋面木基层的工程量按设计图示尺寸以斜面积计算。不扣除房上烟囱、风帽底座、风道、小气窗、斜沟等所占面积。小气窗的出檐部分不增加面积。

2.7.2　木结构工程的清单项目设置

木屋架、木构件、屋面木基层工程量清单项目设置、项目特征描述的内容、计量单位及工作内容，按表 2-44 的规定执行。

表 2-44　木屋架、木构件、屋面木基层（编码：010701～010703）

项目编码	项目名称	项目特征	计量单位	工作内容
010701001	木屋架	1. 跨度 2. 材料品种、规格 3. 刨光要求 4. 拉杆及夹板种类 5. 防护材料种类	1. 榀 2. m³	1. 制作 2. 运输 3. 安装 4. 刷防护材料
010701002	钢木屋架	1. 跨度 2. 木材品种、规格 3. 刨光要求 4. 钢材品种、规格 5. 防护材料种类	榀	
010702001	木柱	1. 构件规格尺寸 2. 木材种类 3. 刨光要求 4. 防护材料种类	m³	
010702002	木梁		m³	
010702003	木檩		1. m³ 2. m	
010702004	木楼梯	1. 楼梯形式 2. 木材种类 3. 刨光要求 4. 防护材料种类	m²	
010702005	其他木构件	1. 构件名称、规格尺寸 2. 木材种类 3. 刨光要求 4. 防护材料种类	1. m³ 2. m	
010703001	屋面木基层	1. 椽子断面尺寸及椽距 2. 望板材料种类、厚度 3. 防护材料种类	m²	1. 椽子制作、安装 2. 望板制作、安装 3. 顺水条和挂瓦条制作、安装 4. 刷防护材料

2.7.3　其他相关问题说明

1）屋架的跨度应以上、下弦中心线两交点之间的距离计算。

2）带气楼的屋架和马尾、折角以及正交部分的半屋架，按相关屋架项目编码列项。

3）以榀计量，按标准图设计的应注明标准图代号，按非标准图设计的项目特征必须按表2-44的要求描述。以米计量，项目特征必须描述构件规格尺寸。

4）木楼梯的栏杆（栏板）、扶手，按第3.5节其他装饰工程中的相关项目编码列项。

2.7.4 木结构工程的基本构造

1. 木结构组成

木结构是由木材或主要由木材承受荷载的结构，通过各种金属连接件或榫卯手段进行连接和固定。由于采用天然材料，受材料本身条件的限制较大，因而木结构多用在民用和中小型工业厂房的屋盖中。木屋盖结构包括木屋架、支撑系统、挂瓦条及屋面板等。

1）木屋架包括普通木屋架、钢木屋架。普通木屋架按桁架分为梁式木桁架（跨度为10m以内、10m以外）、平行弦木桁架和直角木桁架（跨度为5m以内、5m以外），分别列项。钢木屋架有三角形桁架、梯形桁架（跨度为18m以内、18m以外）。

2）木构件包括木柱、木梁、木墙板、木楼板、木檩、木楼梯、钢木楼梯、封檐板（博风板）、木支撑、楼盖格栅、木骨架、木牛腿、木支座等。

3）屋面木基层包括椽子及屋面板两项，屋面板分为平口和企口。屋面木基层如图2-51所示，其组成由屋面构造和使用要求决定，通常包括檩木上钉椽子及挂瓦条，檩木上钉屋面板及钉瓦条，檩木上钉屋面板、防水卷材及瓦条，檩木上花铺屋面板、防水卷材及瓦条等四种，在编制工程量清单时应分别选用。

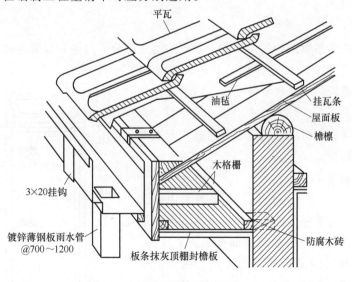

图 2-51 屋面木基层示意图

2. 屋架

屋架跨度是指屋架最长两端且固定在主体结构上的支点之间的长度，不是结构开间的长度，如图 2-52 所示。屋架的安装费应包含支座的制作和安装费用。

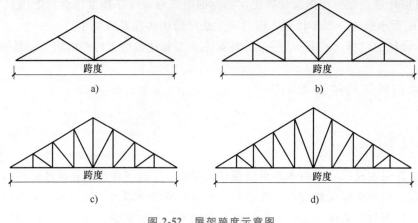

图 2-52　屋架跨度示意图
a）Ⅰ型　b）Ⅱ型　c）Ⅲ型　d）Ⅳ型

■ 2.8　门窗工程

2.8.1　门窗的种类

1. 门

门和窗是建筑物围护结构系统中重要的组成部分，门是指安装在建筑物出入口上能开关的装置，其主要功能是围护、分隔和交通疏散，并兼有通风、采光和装饰功能。门的组成如图 2-53 所示。

门一般可以按材质、用途、开启方式及立面形式等进行划分。

（1）按材质划分

1）木门：一般采用松木，高级的采用硬杂木。木材应该是最完美的窗体框架材质，从自然花纹、隔热、隔声等角度来说都有明显的优势。高档原木是指门的所有部位都采用胡桃木、柚木、樱桃木之类的名贵木材，精工细作而成的门，这种门质感丰富，外观档次高，环保性能好。常见的木门如图 2-54 所示。

2）铝合金门：铝合金门坚固、耐撞击，强

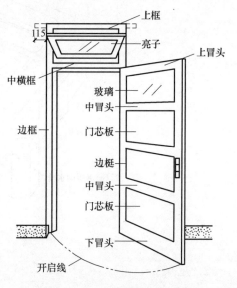

图 2-53　门的组成

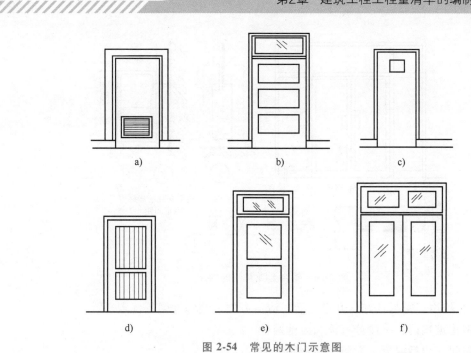

图 2-54　常见的木门示意图

a）半截百叶门　b）带壳子镶板门　c）带观察窗胶合板门　d）拼板门　e）半玻门　f）全玻门

度大，但隔热性能差，因为金属是热的良导体，外界与室内的温度会随着门的框架传递，普通铝合金门目前使用逐渐减少，取而代之的是断桥铝合金（即在铝合金门窗框中加一层树脂材料，彻底断绝了导热的途径）门。常见的铝合金门如图 2-55 和图 2-56 所示。

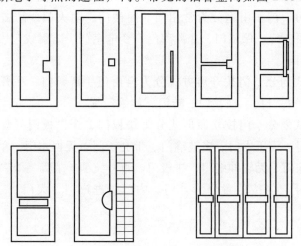

图 2-55　常见的铝合金门示意图

3）不锈钢门：不锈钢门有极强的防腐性能，且独具不锈钢的光泽，保温性能优于同结构普通钢门。常见的有焊接和插接两种加工形式。

4）钢板户门：户门一般采用四防门，进户门也称防盗门，目前大多数住宅竣工时都安装了进户门。

5）塑钢门：因为是塑料材质，所以质量轻，隔热性能好，耐老化。门窗经常要面对风吹雨打和太阳晒，高品质的塑钢门窗的使用年限可达一百年左右。它具有节约能源和钢

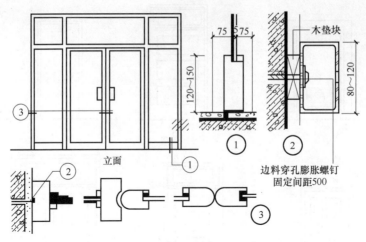

图 2-56　铝合金弹簧门的构造

材、防腐蚀、隔声、密封性好、开启灵活、清洁方便、装饰性强等优点。

6）全钢化玻璃门：一般分有框和无框两种。

7）人防门：包括混凝土人防门和钢制人防门。

8）钢木门：是一种钢质内芯，外加木纹面处理的室内门，与实木复合门相仿，但品质与档次要远低于实木复合门，钢木门的环保性能也不错。

9）免漆门（模压门等不需要刷漆的门）：目前市场上的免漆门绝大多数是指 PVC 贴面门，它是将实木复合门或模压门最外面采用 PVC 贴面真空吸塑加工而成。

（2）按用途划分　门按用途分为常用门、阁楼门、防火门、防盗门、安全门、厂库房大门、特种门、隔音门、保温门、冷藏库门、变电室门、防射线门、人防门、电子对讲门、壁柜门、厕浴门等。

（3）按开启方式划分　门按开启方式分为自由门、折叠门、平开门、推拉门、弹簧门、卷帘（闸）门、提升门、横移门、转门、伸缩门等。

（4）按立面形式划分　门按立面形式分为镶板门、企口板门、胶合板门、贴面装饰门、全玻门、半玻门、模压木门、多玻璃门、带亮子门、无框木门、单玻门、双玻门、彩板组角门、有轨伸缩门、无轨伸缩门、拼板门、百叶（页）门、一玻一纱门等。

（5）按位置划分　门按位置分为外门、内门、进户门、大门、二门、角门、耳门、侧门等。

2. 窗

窗是指安装在建筑物墙或屋顶上的装置，其主要作用是通风和采光。在采光方面应满足不同用途房间的使用要求。在通风方面，南方气温高，要求通风面积大些，可以将窗洞面积全部做成活动窗扇；北方气温低，可以将部分窗扇固定。窗的组成如图 2-57 所示。

窗一般可以按材料或开启方式划分。

（1）按材料划分　窗按材料分为木窗、钢窗、铝合金窗和塑钢窗。其中木窗构造如图 2-58 所示，铝合金推拉窗构造如图 2-59 所示。

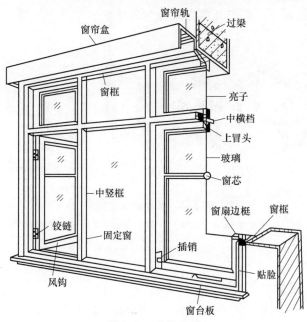

图 2-57　窗的组成

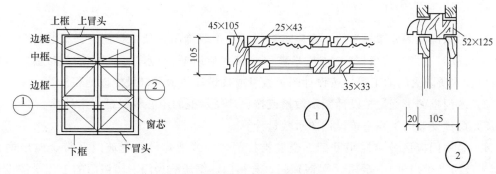

图 2-58　木窗构造

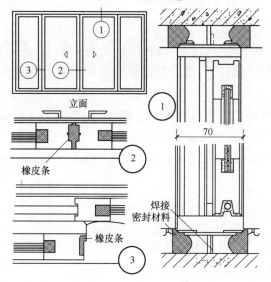

图 2-59　铝合金推拉窗构造

（2）按开启方式划分　窗按开启方式分为封闭窗、平开窗、悬窗、推拉窗和百叶窗等，如图 2-60 所示。

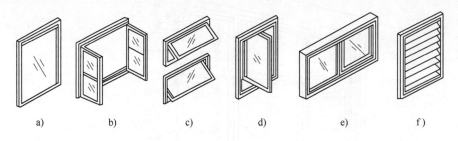

a)　　　　b)　　　　c)　　　　d)　　　　e)　　　　f)

图 2-60　各种窗示意图

a）封闭窗　b）平开窗　c）上悬窗、下悬窗　d）立悬窗　e）推拉窗　f）百叶窗

2.8.2　门窗的工程量计算规则

1. 门的工程量计算规则

1）木质门应区分镶板木门、企口木板门、实木装饰门、胶合板门、夹板装饰门、木纱门和全玻门（带木质扇框）、木质半玻门（带木质扇框）。木质门、木质门带套、木质连窗门、木质防火门的工程量按设计图示数量或按设计图示洞口尺寸以面积计算。

2）木门框的工程量按设计图示数量或按设计图示框的中心线以延长米计算。

3）门锁安装的工程量按设计图示数量计算。

4）金属门应区分金属平开门、金属推拉门、金属地弹门、全玻门（带金属扇框）、金属半玻门（带扇框）。金属（塑钢）门、彩板门、钢质防火门、防盗门的工程量按设计图示数量或按设计图示洞口尺寸以面积计算。

5）金属卷帘（闸）门、防火卷帘（闸）门、金属格栅门、木板大门、钢木大门、全钢板大门、其他门（包括电子感应门、旋转门、电子对讲门、电动伸缩门、全玻自由门、镜面不锈钢饰面门和复合材料门）的工程量按设计图示数量或按设计图示洞口尺寸以面积计算。

6）特种门应区分冷藏门、冷冻间门、保温门、变电室门、隔音门、放射线门、人防门、金库门等。特种门的工程量按设计图示数量或按设计图示洞口尺寸以面积计算。

7）防护铁丝门、钢质花饰大门的工程量按设计图示数量或按设计图示门框或扇以面积计算。

2. 窗的工程量计算规则

1）木质窗应区分木百叶窗、木组合窗、木天窗、木固定窗和木装饰空花窗。其工程量按设计图示数量或按设计图示洞口尺寸以面积计算。

2）木飘（凸）窗、木橱窗、金属（塑钢、断桥）橱窗、金属（塑钢、断桥）飘

（凸）窗的工程量按设计图示数量或按设计图示尺寸以框外围展开面积计算。

3）木纱窗、金属纱窗的工程量按设计图示数量或按框的外围尺寸以面积计算。

4）金属窗应区分金属组合窗、防盗窗等。金属（塑钢、断桥）窗、金属防火窗、金属百叶窗、金属格栅窗的工程量按设计图示数量或按设计图示洞口尺寸以面积计算。

5）彩板窗、复合材料窗的工程量按设计图示数量或按设计图示洞口尺寸或框外围以面积计算。

6）门窗套包括木门窗套、木筒子板、饰面夹板筒子板、金属门窗套、石材门窗套和成品木门窗套。其工程量按设计图示数量或按设计图示尺寸以展开面积或按设计图示中心以延长米计算。

7）门窗木贴脸的工程量按设计图示数量或按设计图示尺寸以延长米计算。

8）窗台板包括木窗台板、铝塑窗台板、金属窗台板和石材窗台板。其工程量按设计图示尺寸以展开面积计算。

9）窗帘的工程量按设计图示尺寸以成活后长度或展开面积计算。

10）窗帘盒、窗帘轨包括木窗帘盒、饰面夹板、塑料窗帘盒、铝合金窗帘盒和窗帘轨。其工程量按设计图示尺寸以长度计算。

2.8.3　门窗工程的清单项目设置

1）木门工程量清单项目设置、项目特征描述的内容、计量单位及工作内容，按表2-45的规定执行。

表 2-45　木门（编码：010801）

项目编码	项目名称	项目特征	计量单位	工作内容
010801001	木质门	1. 门代号及洞口尺寸 2. 镶嵌玻璃品种、厚度	1. 樘 2. m²	1. 门安装 2. 玻璃安装 3. 五金安装
010801002	木质门带套			
010801003	木质连窗门			
010801004	木质防火门			
010801005	木门框	1. 门代号及洞口尺寸 2. 框截面尺寸 3. 防护材料种类	1. 樘 2. m	1. 木门框制作、安装 2. 运输 3. 刷防护材料
010801006	门锁安装	锁品种、规格	个（套）	安装

2）金属门、金属卷帘（闸）门工程量清单项目设置、项目特征描述的内容、计量单位及工作内容，按表2-46的规定执行。

3）厂库房大门、特种门工程量清单项目设置、项目特征描述的内容、计量单位及工作内容，按表2-47的规定执行。

4）其他门工程量清单项目设置、项目特征描述的内容、计量单位及工作内容，按表2-48的规定执行。

表 2-46　金属门、金属卷帘（闸）门（编码：010802~010803）

项目编码	项目名称	项目特征	计量单位	工作内容
010802001	金属（塑钢）门	1. 门代号及洞口尺寸 2. 门框或扇外围尺寸 3. 门框、扇材质 4. 玻璃品种、厚度	1. 樘 2. m²	1. 门安装 2. 五金安装 3. 玻璃安装
010802002	彩板门	1. 门代号及洞口尺寸 2. 门框或扇外围尺寸		
010802003	钢质防火门	1. 门代号及洞口尺寸 2. 门框或扇外围尺寸 3. 门框、扇材质		1. 门安装 2. 五金安装
010802004	防盗门			
010803001	金属卷帘（闸）门	1. 门代号及洞口尺寸 2. 门材质 3. 启动装置品种、规格		1. 门运输、安装 2. 启动装置、活动小门、五金安装
010803002	防火卷帘（闸）门			

表 2-47　厂库房大门、特种门（编码：010804）

项目编码	项目名称	项目特征	计量单位	工作内容
010804001	木板大门	1. 门代号及洞口尺寸 2. 门框或扇外围尺寸 3. 门框、扇材质 4. 五金种类、规格 5. 防护材料种类	1. 樘 2. m²	1. 门（骨架）制作、运输 2. 门、五金配件安装 3. 刷防护材料
010804002	钢木大门			
010804003	全钢板大门			
010804004	防护铁丝门			
010804005	金属格栅门	1. 门代号及洞口尺寸 2. 门框或扇外围尺寸 3. 门框、扇材质 4. 启动装置的品种、规格		1. 门安装 2. 启动装置、五金配件安装
010804006	钢质花饰大门	1. 门代号及洞口尺寸 2. 门框或扇外围尺寸 3. 门框、扇材质		1. 门安装 2. 五金配件安装
010804007	特种门			

表 2-48　其他门（编码：010805）

项目编码	项目名称	项目特征	计量单位	工作内容
010805001	电子感应门	1. 门代号及洞口尺寸 2. 门框或扇外围尺寸 3. 门框、扇材质 4. 玻璃品种、厚度 5. 启动装置的品种、规格 6. 电子配件品种、规格	1. 樘 2. m²	1. 门安装 2. 启动装置、五金、电子配件安装
010805002	旋转门			
010805003	电子对讲门	1. 门代号及洞口尺寸 2. 门框或扇外围尺寸 3. 门材质 4. 玻璃品种、厚度 5. 启动装置的品种、规格 6. 电子配件品种、规格		
010805004	电动伸缩门			

（续）

项目编码	项目名称	项目特征	计量单位	工作内容
010805005	全玻自由门	1. 门代号及洞口尺寸 2. 门框或扇外围尺寸 3. 框材质 4. 玻璃品种、厚度	1. 樘 2. m²	1. 门安装 2. 五金安装
010805006	镜面不锈钢饰面门	1. 门代号及洞口尺寸 2. 门框或扇外围尺寸 3. 框、扇材质 4. 玻璃品种、厚度		
010805007	复合材料门			

5）木窗工程量清单项目设置、项目特征描述的内容、计量单位及工作内容，按表 2-49 的规定执行。

表 2-49　木窗（编码：010806）

项目编码	项目名称	项目特征	计量单位	工作内容
010806001	木质窗	1. 窗代号及洞口尺寸 2. 玻璃品种、厚度		1. 窗安装 2. 五金、玻璃安装
010806002	木飘（凸）窗			
010806003	木橱窗	1. 窗代号 2. 框截面及外围展开面积 3. 玻璃品种、厚度 4. 防护材料种类	1. 樘 2. m²	1. 窗制作、运输、安装 2. 五金、玻璃安装 3. 刷防护材料
010806004	木纱窗	1. 窗代号及框的外围尺寸 2. 窗纱材料品种、规格		1. 窗安装 2. 五金安装

6）金属窗工程量清单项目设置、项目特征描述的内容、计量单位及工作内容，按表 2-50 的规定执行。

表 2-50　金属窗（编码：010807）

项目编码	项目名称	项目特征	计量单位	工作内容
010807001	金属（塑钢、断桥）窗	1. 窗代号及洞口尺寸 2. 框、扇材质 3. 玻璃品种、厚度		1. 窗安装 2. 五金安装
010807002	金属防火窗			
010807003	金属百叶窗			
010807004	金属纱窗	1. 窗代号及框的外围尺寸 2. 框材质 3. 窗纱材料品种、规格	1. 樘 2. m²	
010807005	金属格栅窗	1. 窗代号及洞口尺寸、框外围尺寸 2. 框、扇材质		
010807006	金属（塑钢、断桥）橱窗	1. 窗代号、框外围展开面积 2. 框、扇材质 3. 玻璃品种、厚度 4. 防护材料种类		1. 窗制作、运输、安装 2. 五金、玻璃安装 3. 刷防护材料
010807007	金属（塑钢、断桥）飘（凸）窗	1. 窗代号、框外围展开面积 2. 框、扇材质 3. 玻璃品种、厚度		1. 窗安装 2. 五金、玻璃安装

（续）

项目编码	项目名称	项目特征	计量单位	工作内容
010807008	彩板窗	1. 窗代号及洞口尺寸 2. 框外围尺寸 3. 框、扇材质 4. 玻璃品种、厚度	1. 樘 2. m²	1. 窗安装 2. 五金、玻璃安装
010807009	复合材料窗			

7) 门窗套工程量清单项目设置、项目特征描述的内容、计量单位及工作内容，按表 2-51 的规定执行。

表 2-51　门窗套（编码：010808）

项目编码	项目名称	项目特征	计量单位	工作内容
010808001	木门窗套	1. 窗代号及洞口尺寸 2. 门窗套展开宽度 3. 基层材料种类 4. 面层材料品种、规格 5. 线条品种、规格 6. 防护材料种类	1. 樘 2. m² 3. m	1. 清理基层 2. 立筋制作、安装 3. 基层板安装 4. 面层铺贴 5. 线条安装 6. 刷防护材料
010808002	木筒子板	1. 筒子板宽度 2. 基层材料种类 3. 面层材料品种、规格 4. 线条品种、规格 5. 防护材料种类		
010808003	饰面夹板筒子板			
010808004	金属门窗套	1. 窗代号及洞口尺寸 2. 门窗套展开宽度 3. 基层材料种类 4. 面层材料品种、规格 5. 防护材料种类		1. 清理基层 2. 立筋制作、安装 3. 基层板安装 4. 面层铺贴 5. 刷防护材料
010808005	石材门窗套	1. 窗代号及洞口尺寸 2. 门窗套展开宽度 3. 黏结层厚度、砂浆配合比 4. 面层材料品种、规格 5. 线条品种、规格		1. 清理基层 2. 立筋制作、安装 3. 基层抹灰 4. 面层铺贴 5. 线条安装
010808006	门窗木贴脸	1. 门窗代号及洞口尺寸 2. 贴脸板宽度 3. 防护材料种类	1. 樘 2. m²	安装
010808007	成品木门窗套	1. 门窗代号及洞口尺寸 2. 门窗套展开宽度 3. 门窗套材料品种、规格	1. 樘 2. m² 3. m	1. 清理基层 2. 立筋制作、安装 3. 板安装

8) 窗台板、窗帘、窗帘盒、窗帘轨工程量清单项目设置、项目特征描述的内容、计量单位及工作内容，按表 2-52 的规定执行。

表 2-52 窗台板、窗帘、窗帘盒、窗帘轨（编码：010809～010810）

项目编码	项目名称	项目特征	计量单位	工作内容
010809001	木窗台板	1. 基层材料种类 2. 窗台面板材质、规格、颜色 3. 防护材料种类	m²	1. 基层清理 2. 基层制作、安装 3. 窗台板制作、安装 4. 刷防护材料
010809002	铝塑窗台板			
010809003	金属窗台板			
010809004	石材窗台板	1. 黏结层厚度、砂浆配合比 2. 窗台板材质、规格、颜色		1. 基层清理 2. 抹找平层 3. 窗台板制作、安装
010810001	窗帘	1. 窗帘材质、高度、宽度、层数 2. 带幔要求	1. m 2. m²	制作、运输、安装
010810002	木窗帘盒	1. 窗帘盒材质、规格 2. 防护材料种类	m	1. 制作、运输、安装 2. 刷防护材料
010810003	饰面夹板、塑料窗帘盒			
010810004	铝合金窗帘盒			
010810005	窗帘轨	1. 窗帘轨材质、规格 2. 轨的数量 3. 防护材料种类		

2.8.4 其他相关问题说明

1）木门五金应包括：折页、插销、门碰珠、弓背拉手、搭扣、木螺丝⊖、弹簧折页（自动门）、管子拉手（自由门、地弹门）、地弹簧（地弹门）、角铁、门轧头（地弹门、自由门）等。铝合金门五金应包括：地弹簧、门锁、拉手、门插、门铰、螺丝等。金属门五金包括：L型执手插锁（双舌）、执手锁（单舌）、门轧头、地锁、防盗门扣、门眼（猫眼）、门碰珠、电子锁（磁卡锁）、闭门器、装饰拉手等。

木窗五金应包括：折页、插销、风钩、木螺丝、滑轮滑轨（推拉窗）等。金属窗五金应包括：折页、螺丝、执手、卡锁、滑轮、滑轨、铰拉、拉把、拉手、风撑、角码、牛角制等。

2）木质门带套计量按洞口尺寸以面积计算，不包括门套的面积，但门套应计算在综合单价中。

3）以樘计量，项目特征必须描述洞口尺寸及门窗套展开宽度，没有洞口尺寸必须描述门框或扇外围尺寸；以平方米计量，项目特征可不描述洞口尺寸及框、扇的外围尺寸、门窗套展开宽度。以平方米计量，无设计图示洞口尺寸，按门框（或窗框）、扇外围以面积计算。以米计量，项目特征必须描述门窗套展开宽度、筒子板及贴脸宽度。

4）单独制作安装木门框按木门框项目编码列项。木门窗套适用于单独门窗套的制作、安装。

5）木橱窗、木飘窗以樘计量，项目特征必须描述框截面及外围展开面积。金属橱

⊖ 现在规范中用螺钉，但计价中仍采用螺丝，故本书未改。

窗、飘窗以樘计量，项目特征必须描述框外围展开面积。

6）门窗（橱窗除外）按成品编制项目，门窗成品价应计入综合单价中。若采用现场制作，包括制作的所有费用。

【例2-13】 计算【例2-6】中的窗C1、门M1和门M2的清单工程量。

【解】 窗C1的洞口面积 = 1.5m×1.2m×6 = 10.8m²

门M1的洞口面积 = 0.9m×2m×4 = 7.2m²

门M2的洞口面积 = 1m×2.1m×1 = 2.1m²

窗C1的清单工程量 = 6樘或10.8m²

门M1的清单工程量 = 4樘或7.2m²

门M2的清单工程量 = 1樘或2.1m²

■ 2.9 屋面及防水工程

2.9.1 屋面及防水工程的工程量计算规则

1. 屋面工程及屋面防水工程的工程量计算规则

1）瓦屋面、型材屋面的工程量按设计图示尺寸以斜面积计算。不扣除房上烟囱、风帽底座、风道、小气窗、斜沟等所占面积，小气窗的出檐部分不增加面积。

2）阳光板屋面、玻璃钢屋面的工程量按设计图示尺寸以斜面积计算。不扣除屋面面积≤0.3m²孔洞所占面积。

3）膜结构屋面的工程量按设计图示尺寸以需要覆盖的水平投影面积计算。

4）屋面卷材防水、屋面涂膜防水的工程量均按设计图示尺寸以面积计算，斜屋顶（不包括平屋顶找坡）按斜面积计算，平屋顶按水平投影面积计算。不扣除房上烟囱、风帽底座、风道、屋面小气窗和斜沟所占面积；屋面的女儿墙、伸缩缝和天窗等处的弯起部分，并入屋面工程量内。

5）屋面刚性层的工程量按设计图示尺寸以面积计算。不扣除房上烟囱、风帽底座、风道等所占面积。

6）屋面排水管的工程量按设计图示尺寸以长度计算。如设计未标注尺寸，以檐口至设计室外散水上表面垂直距离计算。

7）屋面排（透）气管、屋面变形缝的工程量按设计图示尺寸以长度计算。

8）屋面（廊、阳台）泄（吐）气管的工程量按设计图示数量计算。

9）屋面天沟、檐沟的工程量按设计图示尺寸以展开面积计算。

2. 墙面及楼（地）面防水、防潮工程的工程量计算规则

1）墙面卷材防水、墙面涂膜防水、墙面砂浆防水（防潮）的工程量均按设计图示尺寸以面积计算。

2）楼（地）面卷材防水、楼（地）面涂膜防水、楼（地）面砂浆防水（防潮）的工程量均按设计图示尺寸以面积计算。

① 楼（地）面防水按主墙间净空面积计算，扣除凸出地面的构筑物、设备基础等所占面积，不扣除间壁墙及单个面积≤0.3m² 柱、垛、烟囱和孔洞所占面积。

② 楼（地）面防水反边高度≤300mm 算作地面防水，反边高度>300mm 按墙面防水计算。

3）墙面变形缝、楼（地）面变形缝的工程量按设计图示以长度计算。

2.9.2 屋面及防水工程的清单项目设置

1）瓦、型材屋面及其他屋面工程量清单项目设置、项目特征描述的内容、计量单位及工作内容，按表 2-53 的规定执行。

表 2-53 瓦、型材屋面及其他屋面（编码：010901）

项目编码	项目名称	项目特征	计量单位	工作内容
010901001	瓦屋面	1. 瓦品种、规格 2. 黏结层砂浆的配合比	m²	1. 砂浆制作、运输、摊铺、养护 2. 安瓦、作瓦脊
010901002	型材屋面	1. 型材品种、规格 2. 金属檩条材料品种、规格 3. 接缝、嵌缝材料种类		1. 檩条制作、运输、安装 2. 屋面型材安装 3. 接缝、嵌缝
010901003	阳光板屋面	1. 阳光板品种、规格 2. 骨架材料品种、规格 3. 接缝、嵌缝材料种类 4. 油漆品种、刷漆遍数		1. 骨架制作、运输、安装、刷防护材料、油漆 2. 阳光板安装 3. 接缝、嵌缝
010901004	玻璃钢屋面	1. 玻璃钢品种、规格 2. 骨架材料品种、规格 3. 玻璃钢固定方式 4. 接缝、嵌缝材料种类 5. 油漆品种、刷漆遍数		1. 骨架制作、运输、安装、刷防护材料、油漆 2. 玻璃钢制作、安装 3. 接缝、嵌缝
010901005	膜结构屋面	1. 膜布品种、规格 2. 支柱（网架）钢材品种、规格 3. 钢丝绳品种、规格 4. 锚固基座做法 5. 油漆品种、刷漆遍数		1. 膜布热压胶接 2. 支柱（网架）制作、安装 3. 膜布安装 4. 穿钢丝绳、锚头锚固 5. 锚固基座、挖土、回填 6. 刷防护材料、油漆

2）屋面防水及其他工程量清单项目设置、项目特征描述的内容、计量单位及工作内容，按表 2-54 的规定执行。

表 2-54　屋面防水及其他（编码：010902）

项目编码	项目名称	项目特征	计量单位	工作内容
010902001	屋面卷材防水	1. 卷材品种、规格、厚度 2. 防水层数 3. 防水层做法	m²	1. 基层处理 2. 刷底油 3. 铺油毡卷材、接缝
010902002	屋面涂膜防水	1. 防水膜品种 2. 涂膜厚度、遍数 3. 增强材料种类		1. 基层处理 2. 刷基层处理剂 3. 铺布、喷涂防水层
010902003	屋面刚性层	1. 刚性层厚度 2. 混凝土种类、强度等级 3. 嵌缝材料种类 4. 钢筋规格、型号		1. 基层处理 2. 混凝土制作、运输、铺筑、养护 3. 钢筋制作、安装
010902004	屋面排水管	1. 排水管品种、规格 2. 雨水斗、山墙出水口品种、规格 3. 接缝、嵌缝材料种类 4. 油漆品种、刷漆遍数	m	1. 排水管及配件安装、固定 2. 雨水斗、山墙出水口、雨水算子安装 3. 接缝、嵌缝 4. 刷漆
010902005	屋面排（透）气管	1. 排（透）气管品种、规格 2. 接缝、嵌缝材料种类 3. 油漆品种、刷漆遍数		1. 排（透）气管及配件安装、固定 2. 铁件制作、安装 3. 接缝、嵌缝 4. 刷漆
010902006	屋面（廊、阳台）泄（吐）水管	1. 吐水管品种、规格 2. 接缝、嵌缝材料种类 3. 吐水管长度 4. 油漆品种、刷漆遍数	根（个）	1. 水管及配件安装、固定 2. 接缝、嵌缝 3. 刷漆
010902007	屋面天沟、檐沟	1. 材料品种、规格 2. 接缝、嵌缝材料种类	m²	1. 天沟材料铺设 2. 天沟配件安装 3. 接缝、嵌缝 4. 刷防护材料
010902008	屋面变形缝	1. 嵌缝材料种类 2. 止水带材料种类 3. 盖缝材料 4. 防护材料种类	m	1. 清缝 2. 填塞防水材料 3. 止水带安装 4. 盖缝制作、安装 5. 刷防护材料

3）墙面、楼（地）面防水、防潮工程量清单项目设置、项目特征描述的内容、计量单位及工作内容，按表 2-55 的规定执行。

表 2-55　墙面、楼（地）面防水、防潮（编码：010903～010904）

项目编码	项目名称	项目特征	计量单位	工作内容
010903001	墙面卷材防水	1. 卷材品种、规格、厚度 2. 防水层数 3. 防水层做法	m²	1. 基层处理 2. 刷黏结剂 3. 铺防水卷材 4. 接缝、嵌缝
010903002	墙面涂膜防水	1. 防水膜品种 2. 涂膜厚度、遍数 3. 增强材料种类		1. 基层处理 2. 刷基层处理剂 3. 铺布、喷涂防水层

（续）

项目编码	项目名称	项目特征	计量单位	工作内容
010903003	墙面砂浆防水（防潮）	1. 防水层做法 2. 砂浆厚度、配合比 3. 钢丝网规格	m²	1. 基层处理 2. 挂钢丝网片 3. 设置分格缝 4. 砂浆制作、运输、摊铺、养护
010903004	墙面变形缝	1. 嵌缝材料种类 2. 止水带材料种类 3. 盖缝材料 4. 防护材料种类	m	1. 清缝 2. 填塞防水材料 3. 止水带安装 4. 盖缝制作、安装 5. 刷防护材料
010904001	楼（地）面卷材防水	1. 卷材品种、规格、厚度 2. 防水层数 3. 防水层做法 4. 反边高度	m²	1. 基层处理 2. 刷黏结剂 3. 铺防水卷材 4. 接缝、嵌缝
010904002	楼（地）面涂膜防水	1. 防水膜品种 2. 涂膜厚度、遍数 3. 增强材料种类 4. 反边高度		1. 基层处理 2. 刷基层处理剂 3. 铺布、喷涂防水层
010904003	楼（地）面砂浆防水（防潮）	1. 防水层做法 2. 砂浆厚度、配合比 3. 反边高度		1. 基层处理 2. 砂浆制作、运输、摊铺、养护
010904004	楼（地）面变形缝	1. 嵌缝材料种类 2. 止水带材料种类 3. 盖缝材料 4. 防护材料种类	m	1. 清缝 2. 填塞防水材料 3. 止水带安装 4. 盖缝制作、安装 5. 刷防护材料

2.9.3 其他相关问题说明

1）瓦屋面若是在木基层上铺瓦，项目特征不必描述黏结层砂浆的配合比，瓦屋面铺防水层，按表2-54屋面防水及其他中的相关项目编码列项。

2）型材屋面、阳光板屋面、玻璃钢屋面的柱、梁、屋架等按第2.6节金属结构工程、第2.7节木结构工程中的相关项目编码列项。

3）屋面刚性层无钢筋，其钢筋项目特征不必描述。

4）屋面找平层、楼（地）面防水找平层均按第3.1节楼地面装饰工程"平面砂浆找平层"项目编码列项。墙面找平层按第3.2节墙、柱面装饰与隔断、幕墙工程"立面砂浆找平层"项目编码列项。

5）屋面防水搭接及附加层用量、墙面防水搭接及附加层用量、楼（地）面防水搭接及附加层用量均不另行计算，在综合单价中考虑。

6）屋面保温找坡层按第 2.10 节保温、隔热、防腐工程"保温隔热屋面"项目编码列项。

7）墙面变形缝，若做双面，工程量乘以系数 2。

2.9.4 屋面构造

1. 屋面及屋面防水

屋面是房屋最上层的覆盖物，起着防水、保温和隔热等作用，用以抵抗雨雪、风沙的侵袭和减少烈日寒风等室外气候对室内的影响。

屋面依其外形可以分为平屋面、坡屋面、曲面形屋面、多波式折板屋面等。下面介绍前两种。

（1）平屋面的层次及其构造　平屋面一般由隔离层、找坡层、保温层、找平层、防水层、保护层组成，其构造如图 2-61、图 2-62 所示。

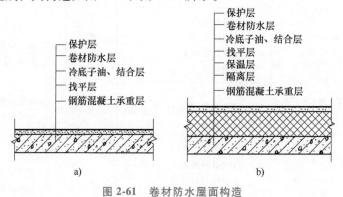

图 2-61　卷材防水屋面构造
a）不保温卷材屋面　b）保温卷材屋面

1）隔离层。当屋顶设保温层时，须防止水分进入松散的保温层，降低它的保温能力，因此要在屋面板上设置隔离层。工程量按设计图示尺寸以面积计算。

2）找坡层。为了顺利地排除屋面的雨水，在平屋顶上通常都做一层找坡层，工程量为按设计图示水平投影面积乘以平均厚度以体积计算。

3）保温层。保温层应干燥、坚固、不变形。工程量按设计图示尺寸以面积计算。

4）找平层。为使防水卷材有一个平整而坚实的基层，便于卷材的铺设及防止破损，在保温层上抹 1∶3 水泥砂浆找平、压实。工程量按设计图示尺寸以面积计算。

5）防水层。按所用防水材料的不同，可以分为柔性防水屋面及刚性防水屋面。柔性防水屋面是指采用沥

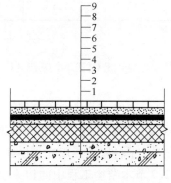

图 2-62　有隔离层的涂膜防水屋面构造

1—屋面板　2—找坡层　3—涂膜隔离层
4—保温层　5—水泥砂浆找平层　6—聚氨酯底胶　7—涤纶无纺布增强聚氨酯涂膜防水层　8—水泥砂浆黏结层
9—地砖饰面保护层

青、橡胶、防水涂料等柔性材料铺设黏结涂刷的防水屋面。刚性防水屋面是指用防水水泥砂浆等刚性材料做成的防水屋面。工程量按设计图示尺寸以面积计算。

6）保护层。对防水层起保护作用。工程量按设计图示尺寸以面积计算。

（2）坡屋面的构造　坡屋面的构造如图 2-63 所示。

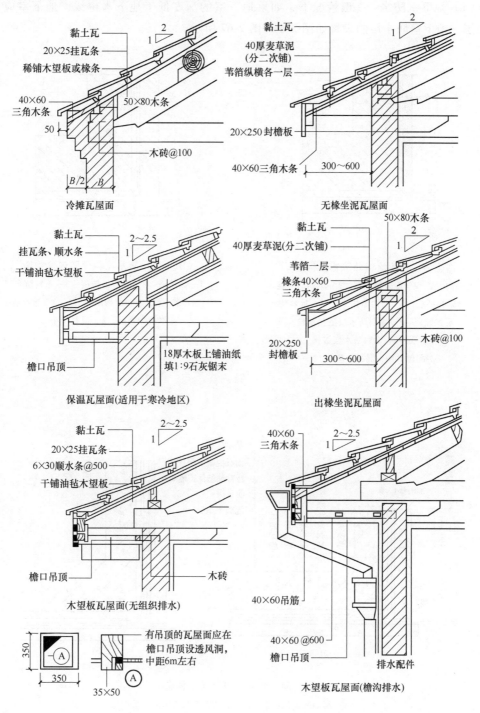

图 2-63　坡屋面的构造

坡屋顶屋面顶层一般铺设瓦，根据材料不同，有彩色水泥瓦、玻纤胎沥青瓦、琉璃瓦、彩色波形沥青瓦等。

2. 地下室及墙、柱防水做法

（1）地下室防水　一般情况下，如果地下室的深度低于地下水位线，地下室应该做防水层。地下室防水层的设置如图 2-64～图 2-67 所示。

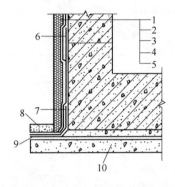

图 2-64　防水涂料外防外涂构造

1—保护墙　2—砂浆保护层　3—涂料防水层
4—砂浆找平层　5—结构墙体　6、7—涂料防水
层加强层　8—涂料防水层搭接部位
保护层　9—涂料防水层搭接
部位　10—混凝土垫层

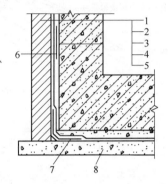

图 2-65　防水涂料外防内涂构造

1—保护墙　2—涂料保护层　3—涂料防水层
4—找平层　5—结构墙体　6、7—涂料防
水层加强层　8—混凝土垫层

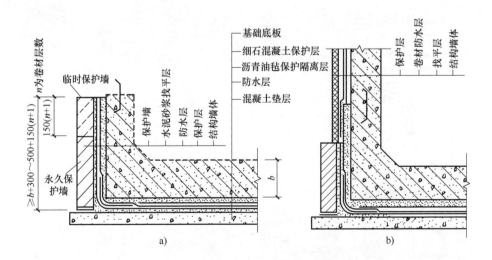

图 2-66　外贴法卷材防水构造

a）基础底板施工前　b）基础底板及墙体施工后

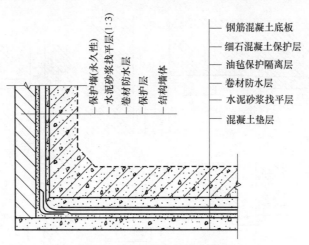

图 2-67　内贴法卷材防水构造

（2）墙、柱防水　墙、柱防水做法分别如图 2-68 和图 2-69 所示。

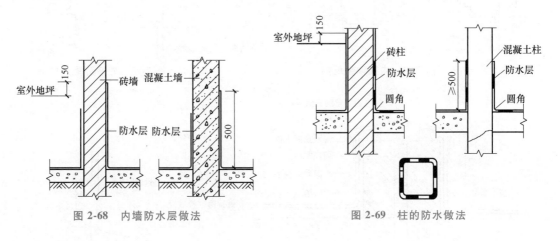

图 2-68　内墙防水层做法　　　　　　图 2-69　柱的防水做法

3. 变形缝

变形缝包括沉降缝、伸缩缝和抗震缝，根据位置可以划分为楼地面变形缝、墙面变形缝和屋面变形缝，其设置如图 2-70～图 2-73 所示。

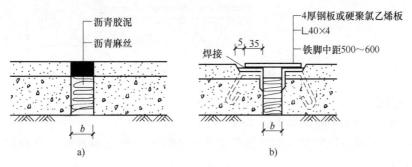

图 2-70　楼地面变形缝

【例 2-14】　某平屋顶屋面做法如图 2-74 所示，计算屋面工程的清单工程量。

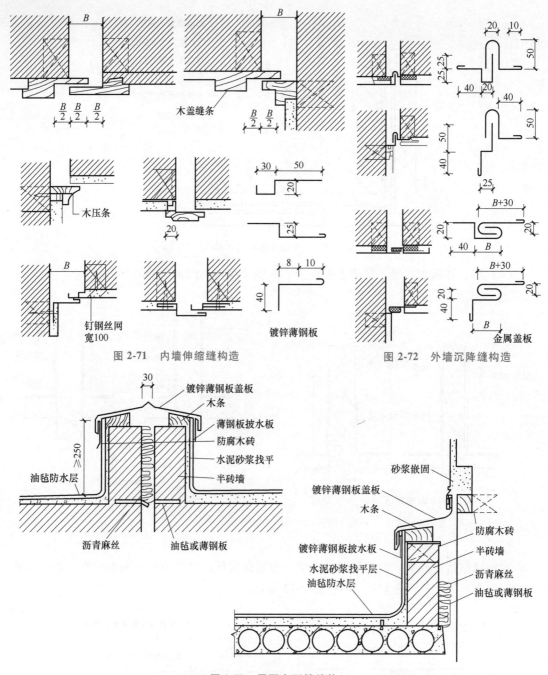

图 2-71 内墙伸缩缝构造

图 2-72 外墙沉降缝构造

图 2-73 屋面变形缝结构

【解】 平面面积 $= 15\text{m} \times 45\text{m} = 675\text{m}^2$

立面面积 $= (15+45)\text{m} \times 2 \times 0.3\text{m} = 36\text{m}^2$

SBS 改性沥青卷材防水层 = 水平投影面积 + 屋面女儿墙处的弯起部分面积 $= 675\text{m}^2 + 36\text{m}^2 = 711\text{m}^2$

【例 2-15】 如图 2-75 所示，计算地面涂膜防水（聚氨酯防水涂料、2mm 厚）的清单工程量。

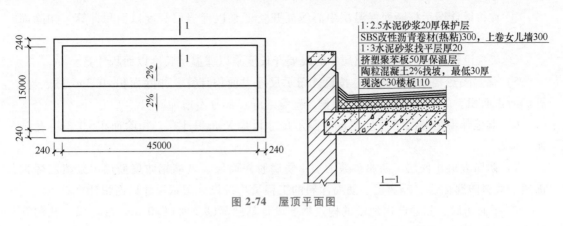

图 2-74 屋顶平面图

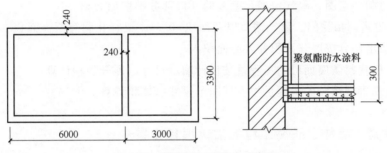

图 2-75 某建筑工程防水示意图

【解】 地面涂膜防水的清单工程量=主墙间净空面积+地面防水反边部分面积

$$= (6-0.24) \text{m} \times (3.3-0.24) \text{m} + (3-0.24) \text{m} \times (3.3-0.24) \text{m} + [(6+3-0.48) \times 2 + (3.3-$$

$$0.24) \times 4] \text{m} \times 0.3 \text{m}$$

$$= 17.63 \text{m}^2 + 8.45 \text{m}^2 + (17.04+12.24) \text{m} \times 0.3 \text{m}$$

$$= 34.86 \text{m}^2$$

■ 2.10 保温、隔热、防腐工程

2.10.1 保温、隔热、防腐工程的工程量计算规则

1) 保温隔热屋面的工程量按设计图示尺寸以面积计算，扣除面积>0.3m² 孔洞及占位面积。

2) 保温隔热天棚的工程量按设计图示尺寸以面积计算，扣除面积>0.3m² 上柱、垛、孔洞所占面积，与天棚相连的梁按展开面积，计算并入天棚工程量内。

3) 保温隔热墙面的工程量按设计图示尺寸以面积计算，扣除门窗洞口以及面积>0.3m² 梁、孔洞所占面积；门窗洞口侧壁以及与墙相连的柱，并入保温墙体工程量内。

4) 保温柱、梁的工程量按设计图示尺寸以面积计算。

① 柱按设计图示柱断面保温层中心线展开长度乘以保温层高度以面积计算。扣除面积>0.3m² 梁所占面积。

② 梁按设计图示梁断面保温层中心线展开长度乘以保温层长度以面积计算。

5）保温隔热楼地面的工程量按设计图示尺寸以面积计算，扣除面积>0.3m² 柱、垛、孔洞所占面积。门洞、空圈、暖气包槽、壁龛的开口部分不增加面积。

6）其他保温隔热的工程量按设计图示尺寸以展开面积计算，扣除面积>0.3m² 孔洞所占面积。

7）防腐混凝土面层、防腐砂浆面层、防腐胶泥面层、玻璃钢防腐面层、聚氯乙烯板面层、块料防腐面层、隔离层、防腐涂料的工程量均按设计图示尺寸以面积计算。

① 平面防腐：扣除凸出地面的构筑物、设备基础等以及面积>0.3m² 柱、垛、孔洞等所占面积，门洞、空圈、暖气包槽、壁龛的开口部分不增加面积。

② 立面防腐：扣除门、窗、洞口以及面积>0.3m² 梁、孔洞等所占面积，门、窗、洞口侧壁、垛凸出部分按展开面积并入墙面积内。

8）池、槽块料防腐面层的工程量按设计图示尺寸以展开面积计算。

9）砌筑沥青浸渍砖的工程量按设计图示尺寸以体积计算。

2.10.2　保温、隔热、防腐工程的清单项目设置

1）保温、隔热工程量清单项目设置、项目特征描述的内容、计量单位及工作内容，按表 2-56 的规定执行。

表 2-56　保温、隔热（编码：011001）

项目编码	项目名称	项目特征	计量单位	工作内容
011001001	保温隔热屋面	1. 保温隔热材料品种、规格、厚度 2. 隔气层材料品种、厚度 3. 黏结材料种类、做法 4. 防护材料种类、做法	m²	1. 基层清理 2. 刷黏结材料 3. 铺粘保温层 4. 铺、刷（喷）防护材料
011001002	保温隔热天棚	1. 保温隔热面层材料品种、规格、性能 2. 保温隔热材料品种、规格、厚度 3. 黏结材料种类、做法 4. 防护材料种类、做法		
011001003	保温隔热墙面	1. 保温隔热部位 2. 保温隔热方式 3. 踢脚线、勒脚线保温做法 4. 龙骨材料品种、规格 5. 保温隔热面层材料品种、规格、性能 6. 保温隔热材料品种、规格、厚度 7. 增强网及抗裂防水砂浆种类 8. 黏结材料种类、做法 9. 防护材料种类、做法		1. 基层清理 2. 刷界面剂 3. 安装龙骨 4. 填贴保温材料 5. 保温板安装 6. 粘贴面层 7. 铺设增强格网、抹抗裂防水砂浆面层 8. 嵌缝 9. 铺、刷（喷）防护材料
011001004	保温柱、梁			

（续）

项目编码	项目名称	项目特征	计量单位	工作内容
011001005	保温隔热楼地面	1. 保温隔热部位 2. 保温隔热材料品种、规格、厚度 3. 隔气层材料品种、厚度 4. 黏结材料种类、做法 5. 防护材料种类、做法	m²	1. 基层清理 2. 刷黏结材料 3. 铺粘保温层 4. 铺、刷（喷）防护材料
011001006	其他保温隔热	1. 保温隔热部位 2. 保温隔热方式 3. 隔气层材料品种、厚度 4. 保温隔热面层材料品种、规格、性能 5. 保温隔热材料品种、规格、厚度 6. 黏结材料种类、做法 7. 增强网及抗裂防水砂浆种类 8. 防护材料种类、做法		1. 基层清理 2. 刷界面剂 3. 安装龙骨 4. 填贴保温材料 5. 保温板安装 6. 粘贴面层 7. 铺设增强格网、抹抗裂防水砂浆面层 8. 嵌缝 9. 铺、刷（喷）防护材料

2）防腐面层及其他防腐工程量清单项目设置、项目特征描述的内容、计量单位及工作内容，按表2-57的规定执行。

表2-57　防腐面层、其他防腐（编码：011002~011003）

项目编码	项目名称	项目特征	计量单位	工作内容
011002001	防腐混凝土面层	1. 防腐部位 2. 面层厚度 3. 混凝土种类 4. 胶泥种类、配合比		1. 基层清理 2. 基层刷稀胶泥 3. 混凝土制作、运输、摊铺、养护
011002002	防腐砂浆面层	1. 防腐部位 2. 面层厚度 3. 砂浆、胶泥种类、配合比		1. 基层清理 2. 基层刷稀胶泥 3. 砂浆制作、运输、摊铺、养护
011002003	防腐胶泥面层	1. 防腐部位 2. 面层厚度 3. 胶泥种类、配合比		1. 基层清理 2. 胶泥调制、摊铺
011002004	玻璃钢防腐面层	1. 防腐部位 2. 玻璃钢种类 3. 贴布材料种类、层数 4. 面层材料品种	m²	1. 基层清理 2. 刷底漆、刮腻子 3. 胶浆配制、涂刷 4. 粘布、涂刷面层
011002005	聚氯乙烯板面层	1. 防腐部位 2. 面层材料品种、厚度 3. 黏结材料种类		1. 基层清理 2. 配料、涂胶 3. 聚氯乙烯板铺设
011002006	块料防腐面层	1. 防腐部位 2. 块料品种、规格 3. 黏结材料种类 4. 勾缝材料种类		1. 基层清理 2. 铺贴块料 3. 胶泥调制、勾缝

（续）

项目编码	项目名称	项目特征	计量单位	工作内容
011002007	池、槽块料防腐面层	1. 防腐池、槽名称、代号 2. 块料品种、规格 3. 黏结材料种类 4. 勾缝材料种类	m²	1. 基层清理 2. 铺贴块料 3. 胶泥调制、勾缝
011003001	隔离层	1. 隔离层部位、做法 2. 隔离层材料品种 3. 粘贴材料种类		1. 基层清理、刷油 2. 煮沥青 3. 胶泥调制 4. 隔离层铺设
011003002	砌筑沥青浸渍砖	1. 砌筑部位 2. 浸渍砖规格 3. 胶泥种类 4. 浸渍砖砌法	m³	1. 基层清理 2. 胶泥调制 3. 浸渍砖砌筑
011003003	防腐涂料	1. 涂刷部位 2. 基层材料类型 3. 刮腻子种类、遍数 4. 涂料品种、刷涂遍数	m²	1. 基层清理 2. 刮腻子 3. 刷涂料

2.10.3　其他相关问题说明

1）保温隔热装饰面层按第3章装饰工程工程量清单中的相关项目编码列项。

2）柱帽保温隔热并入天棚保温隔热工程量内。池槽保温隔热按其他保温隔热项目编码列项。

3）保温隔热方式是指内保温、外保温、夹心保温。

4）保温柱、梁适用于不与墙、天棚相连的独立柱、梁。

5）防腐踢脚线按第3.1节楼地面装饰工程中的"踢脚线"项目编码列项。

6）浸渍砖砌法是指平砌、立砌。

【例2-16】　计算【例2-14】的屋面找坡层、保温层、砂浆找平层和保护层的清单工程量。

【解】　1）陶粒混凝土找坡层的清单工程量。其最低处为30mm，坡度为2%，最高处为

$$15000\text{mm} \div 2 \times 2\% + 30\text{mm} = 180\text{mm}$$

则其平均厚度为

$$(180+30)\text{mm} \div 2 = 105\text{mm}$$

陶粒混凝土的铺设面积为

$$15\text{m} \times 45\text{m} = 675\text{m}^2$$

则其工程量为

$$0.105\text{m} \times 675\text{m}^2 = 70.88\text{m}^3$$

2）挤塑聚苯板保温层厚为50mm，其工程量为

$$15\text{m} \times 45\text{m} = 675\text{m}^2$$

3）1∶3水泥砂浆找平层的清单工程量。

平面面积 $= 15\text{m} \times 45\text{m} = 675\text{m}^2$

立面面积 $= (15+45)\text{m} \times 2 \times 0.3\text{m} = 36\text{m}^2$

合计 $= 675\text{m}^2 + 36\text{m}^2 = 711\text{m}^2$

4）1∶2.5水泥砂浆保护层的清单工程量：同SBS改性沥青卷材防水层的工程量为711m²。

2.11 BIM 应用实例

某综合办公楼工程属于二类办公建筑，钢筋混凝土框架结构。地上建筑物耐火等级为二级，地下建筑物耐火等级为一级。抗震设防烈度为8度，设计合理使用年限为50年。总建筑面积为3452.8544m²。建筑层数：地下1层，地上3层，出屋面层1层。地下室层高3.6m，首层层高3.9m，标准层层高3.3m，出屋面层层高2.8m。基础形式采用平板式筏形基础。室内外高差0.45m。板、剪力墙、框架柱、框架梁尺寸及混凝土强度分别见表2-58~表2-61，门窗表见表2-62。

表2-58 板尺寸及混凝土强度

结构构件类别		构件厚度/mm	混凝土强度等级
板	LB1	120	C30
	LB2	120	C30
	LB3	120	C30
	WB1	120	C30
	WB2	120	C30
	WB3	120	C30

表2-59 剪力墙尺寸及混凝土强度

结构构件类别		构件厚度/mm	混凝土强度等级
剪力墙(抗渗)	DWQ1	350	C30
	DWQ2	350	C30
	DWQ3	350	C30

表2-60 框架柱尺寸及混凝土强度

结构构件类别		构件尺寸	混凝土强度等级
框架柱	KZ1	500mm×500mm	C30
	KZ2	500mm×500mm	C30

（续）

结构构件类别		构件尺寸	混凝土强度等级
框架柱	KZ3	500mm×500mm	C30
	KZ4	500mm×500mm	C30
	KZ5	300mm×300mm	C30

表 2-61 框架梁尺寸及混凝土强度

结构构件类别		构件尺寸	混凝土强度等级
框架梁	KL1	200mm×400mm	C30
	KL2	300mm×500mm	C30
	KL3	300mm×500mm	C30
	KL4	300mm×500mm	C30
	KL5	300mm×500mm	C30
	KL6	300mm×500mm	C30
	KL7	300mm×500mm	C30
	KL8	300mm×500mm	C30
	KL9	300mm×500mm	C30
	KL10	300mm×500mm	C30

表 2-62 门窗表

类别	设计编号	洞口尺寸	地下一层	一层	二层	三层	屋顶	合计
普通门	M-1	1500mm×2700mm		2				2
	M-2	1000mm×2100mm	16	16	18	18		68
	M-3	1000mm×2100mm	2	2	2	2		8
防火门	FM-1	1500mm×2100mm	1	1	1	1	1	5
普通窗	C-1	2100mm×2100mm		14				14
	C-2	2400mm×2100mm		2				2
	C-3	1500mm×1500mm			2	2		4
	C-4	2200mm×900mm	1	1	1	1	1	5
	C-5	1100mm×1500mm	2	2	2	2		8
	C-6	2100mm×1800mm	8		16	16		40
	C-7	2400mm×1500mm			2	2		4
	C-8	1500mm×1500mm			4	4		8
	C-9	1500mm×2100mm		4				4
组合门窗	MC-1	5400mm×3300mm		1				1

过梁的构造要求：

1）后砌填充墙门窗洞口顶部应设置钢筋混凝土过梁，可按本说明"现浇钢筋土过梁"图和"过梁选用表"（见表 2-63）选用。

2）当洞口上方有梁通过，且该梁底与门窗洞顶距离过近、放不下过梁时。可直接在梁下挂板，做法可参照本说明"梁底挂板做法示意"图，也可采用其他措施。

3）当过梁遇柱或剪力墙的搁置长度不满足要求时，柱或剪力墙应预留过梁钢筋，做法详见12 G614-1第10页。

表 2-63　过梁选用表

洞宽 L_n/mm	h/mm	①	②	③
≤1000	120	2Φ8	2Φ8	Φ6@200
1000<L_n≤1500	120	2Φ10	2Φ8	Φ6@150
1500<L_n≤2100	180	2Φ12	2Φ8	Φ6@150
2100<L_n≤2700	180	2Φ14	2Φ10	Φ6@150
2700<L_n≤3300	240	3Φ14	2Φ10	Φ6@150
3300<L_n≤4200	300	3Φ16	2Φ12	Φ6@150

其他说明：

1）该工程未考虑地基处理与边坡支护及井点降水工程部分，且仅包含土建部分。

2）暂列金额为玻璃雨篷与采光井上阳光板的费用。

3）本工程所用的信息价、专业测定价以及市场价均为2023年4月的价格。

本工程的建筑图见附录A，结构图见附录B，现应用BIM计价软件对该工程土建部分进行投标报价。具体报价表请登录机械工业出版社教育服务网（www.cmpedu.com）下载。

思 考 题

1. 如何计算平整场地的工程量？如何计算挖基础土方的工程量？

2. 建筑物基础的类型有几种？如何计算与其相应的各分项工程的工程量？

3. 如何计算砌筑工程量？如何确定砌块墙体高度？基础和结构的划分界限在哪里？

4. 如何计算混凝土结构的梁、板、柱的工程量？

5. 如何计算钢筋工程和模板工程的工程量？

6. 如何计算屋面工程的工程量？屋面工程中的水泥砂浆找平层、隔气层的清单编码是什么？

7. 如何计算防水工程的工程量？计算楼地面防水工程的工程量时应注意什么问题？

8. 如何计算保温隔热屋面、保温隔热天棚的工程量？

9. 混凝土工程中的柱高、梁长、墙高是如何规定计算尺寸的？

10. 如何区分平板、无梁板、有梁板和叠合板？如何计算这些板的图示面积？

11. 柱帽的体积应并入什么工程量内？

12. 计算楼梯的混凝土工程量是否扣除梯井？

13. 门窗的工程量是否按门窗的框外围面积计算？

14. 各分部分项工程的计量单位是否有扩大计量单位？如 $10m^3$、$100m^2$。

习 题

1. 平整场地是按_____计算工程量的。

2. 计算挖基础土方清单工程量时，不考虑_____和_____等因素造成的实际增加的土方量。

3. 在工程量清单计价规范中，计算砌体工程量时应扣减门窗的_____所占体积。

4. 柱帽混凝土的工程量应并入_____的工程量中。

5. 桩基工程中按数量计算工程量的项目有_____。

6. 基础与墙身的划分，基础与墙（柱）身使用同一种材料时，以_____为界，以下为基础，以上为墙（柱）身。

7. 基础与墙身的划分，基础与墙（柱）身使用不同材料时，当设计室内地面高度>____时，以室内设计地面为分界线。

8. 瓦屋面、型材屋面按设计图示尺寸以斜面积计算，不扣除_____等所占面积。

9. 现浇混凝土工程量按设计图示尺寸以体积计算，应扣除混凝土结构中的_____所占体积。

10. 门窗后塞口按设计_____面积计算工程量。

第 3 章

装饰工程工程量清单的编制与BIM应用

> **学习重点**：装饰工程工程量清单的编制。
>
> **学习目标**：掌握楼地面装饰工程，墙、柱面装饰与隔断、幕墙工程，天棚工程和油漆、涂料、裱糊工程的工程量计算规则；熟悉其他装饰工程的工程量计算规则；熟悉各分部工程清单项目设置；了解其他相关问题说明；了解相应清单综合单价的组价方法。
>
> **思政目标**：在学习装饰工程主要分部分项工程的工程量清单编制方法的过程中，培养学生具备认真务实、精益求精的专业态度。

本章以《房屋建筑与装饰工程工程量计算规范》（GB 50854—2013）为依据，介绍如何编制装饰工程的工程量清单。

■ 3.1　楼地面装饰工程

3.1.1　楼地面装饰工程的工程量计算规则

1. 整体面层楼地面

整体面层楼地面包括水泥砂浆楼地面、现浇水磨石楼地面、细石混凝土楼地面、菱苦土楼地面、自流坪楼地面，其工程量按设计图示尺寸以面积计算，须扣除凸出地面的构筑物、设备基础、室内铁道、地沟等所占面积，不扣除间壁墙及面积$\leqslant 0.3\text{m}^2$柱、垛、附墙烟囱及孔洞所占面积，门洞、空圈、暖气包槽、壁龛的开口部分不增加面积。

2. 块料面层楼地面

块料面层楼地面包括石材楼地面、碎石材楼地面和块料楼地面，其工程量按设计图示尺寸以面积计算，门洞、空圈、暖气包槽、壁龛的开口部分并入相应的工程量内。

3. 橡塑面层楼地面

橡塑面层楼地面包括橡胶板楼地面、橡胶板卷材楼地面、塑料板楼地面和塑料卷材楼地面，其工程量按设计图示尺寸以面积计算，门洞、空圈、暖气包槽、壁龛的开口部分并入相应的工程量内。

4. 其他材料面层楼地面

其他材料面层楼地面包括地毯楼地面、竹木（复合）地板楼地面、金属复合地板楼地面、防静电活动地板楼地面，其工程量按设计图示尺寸以面积计算，门洞、空圈、暖气包槽、壁龛的开口部分并入相应的工程量内。

5. 踢脚线

踢脚线也称踢脚板，包括水泥砂浆踢脚线、石材踢脚线、块料踢脚线、塑料板踢脚线、木质踢脚线、防静电踢脚线、金属踢脚线，其工程量按设计图示长度乘以高度以面积或按延长米计算。

6. 楼梯面层

楼梯面层包括石材楼梯面层、块料楼梯面层、拼碎块料面层、水泥砂浆楼梯面层、现浇水磨石楼梯面层、地毯楼梯面层、木板楼梯面层、橡胶板楼梯面层、塑料板楼梯面层，其工程量按设计图示尺寸以楼梯（包括踏步、休息平台及≤500mm的楼梯井）水平投影面积计算；楼梯与楼地面相连时，算至梯口梁内侧边沿；无梯口梁者，算至最上一层踏步边沿加300mm。

7. 台阶装饰

台阶装饰包括水泥砂浆台阶面、现浇水磨石台阶面、石材台阶面、块料台阶面、拼碎块料台阶面、剁假石台阶面，其工程量按设计图示尺寸以台阶（包括最上层踏步边沿加300mm）水平投影面积计算。

8. 零星装饰项目

零星装饰项目包括石材零星项目、拼碎石材零星项目、水泥砂浆零星项目、块料零星项目，其工程量按设计图示尺寸以面积计算。

9. 平面砂浆找平层

平面砂浆找平层的工程量按设计图示尺寸以面积计算。

3.1.2 楼地面装饰工程的清单项目设置

1）整体面层及找平层工程量清单项目设置、项目特征描述的内容、计量单位及工作内容，按表3-1的规定执行。

表 3-1 整体面层及找平层（编码：011101）

项目编码	项目名称	项目特征	计量单位	工作内容
011101001	水泥砂浆楼地面	1. 找平层厚度、砂浆配合比 2. 素水泥浆遍数 3. 面层厚度、砂浆配合比 4. 面层做法要求	m²	1. 基层清理 2. 抹找平层 3. 抹面层 4. 材料运输
011101002	现浇水磨石楼地面	1. 找平层厚度、砂浆配合比 2. 面层厚度、水泥石子浆配合比 3. 嵌条材料种类、规格 4. 石子种类、规格、颜色 5. 颜料种类、颜色 6. 图案要求 7. 磨光、酸洗、打蜡要求		1. 基层清理 2. 抹找平层 3. 面层铺设 4. 嵌缝条安装 5. 磨光、酸洗、打蜡 6. 材料运输
011101003	细石混凝土楼地面	1. 找平层厚度、砂浆配合比 2. 面层厚度、混凝土强度等级		1. 基层清理 2. 抹找平层 3. 面层铺设 4. 材料运输
011101004	菱苦土楼地面	1. 找平层厚度、砂浆配合比 2. 面层厚度 3. 打蜡要求		1. 基层清理 2. 抹找平层 3. 面层铺设 4. 打蜡 5. 材料运输
011101005	自流坪楼地面	1. 找平层厚度、砂浆配合比 2. 界面剂材料种类 3. 中层漆材料种类、厚度 4. 面漆材料种类、厚度 5. 面层材料种类		1. 基层清理 2. 抹找平层 3. 面层铺设 4. 涂刷中层漆 5. 打磨、吸尘 6. 镘自流坪面漆（浆） 7. 拌和自流坪浆料 8. 铺面层
011101006	平面砂浆找平层	找平层厚度、砂浆配合比		1. 基层清理 2. 抹找平层 3. 材料运输

2）块料面层工程量清单项目设置、项目特征描述的内容、计量单位及工作内容，按表 3-2 的规定执行。

表 3-2 块料面层（编码：011102）

项目编码	项目名称	项目特征	计量单位	工作内容
011102001	石材楼地面	1. 找平层厚度、砂浆配合比 2. 结合层厚度、砂浆配合比 3. 面层材料品种、规格、颜色 4. 嵌缝材料种类 5. 防护层材料种类 6. 酸洗、打蜡要求	m²	1. 基层清理、抹找平层 2. 面层铺设、磨边 3. 嵌缝 4. 刷防护材料 5. 酸洗、打蜡 6. 材料运输
011102002	碎石材楼地面			
011102003	块料楼地面			

3）橡塑面层工程量清单项目设置、项目特征描述的内容、计量单位及工作内容，按表 3-3 的规定执行。

表 3-3　橡塑面层（编码：011103）

项目编码	项目名称	项目特征	计量单位	工作内容
011103001	橡胶板楼地面	1. 黏结层厚度、材料种类 2. 面层材料品种、规格、颜色 3. 压线条种类	m²	1. 基层清理 2. 面层铺贴 3. 压缝条装钉 4. 材料运输
011103002	橡胶板卷材楼地面			
011103003	塑料板楼地面			
011103004	塑料卷材楼地面			

4）其他材料面层工程量清单项目设置、项目特征描述的内容、计量单位及工作内容，按表 3-4 的规定执行。

表 3-4　其他材料面层（编码：011104）

项目编码	项目名称	项目特征	计量单位	工作内容
011104001	地毯楼地面	1. 面层材料品种、规格、颜色 2. 防护材料种类 3. 黏结材料种类 4. 压线条种类	m²	1. 基层清理 2. 铺贴面层 3. 刷防护材料 4. 装钉压条 5. 材料运输
011104002	竹、木（复合）地板	1. 龙骨材料种类、规格、铺设间距 2. 基层材料种类、规格 3. 面层材料品种、规格、颜色 4. 防护材料种类		1. 基层清理 2. 龙骨铺设 3. 铺设基层 4. 面层铺贴 5. 刷防护材料 6. 材料运输
011104003	金属复合地板			
011104004	防静电活动地板	1. 支架高度、材料种类 2. 面层材料品种、规格、颜色 3. 防护材料种类		1. 基层清理 2. 固定支架安装 3. 活动面层安装 4. 刷防护材料 5. 材料运输

5）踢脚线工程量清单项目设置、项目特征描述的内容、计量单位及工作内容，按表 3-5 的规定执行。

表 3-5　踢脚线（编码：011105）

项目编码	项目名称	项目特征	计量单位	工作内容
011105001	水泥砂浆踢脚线	1. 踢脚线高度 2. 底层厚度、砂浆配合比 3. 面层厚度、砂浆配合比	m²/m	1. 基层清理 2. 底层和面层抹灰 3. 材料运输
011105002	石材踢脚线	1. 踢脚线高度 2. 粘贴层厚度、材料种类 3. 面层材料品种、规格、颜色 4. 防护材料种类		1. 基层清理 2. 底层抹灰 3. 面层铺贴、磨边 4. 擦缝 5. 磨光、酸洗、打蜡 6. 刷防护材料 7. 材料运输
011105003	块料踢脚线			
011105004	塑料板踢脚线	1. 踢脚线高度 2. 黏结层厚度、材料种类 3. 面层材料种类、规格、颜色		1. 基层清理 2. 基层铺贴 3. 面层铺贴 4. 材料运输

（续）

项目编码	项目名称	项目特征	计量单位	工作内容
011105005	木质踢脚线	1. 踢脚线高度 2. 基层材料种类、规格 3. 面层材料品种、规格、颜色	m^2/m	1. 基层清理 2. 基层铺贴 3. 面层铺贴 4. 材料运输
011105006	金属踢脚线			
011105007	防静电踢脚线			

6）楼梯面层工程量清单项目设置、项目特征描述的内容、计量单位及工作内容，按表 3-6 的规定执行。

表 3-6　楼梯面层（编码：011106）

项目编码	项目名称	项目特征	计量单位	工作内容
011106001	石材楼梯面层	1. 找平层厚度、砂浆配合比 2. 黏结层厚度、材料种类 3. 面层材料品种、规格、颜色 4. 防滑条材料种类、规格 5. 勾缝材料种类 6. 防护材料种类 7. 酸洗、打蜡要求		1. 基层清理 2. 抹找平层 3. 面层铺贴、磨边 4. 贴嵌防滑条 5. 勾缝 6. 刷防护材料 7. 酸洗、打蜡 8. 材料运输
011106002	块料楼梯面层			
011106003	拼碎块料面层			
011106004	水泥砂浆楼梯面层	1. 找平层厚度、砂浆配合比 2. 面层厚度、砂浆配合比 3. 防滑条材料种类、规格		1. 基层清理 2. 抹找平层 3. 抹面层 4. 抹防滑条 5. 材料运输
011106005	现浇水磨石楼梯面层	1. 找平层厚度、砂浆配合比 2. 面层厚度、水泥石子浆配合比 3. 防滑条材料种类、规格 4. 石子种类、规格、颜色 5. 颜料种类、颜色 6. 磨光、酸洗、打蜡要求	m^2	1. 基层清理 2. 抹找平层 3. 抹面层 4. 贴嵌防滑条 5. 磨光、酸洗、打蜡 6. 材料运输
011106006	地毯楼梯面层	1. 基层种类 2. 面层材料品种、规格、颜色 3. 防护材料种类 4. 黏结材料种类 5. 固定配件材料种类、规格		1. 基层清理 2. 铺贴面层 3. 固定配件安装 4. 刷防护材料 5. 材料运输
011106007	木板楼梯面层	1. 基层材料种类、规格 2. 面层材料品种、规格、颜色 3. 防护材料种类 4. 黏结材料种类		1. 基层清理 2. 基层铺贴 3. 面层铺贴 4. 刷防护材料 5. 材料运输
011106008	橡胶板楼梯面层	1. 黏结层厚度、材料种类 2. 面层材料品种、规格、颜色 3. 压线条种类		1. 基层清理 2. 面层铺贴 3. 压缝条装钉 4. 材料运输
011106009	塑料板楼梯面层			

7）台阶装饰工程量清单项目设置、项目特征描述的内容、计量单位及工作内容，按表 3-7 的规定执行。

表 3-7　台阶装饰（编码：011107）

项目编码	项目名称	项目特征	计量单位	工作内容
011107001	石材台阶面	1. 找平层厚度、砂浆配合比 2. 黏结材料种类 3. 面层材料品种、规格、颜色 4. 勾缝材料种类 5. 防滑条材料种类、规格 6. 防护材料种类	m²	1. 基层清理 2. 抹找平层 3. 面层铺贴 4. 贴嵌防滑条 5. 勾缝 6. 刷防护材料 7. 材料运输
011107002	块料台阶面			
011107003	拼碎块料台阶面			
011107004	水泥砂浆台阶面	1. 找平层厚度、砂浆配合比 2. 面层厚度、砂浆配合比 3. 防滑条材料种类		1. 基层清理 2. 抹找平层 3. 抹面层 4. 抹防滑条 5. 材料运输
011107005	现浇水磨石台阶面	1. 找平层厚度、砂浆配合比 2. 面层厚度、水泥石子浆配合比 3. 防滑条材料种类、规格 4. 石子种类、规格、颜色 5. 颜料种类、颜色 6. 磨光、酸洗、打蜡要求		1. 基层清理 2. 抹找平层 3. 抹面层 4. 贴嵌防滑条 5. 打磨、酸洗、打蜡 6. 材料运输
011107006	剁假石台阶面	1. 找平层厚度、砂浆配合比 2. 面层厚度、砂浆配合比 3. 剁假石要求		1. 基层清理 2. 抹找平层 3. 抹面层 4. 剁假石 5. 材料运输

8）零星装饰项目工程量清单项目设置、项目特征描述的内容、计量单位及工作内容，按表 3-8 的规定执行。

表 3-8　零星装饰项目（编码：011108）

项目编码	项目名称	项目特征	计量单位	工作内容
011108001	石材零星项目	1. 工程部位 2. 找平层厚度、砂浆配合比 3. 贴结合层厚度、材料种类 4. 面层材料品种、规格、颜色 5. 勾缝材料种类 6. 防护材料种类 7. 酸洗、打蜡要求	m²	1. 基层清理 2. 抹找平层 3. 面层铺贴、磨边 4. 勾缝 5. 刷防护材料 6. 酸洗、打蜡 7. 材料运输
011108002	拼碎石材零星项目			
011108003	块料零星项目			
011108004	水泥砂浆零星项目	1. 工程部位 2. 找平层厚度、砂浆配合比 3. 面层厚度、砂浆厚度		1. 基层清理 2. 抹找平层 3. 抹面层 4. 材料运输

3.1.3　其他相关问题说明

1）水泥砂浆面层处理是拉毛还是提浆压光应在面层做法要求中描述。

2）平面砂浆找平层只适用于仅做找平层的平面抹灰。

3）楼地面混凝土垫层按第2.5节中垫层项目编码列项。

4）在描述碎石材项目的面层材料特征时，可不用描述规格、颜色。

5）石材、块料与黏结材料的结合面刷防渗材料的种类在防护材料种类中描述。

6）表中工作内容的磨边指施工现场磨边。

7）项目特征中如涉及找平层，按表3-1的找平层项目编码列项。

8）楼梯、台阶牵边和侧面镶贴块料面层，不大于$0.5m^2$的少量分散的楼地面镶贴块料面层，应按表3-8中项目编码列项。

【例3-1】　根据现行计价规范、企业定额、施工图等，计算某混合结构两层办公楼的楼地面工程的清单工程量和综合单价。计算时，保留小数点后两位数字。

工程概况：某混合结构两层办公楼，每层层高均为3m，女儿墙高550mm，室外设计地坪-0.45m，墙体采用KP1黏土空心砖。外墙面、墙裙均为抹底灰，外墙为凹凸状涂料，外墙裙为块料，墙裙高900mm。楼地面做法为楼8D，地面砖每块规格为400mm×400mm；踢脚材质为地砖，高120mm。顶棚（即天棚）为抹灰耐擦洗涂料（棚6B），一层办公室内墙面为抹灰、耐擦洗涂料，二层会议室内墙面为抹灰、壁纸墙面。C1为单玻平开塑钢窗，外窗口侧壁宽200mm，内窗口侧壁宽80mm；M1为松木带亮自由门；M2为胶合板门，门框位置居中，框宽100mm。门窗尺寸见表3-9，材料做法见表3-10，相关平面图、结构图等如图3-1~图3-8所示。

表3-9　门窗表

型号	洞口尺寸（宽×高）	框外围尺寸（宽×高）	数量（樘）
C1	1500mm×1500mm	1470mm×1470mm	9
M1	1200mm×2400mm	1180mm×2390mm	3
M2	900mm×2100mm	880mm×2090mm	5

表3-10　材料做法表

序号	做法	备注
楼8D	1. 8mm厚铺地砖（400mm×400mm），稀水泥浆擦缝 2. 6mm厚建筑胶水泥砂浆黏结层 3. 素水泥浆一道（内掺建筑胶） 4. 35mm厚C15细石混凝土找平层（现场搅拌） 5. 素水泥浆一道（内掺建筑胶） 6. 钢筋混凝土楼板	地砖规格400mm×400mm
棚6B	1. 耐擦洗涂料 2. 2mm厚精品粉刷石膏罩面压实赶光 3. 6mm厚粉刷石膏打底找平，木抹子抹毛面 4. 素水泥浆一道甩毛（内掺建筑胶）	
内墙5A	1. 喷涂白色耐擦洗涂料 2. 5mm厚1：2.5水泥砂浆找平 3. 9mm厚1：3水泥砂浆打底扫毛或划出纹道	
外墙24A	1. 喷丙烯酸酯共聚乳液罩面涂料一遍 2. 喷苯丙共聚乳液厚涂料一遍 3. 喷带色的面涂料一遍 4. 喷封底涂料一遍，增强黏结力 5. 6mm厚1：2.5水泥砂浆找平扫毛或划出纹道 6. 12mm厚1：3水泥砂浆打底扫毛或划出纹道	

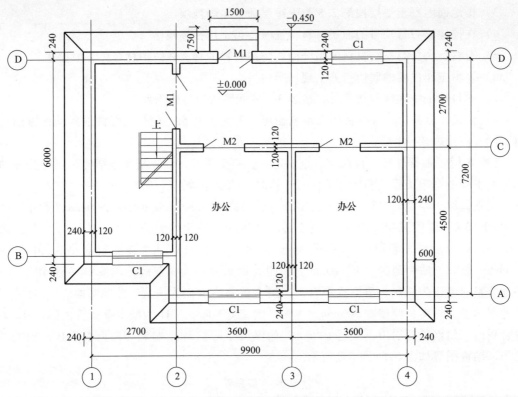

图 3-1　首层平面图

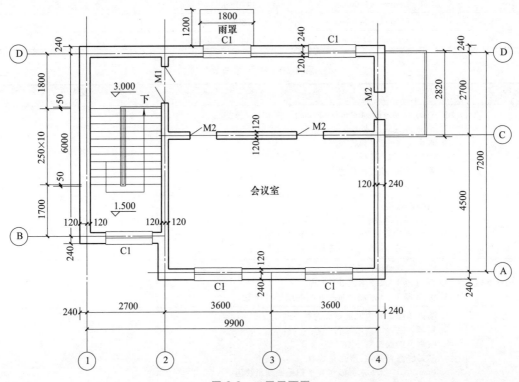

图 3-2　二层平面图

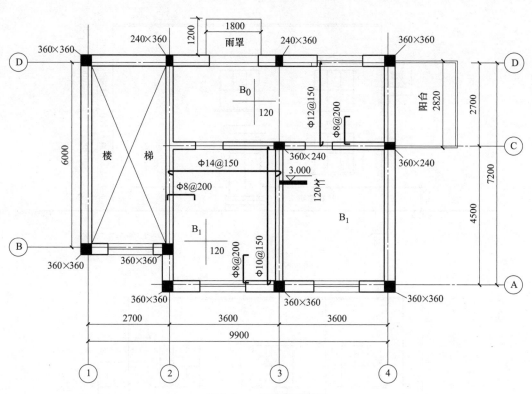

图 3-3　一层顶板结构图

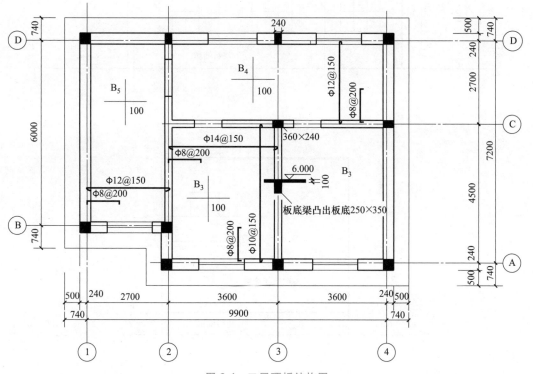

图 3-4　二层顶板结构图

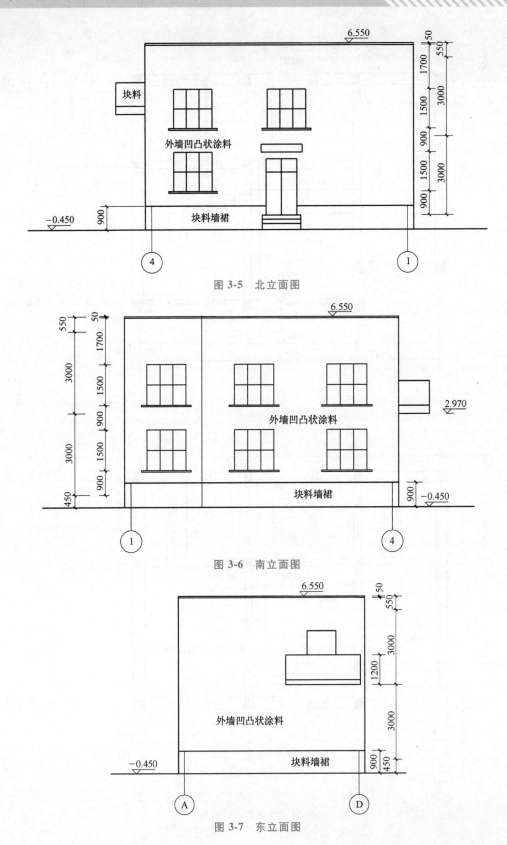

图 3-5　北立面图

图 3-6　南立面图

图 3-7　东立面图

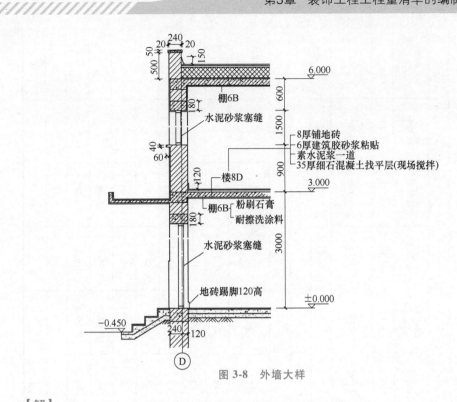

图 3-8　外墙大样

【解】

一层块料地面的清单工程量=各房间的净面积(含楼梯间净面积)

$$=(2.7-0.24)\text{m}\times(6-0.24)\text{m}+(2.7-0.24)\text{m}\times(7.2-0.24)\text{m}+$$

$$(3.6-0.24)\text{m}\times(4.5-0.24)\text{m}\times2$$

$$=59.92\text{m}^2$$

二层块料楼面的清单工程量=各房间的净面积(不含楼梯间净面积)

$$=(2.7-0.24)\text{m}\times(7.2-0.24)\text{m}+(7.2-0.24)\text{m}\times(4.5-0.24)\text{m}$$

$$=46.77\text{m}^2$$

块料楼地面(楼 8D)的清单工程量=图示面积合计$=59.92\text{m}^2+46.77\text{m}^2=106.69\text{m}^2$

一层踢脚线的清单工程量长度$=(2.7-0.24+6-0.24)\text{m}\times2+(2.7-0.24+7.2-0.24)\text{m}\times2+$

$$(3.6-0.24+4.5-0.24)\text{m}\times2\times2-3\times\text{M1 洞口宽度}-4\times\text{M2 洞}$$

口宽度+门洞口侧壁长度

$$=16.44\text{m}+18.84\text{m}+30.48\text{m}-3.6\text{m}-3.6\text{m}+1.1\text{m}$$

$$=59.66\text{m}$$

二层踢脚线的清单工程量长度=一层踢脚线的清单工程量扣减楼梯间的净长度

$$=18.84\text{m}+(7.2-0.24+4.5-0.24)\text{m}\times2-5\times\text{M2 洞口宽度}$$

$$-\text{M1 洞口宽度}+门洞口侧壁长度$$

$$=18.84\text{m}+22.44\text{m}-5\times0.9\text{m}-1.2\text{m}+0.96\text{m}=36.54\text{m}$$

块料踢脚线(地砖)的清单工程量=图示面积=图示长度×高度

$$=(59.66+36.54)\text{m}\times0.12\text{m}$$

$$=96.20\text{m}\times0.12\text{m}=11.54\text{m}^2$$

块料踢脚线的清单综合单价见表 3-11。块料楼地面的清单综合单价见表 3-12。

表 3-11 工程量清单综合单价分析表（块料踢脚线）

工程名称：××工程 标段： 第 页 共 页

项目编码	011105003001	项目名称	块料踢脚线			计量单位	m²

清单综合单价组成明细

定额编号	定额名称	定额单位	数量	单价（元）				合价（元）			
				人工费	材料费	机械费	管理费和利润	人工费	材料费	机械费	管理费和利润
1-171	地砖踢脚	m	8.333	4.16	8.25	0.38	3.63	34.66	68.75	3.17	30.25
1-73	块料面层 块料面层层酸洗打蜡	m²	1	3.11	1.62	0.09	2.33	3.11	1.62	0.09	2.33
人工单价				小计（元）				37.77	70.37	3.26	32.58
综合工日 70 元/工日				未计价材料费（元）				0			
				清单项目综合单价（元）				143.98			

材料费明细	主要材料名称、规格、型号	单位	数量	单价（元）	合价（元）	暂估单价（元）	暂估合价（元）
	水泥综合	kg	5.831	0.366	2.13		
	建筑胶	kg	0.052	1.84	0.10		
	砂子	kg	11.536	0.067	0.77		
	地面砖 0.16m² 以内	m²	1.03	64.8	66.74		
	草酸	kg	0.0083	4.5	0.04		
	硬蜡	kg	0.0225	48.3	1.09		
	清油	kg	0.0042	19.2	0.08		
	其他材料费（元）			—	0.19	—	0
	材料费小计（元）			—	71.14	—	0

注：参考 2012 年北京市建设工程预算定额，后余同。

表3-12 工程量清单综合单价分析表（块料楼地面）

工程名称：××工程　　标段：　　第 页 共 页

项目编码	01110200003001		项目名称			块料楼地面				计量单位		m²

清单综合单价组成明细

定额编号	定额名称	定额单位	数量	单价（元）				合价（元）			
				人工费	材料费	机械费	管理费和利润	人工费	材料费	机械费	管理费和利润
1-21	找平层 现场搅拌细石混凝土 厚度30mm	m²	1	5.76	7.56	0.56	4.65	5.76	7.56	0.56	4.65
1-22	找平层 现场搅拌细石混凝土 每增减5mm	m²	1	1.13	1.17	0.09	0.89	1.13	1.17	0.09	0.89
1-52	块料面层 地砖楼粘贴 每块面积（0.16m²以内）	m²	1	18.07	39.88	1.91	15.76	18.07	39.88	1.91	15.76
1-73	块料面层 块料面层酸洗打蜡	m²	1	3.11	1.62	0.09	2.33	3.11	1.62	0.09	2.33
人工单价		综合工日 70元/工日			小计（元）			28.07	50.23	2.65	23.63
					未计价材料费（元）			0			
			清单项目综合单价（元）					104.58			

材料费明细	主要材料名称、规格、型号	单位	数量	单价（元）	合价（元）	暂估单价（元）	暂估合价（元）
材料费明细	水泥综合	kg	5.364	0.366	1.96		
	C15 细石混凝土	m³	0.035	232.19	8.13		
	砂子	kg	9.558	0.067	0.64		
	地面砖 0.16m² 以内	m²	1.02	36	36.72		
	白水泥	kg	0.103	0.88	0.09		
	建筑胶	kg	0.312	1.84	0.57		
	草酸	kg	0.01	4.5	0.05		
	硬蜡	kg	0.027	48.3	1.3		
	清油	kg	0.005	19.2	0.1		
	其他材料费（元）			—	0.66	—	0
	材料费小计（元）			—	50.22	—	0

■ 3.2　墙、柱面装饰与隔断、幕墙工程

3.2.1　墙、柱面装饰与隔断、幕墙工程的工程量计算规则

1. 墙面抹灰

墙面抹灰包括墙面一般抹灰、墙面装饰抹灰、墙面勾缝和立面砂浆找平，其工程量按设计图示尺寸以面积计算，扣除墙裙、门窗洞口及单个面积>0.3m² 的孔洞面积，不扣除踢脚线、挂镜线和墙与构件交接处的面积，门窗洞口和孔洞的侧壁及顶面不增加面积，附墙柱、梁、垛、烟囱侧壁并入相应的墙面面积内。

1）外墙抹灰面积按外墙垂直投影面积计算。

2）外墙裙抹灰面积按其长度乘以高度计算。

3）内墙抹灰面积按主墙间的净长乘以高度计算。内墙无墙裙的，高度按室内楼地面至天棚底面计算。内墙有墙裙的，高度按墙裙顶至天棚底面计算。有吊顶天棚抹灰，高度算至天棚底。

4）内墙裙抹灰面积按内墙净长乘以高度计算。

2. 柱（梁）面抹灰

柱（梁）面抹灰包括柱（梁）面一般抹灰、柱（梁）面装饰抹灰、柱（梁）面砂浆找平和柱面勾缝，其工程量按设计图示柱（梁）断面周长乘以高度（或长度）以面积计算。

3. 零星抹灰

零星抹灰包括零星项目一般抹灰、零星项目装饰抹灰和零星项目砂浆找平，其工程量按设计图示尺寸以面积计算。

4. 墙面块料面层

墙面块料面层包括石材墙面、拼碎石材墙面和块料墙面，其工程量按镶贴表面积计算。

5. 干挂石材钢骨架

干挂石材钢骨架的工程量按设计图示尺寸以质量计算。

6. 柱（梁）面镶贴块料

柱（梁）面镶贴块料包括石材柱面、拼碎块柱面、块料柱面、石材梁面和块料梁面，其工程量按镶贴表面积计算。

7. 镶贴零星块料

镶贴零星块料包括石材零星项目、拼碎块零星项目和块料零星项目，其工程量按镶贴表面积计算。

8. 墙饰面

墙饰面包括墙面装饰板和墙面装饰浮雕。其中，墙面装饰板的工程量按设计图示墙净长乘以净高以面积计算，扣除门窗洞口及单个面积大于 $0.3m^2$ 的孔洞所占面积。墙面装饰浮雕的工程量按设计图示尺寸以面积计算。

9. 柱（梁）饰面

柱（梁）面装饰的工程量按设计图示饰面外围尺寸以面积计算，柱帽、柱墩并入相应柱饰面工程量内。成品装饰柱的工程量按设计数量或按设计长度计算。

10. 幕墙工程

幕墙工程分为带骨架幕墙和全玻（无框玻璃）幕墙两种。其中，带骨架幕墙的工程量按设计图示框外围尺寸以面积计算，与幕墙同种材质的窗所占面积不扣除。全玻（无框玻璃）幕墙的工程量按设计图示尺寸以面积计算，带肋全玻幕墙按展开面积计算。

11. 隔断

隔断的计算规则按材质分以下几种：

1）木隔断、金属隔断的工程量按设计图示框外围尺寸以面积计算，不扣除单个面积 $\leq 0.3m^2$ 的孔洞所占面积；浴厕门的材质与隔断相同时，门的面积并入隔断面积内。

2）玻璃隔断、塑料隔断、其他隔断的工程量按设计图示框外围尺寸以面积计算。不扣除单个面积 $\leq 0.3m^2$ 的孔洞所占面积。

3）成品隔断的工程量按设计图示框外围尺寸以面积或按设计间的数量计算。

3.2.2 墙、柱面装饰与隔断、幕墙工程的清单项目设置

1）墙面抹灰工程量清单项目设置、项目特征描述的内容、计量单位及工作内容，按表 3-13 的规定执行。

表 3-13　墙面抹灰（编码：011201）

项目编码	项目名称	项目特征	计量单位	工作内容
011201001	墙面一般抹灰	1. 墙体类型 2. 底层厚度、砂浆配合比 3. 面层厚度、砂浆配合比	m^2	1. 基层清理 2. 砂浆制作、运输 3. 底层抹灰 4. 抹面层 5. 抹装饰面 6. 勾分格缝
011201002	墙面装饰抹灰	4. 装饰面材料种类 5. 分格缝宽度、材料种类		

（续）

项目编码	项目名称	项目特征	计量单位	工作内容
011201003	墙面勾缝	勾缝类型、勾缝材料种类	m²	1. 基层清理 2. 砂浆制作、运输 3. 勾缝
011201004	立面砂浆 找平层	1. 基层类型 2. 砂浆找平层厚度、砂浆配合比		1. 基层清理 2. 砂浆制作、运输 3. 抹灰找平

2）柱（梁）面抹灰工程量清单项目设置、项目特征描述的内容、计量单位及工作内容，按表 3-14 的规定执行。

表 3-14　柱（梁）面抹灰（编码：011202）

项目编码	项目名称	项目特征	计量单位	工作内容
011202001	柱、梁面 一般抹灰	1. 柱（梁）体类型 2. 底层厚度、砂浆配合比 3. 面层厚度、砂浆配合比 4. 装饰面材料种类 5. 分格缝宽度、材料种类	m²	1. 基层清理 2. 砂浆制作、运输 3. 底层抹灰 4. 抹面层 5. 勾分格缝
011202002	柱、梁面 装饰抹灰			
011202003	柱、梁面 砂浆找平	1. 柱（梁）体类型 2. 找平的砂浆厚度、配合比		1. 基层清理 2. 砂浆制作、运输 3. 抹灰找平
011202004	柱面勾缝	勾缝类型、勾缝材料种类		1. 基层清理 2. 砂浆制作、运输 3. 勾缝

3）零星抹灰工程量清单项目设置、项目特征描述的内容、计量单位及工作内容，按表 3-15 的规定执行。

表 3-15　零星抹灰（编码：011203）

项目编码	项目名称	项目特征	计量单位	工作内容
011203001	零星项目 一般抹灰	1. 基层类型、部位 2. 底层厚度、砂浆配合比 3. 面层厚度、砂浆配合比 4. 装饰面材料种类 5. 分格缝宽度、材料种类	m²	1. 基层清理 2. 砂浆制作、运输 3. 底层抹灰 4. 抹面层 5. 抹装饰面 6. 勾分格缝
011203002	零星项目 装饰抹灰			
011203003	零星项目 砂浆找平	1. 基层类型、部位 2. 找平的砂浆厚度、配合比		1. 基层清理 2. 砂浆制作、运输 3. 抹灰找平

4）墙面块料面层工程量清单项目设置、项目特征描述的内容、计量单位及工作内容，按表 3-16 的规定执行。

表 3-16　墙面块料面层（编码：011204）

项目编码	项目名称	项目特征	计量单位	工作内容
011204001	石材墙面	1. 墙体类型 2. 安装方式 3. 面层材料品种、规格、颜色 4. 缝宽、嵌缝材料种类 5. 防护材料种类 6. 磨光、酸洗、打蜡要求	m²	1. 基层清理 2. 砂浆制作、运输 3. 黏结层铺贴 4. 面层安装 5. 嵌缝 6. 刷防护材料 7. 磨光、酸洗、打蜡
011204002	拼碎石材墙面			
011204003	块料墙面			
011204004	干挂石材钢骨架	1. 骨架种类、规格 2. 防锈漆品种、遍数	t	1. 骨架制作、运输、安装 2. 刷漆

5）柱（梁）面镶贴块料工程量清单项目设置、项目特征描述的内容、计量单位及工作内容，按表 3-17 的规定执行。

表 3-17　柱（梁）面镶贴块料（编码：011205）

项目编码	项目名称	项目特征	计量单位	工作内容
011205001	石材柱面	1. 柱截面类型、尺寸 2. 安装方式 3. 面层材料品种、规格、颜色 4. 缝宽、嵌缝材料种类 5. 防护材料种类 6. 磨光、酸洗、打蜡要求	m²	1. 基层清理 2. 砂浆制作、运输 3. 黏结层铺贴 4. 面层安装 5. 嵌缝 6. 刷防护材料 7. 磨光、酸洗、打蜡
011205002	块料柱面			
011205003	拼碎块柱面			
011205004	石材梁面	1. 安装方式 2. 面层材料品种、规格、颜色 3. 缝宽、嵌缝材料种类 4. 防护材料种类 5. 磨光、酸洗、打蜡要求		
011205005	块料梁面			

6）镶贴零星块料工程量清单项目设置、项目特征描述的内容、计量单位及工作内容，按表 3-18 的规定执行。

表 3-18　镶贴零星块料（编码：011206）

项目编码	项目名称	项目特征	计量单位	工作内容
011206001	石材零星项目	1. 基层类型、部位 2. 安装方式 3. 面层材料品种、规格、颜色 4. 缝宽、嵌缝材料种类 5. 防护材料种类 6. 磨光、酸洗、打蜡要求	m²	1. 基层清理 2. 砂浆制作、运输 3. 面层安装 4. 嵌缝 5. 刷防护材料 6. 磨光、酸洗、打蜡
011206002	块料零星项目			
011206003	拼碎块零星项目			

7）墙饰面工程量清单项目设置、项目特征描述的内容、计量单位及工作内容，按表 3-19 的规定执行。

表 3-19　墙饰面（编码：011207）

项目编码	项目名称	项目特征	计量单位	工作内容
011207001	墙面装饰板	1. 龙骨材料种类、规格、中距 2. 隔离层材料种类、规格 3. 基层材料种类、规格 4. 面层材料品种、规格、颜色 5. 压条材料种类、规格	m²	1. 基层清理 2. 龙骨制作、运输、安装 3. 钉隔离层 4. 基层铺钉 5. 面层铺贴
011207002	墙面装饰浮雕	1. 基层类型 2. 浮雕材料种类、浮雕样式		1. 基层清理 2. 龙骨制作、运输 3. 安装成型

8）柱（梁）饰面工程量清单项目设置、项目特征描述的内容、计量单位及工作内容，按表3-20的规定执行。

表3-20　柱（梁）饰面（编码：011208）

项目编码	项目名称	项目特征	计量单位	工作内容
011208001	柱（梁）面装饰	1. 龙骨材料种类、规格、中距 2. 隔离层材料种类 3. 基层材料种类、规格 4. 面层材料品种、规格、颜色 5. 压条材料种类、规格	m²	1. 基层清理 2. 龙骨制作、运输、安装 3. 钉隔离层 4. 基层铺钉 5. 面层铺贴
011208002	成品装饰柱	1. 柱截面、高度尺寸 2. 柱材质	1. 根 2. m	柱运输、固定、安装

9）幕墙工程工程量清单项目设置、项目特征描述的内容、计量单位及工作内容，按表3-21的规定执行。

表3-21　幕墙工程（编码：011209）

项目编码	项目名称	项目特征	计量单位	工作内容
011209001	带骨架幕墙	1. 骨架材料种类、规格、中距 2. 面层材料品种、规格、颜色 3. 面层固定方式 4. 隔离带、框边封闭材料品种、规格 5. 嵌缝、塞口材料种类	m²	1. 骨架制作、运输、安装 2. 面层安装 3. 隔离带、框边封闭 4. 嵌缝、塞口 5. 清洗
011209002	全玻（无框玻璃）幕墙	1. 玻璃品种、规格、颜色 2. 黏结塞口材料种类 3. 固定方式		1. 幕墙安装 2. 嵌缝、塞口 3. 清洗

10）隔断工程量清单项目设置、项目特征描述的内容、计量单位及工作内容，按表3-22的规定执行。

表3-22　隔断（编码：011210）

项目编码	项目名称	项目特征	计量单位	工作内容
011210001	木隔断	1. 骨架、边框材料种类、规格 2. 隔板材料品种、规格、颜色 3. 嵌缝、塞口材料品种 4. 压条材料种类		1. 骨架及边框制作、运输、安装 2. 隔板制作、运输、安装 3. 嵌缝、塞口 4. 装钉压条
011210002	金属隔断	1. 骨架、边框材料种类、规格 2. 隔板材料品种、规格、颜色 3. 嵌缝、塞口材料品种	m²	1. 骨架及边框制作、运输、安装 2. 隔板制作、运输、安装 3. 嵌缝、塞口
011210003	玻璃隔断	1. 边框材料种类、规格 2. 玻璃品种、规格、颜色 3. 嵌缝、塞口材料品种		1. 边框制作、运输、安装 2. 玻璃制作、运输、安装 3. 嵌缝、塞口
011210004	塑料隔断	1. 边框材料种类、规格 2. 隔板材料品种、规格、颜色 3. 嵌缝、塞口材料品种		1. 骨架及边框制作、运输、安装 2. 隔板制作、运输、安装 3. 嵌缝、塞口
011210005	成品隔断	1. 隔断材料品种、规格、颜色 2. 配件品种、规格	1. m² 2. 间	1. 隔断运输、安装 2. 嵌缝、塞口
011210006	其他隔断	1. 骨架、边框材料种类、规格 2. 隔板材料品种、规格、颜色 3. 嵌缝、塞口材料品种	m²	1. 骨架及边框安装 2. 隔板安装 3. 嵌缝、塞口

3.2.3 其他相关问题说明

1）立面砂浆找平项目适用于仅做找平层的立面抹灰。

2）墙面抹石灰砂浆、水泥砂浆、混合砂浆、聚合物水泥砂浆、麻刀石灰浆、石膏灰浆等按表 3-13 中墙面一般抹灰列项；墙面水刷石、斩假石、干粘石、假面砖等按表 3-13 中墙面装饰抹灰列项。

3）飘窗凸出外墙面增加的抹灰并入外墙工程量内。

4）有吊顶天棚的内墙面抹灰，抹至吊顶以上部分在综合单价中考虑。

5）柱、梁面砂浆找平适用于仅做找平层的柱、梁面抹灰。

6）柱（梁）面抹石灰砂浆、水泥砂浆、混合砂浆、聚合物水泥砂浆、麻刀石灰浆、石膏灰浆等按表 3-14 中柱（梁）面一般抹灰列项；柱（梁）面水刷石、斩假石、干粘石、假面砖等按表 3-14 中柱（梁）面装饰抹灰列项。

7）零星项目抹石灰砂浆、水泥砂浆、混合砂浆、聚合物水泥砂浆、麻刀石灰浆、石膏灰浆等按表 3-15 中零星项目一般抹灰列项；水刷石、斩假石、干粘石、假面砖等按表 3-15 中零星项目装饰抹灰列项。

8）墙、柱（梁）面 $\leq 0.5\text{m}^2$ 的少量分散的抹灰和镶贴块料面层，按表 3-15 和表 3-18 中零星项目编码列项。

9）在描述碎块项目的面层材料特征时，可不用描述规格、颜色。

10）石材、块料与黏结材料的结合面刷防渗材料的种类在防护材料种类中描述。

11）安装方式可描述为砂浆或黏结剂粘贴、挂贴、干挂等，不论哪种安装方式，都要详细描述与组价相关的内容。

12）柱（梁）面干挂石材的钢骨架、零星项目干挂石材的钢骨架、幕墙钢骨架按表 3-16 中相应项目编码列项。

【例 3-2】 计算【例 3-1】中某混合结构办公楼的外墙面涂料底层抹灰和办公室内墙面抹灰工程的清单工程量和综合单价。计算时，保留小数点后两位数字。

【解】 外墙面抹灰的清单工程量＝图示面积-门窗的洞口面积

$$= (9.9+0.48+7.2+0.48)\text{m}\times2\times(6.55+0.45-0.9)\text{m}-$$
$$\text{M1}-\text{M2}-9\times\text{C1 洞口面积}$$

$$= 36.12\text{m}\times6.1\text{m}-1.2\text{m}\times2.4\text{m}-0.9\text{m}\times2.1\text{m}-9\times$$
$$1.5^2\text{m}^2=195.31\text{m}^2$$

办公室内墙面抹灰的清单工程量＝图示面积-门窗的洞口面积

$$= [(3.6-0.24+4.5-0.24)\times2\times(3-0.12)-1.5^2-0.9\times$$
$$2.1]\text{m}^2\times2$$

$$= 79.50\text{m}^2$$

办公室外墙面一般抹灰和办公室内墙面一般抹灰的清单综合单价分别见表 3-23 和表 3-24。

表 3-23 工程量清单综合单价分析表（外墙面一般抹灰）

工程名称：××工程 标段： 第 页 共 页

| 项目编码 | 011201001001 | 项目名称 | 清单综合单价组成明细 | | 外墙面一般抹灰 | | 计量单位 | m² |

定额编号	定额名称	定额单位	数量	单价（元）				合价（元）			
				人工费	材料费	机械费	管理费和利润	人工费	材料费	机械费	管理费和利润
3-24	外墙装修 涂料 涂料底层抹灰 砖墙砌块墙	m²	1	11.43	6.48	0.52	8.6	11.43	6.48	0.52	8.6
人工单价			小计（元）					11.43	6.48	0.52	8.6
综合工日 67 元/工日			未计价材料费（元）					0			
清单项目综合单价（元）							27.03				

材料费明细	主要材料名称、规格、型号	单位	数量	单价（元）	合价（元）	暂估单价（元）	暂估合价（元）
	水泥综合	kg	11.3	0.366	4.14		
	砂子	kg	28.817	0.067	1.93		
	白灰	kg	1.388	0.23	0.32		
	界面剂	kg	0.016	1.84	0.03		
	其他材料费（元）			—	0.06	—	0
	材料费小计（元）			—	6.48	—	0

工程名称：××工程

表 3-24 工程量清单综合单价分析表（内墙面一般抹灰）

标段：　　　　　　　　　　　　　　　　　　　　　第 页 共 页

| 项目编码 | 01120100100 2 | 项目名称 | | 内墙面一般抹灰 | | 计量单位 | m² |

| 定额编号 | 定额名称 | 定额单位 | 数量 | 清单综合单价组成明细 | | | |

				单价（元）					合价（元）			
				人工费	材料费	机械费	管理费和利润	人工费	材料费	机械费	管理费和利润
3-98	内墙装修 涂料及裱糊 面层 涂料、裱糊底层抹灰 混凝土、砌块墙	m²	1	11.28	4.46	0.42	8.35	11.28	4.46	0.42	8.35
人工单价		小计（元）						11.28	4.46	0.42	8.35
综合工日 67 元/工日		未计价材料费（元）						0			
		清单项目综合单价（元）						24.51			

材料费明细	主要材料名称、规格、型号	单位	数量	单价（元）	合价（元）	暂估单价（元）	暂估合价（元）
	水泥综合	kg	6.362	0.366	2.33		
	砂子	kg	24.908	0.067	1.67		
	白灰	kg	1.658	0.23	0.38		
	界面剂	kg	0.016	1.84	0.03		
	其他材料费（元）			—	0.05	—	0
	材料费小计（元）			—	4.46	—	0

■ 3.3 天棚工程

3.3.1 天棚工程的工程量计算规则

1. 天棚抹灰

天棚抹灰的工程量按设计图示尺寸以水平投影面积计算，不扣除间壁墙、垛、柱、附墙烟囱、检查口和管道所占的面积，带梁天棚的梁两侧抹灰面积并入天棚面积内，板式楼梯底面抹灰按斜面积计算，锯齿形楼梯底板抹灰按展开面积计算。

2. 天棚吊顶

天棚吊顶的工程量按设计图示尺寸以水平投影面积计算，天棚面中的灯槽及跌级、锯齿形、吊挂式、藻井式天棚面积不展开计算，不扣除间壁墙、柱垛、附墙烟囱、检查口和管道所占的面积，扣除单个面积>$0.3m^2$的孔洞、独立柱及与天棚相连的窗帘盒所占的面积。

格栅吊顶、吊筒吊顶、藤条造型悬挂吊顶、织物软雕吊顶和装饰网架吊顶的工程量按设计图示尺寸以水平投影面积计算。

3. 采光天棚

采光天棚的工程量按框外围展开面积计算。

4. 天棚其他装饰

灯带（槽）的工程量按设计图示尺寸以框外围面积计算。

送风口、回风口的工程量按设计图示数量计算。

3.3.2 天棚工程的清单项目设置

1）天棚抹灰工程量清单项目设置、项目特征描述的内容、计量单位及工作内容，按表 3-25 的规定执行。

表 3-25　天棚抹灰（编码：011301）

项目编码	项目名称	项目特征	计量单位	工作内容
011301001	天棚抹灰	1. 基层类型 2. 抹灰厚度、材料种类 3. 砂浆配合比	m²	1. 基层清理 2. 底层抹灰 3. 抹面层

2）天棚吊顶工程量清单项目设置、项目特征描述的内容、计量单位及工作内容，按表 3-26 的规定执行。

表 3-26　天棚吊顶（编码：011302）

项目编码	项目名称	项目特征	计量单位	工作内容
011302001	吊顶天棚	1. 吊顶形式、吊杆规格、高度 2. 龙骨材料种类、规格、中距 3. 基层材料种类、规格 4. 面层材料品种、规格 5. 压条材料种类、规格 6. 嵌缝材料种类 7. 防护材料种类	m²	1. 基层清理、吊杆安装 2. 龙骨安装 3. 基层板铺贴 4. 面层铺贴 5. 嵌缝 6. 刷防护材料、油漆
011302002	格栅吊顶	1. 龙骨材料种类、规格、中距 2. 基层材料种类、规格 3. 面层材料品种、规格 4. 防护材料种类		1. 基层清理 2. 安装龙骨 3. 基层板铺贴 4. 面层铺贴 5. 刷防护材料
011302003	吊筒吊顶	1. 吊筒形状、规格、材料种类 2. 防护材料种类		1. 基层清理 2. 吊筒制作、安装 3. 刷防护材料
011302004	藤条造型悬挂吊顶	1. 骨架材料种类、规格 2. 面层材料品种、规格		1. 基层清理 2. 龙骨安装 3. 面层铺贴
011302005	织物软雕吊顶			
011302006	装饰网架吊顶	网架材料品种、规格		1. 基层清理 2. 网架制作、安装

3）采光天棚、天棚其他装饰工程量清单项目设置、项目特征描述的内容、计量单位及工作内容，按表 3-27 的规定执行。

表 3-27　采光天棚、天棚其他装饰（编码：011303~011304）

项目编码	项目名称	项目特征	计量单位	工作内容
011303001	采光天棚	1. 骨架类型 2. 固定类型、固定材料品种、规格 3. 面层材料品种、规格 4. 嵌缝、塞口材料种类	m²	1. 清理基层 2. 面层制作、安装 3. 嵌缝、塞口 4. 清洗
011304001	灯带(槽)	1. 灯带型式、尺寸 2. 格栅片材料品种、规格 3. 安装固定方式		安装、固定
011304002	送风口、回风口	1. 风口材料品种、规格 2. 安装固定方式 3. 防护材料种类	个	1. 安装、固定 2. 刷防护材料

注：采光天棚的骨架不包括在本节，应单独按第 2.6 节金属结构工程的相关项目编码列项。

【例 3-3】　计算【例 3-1】中某混合结构办公楼的天棚抹灰和涂料工程的清单工程量和综合单价。（暂不考虑楼梯底面抹灰的斜面积，保留小数点后两位数字）

【解】　天棚抹灰的清单工程量＝块料楼地面的清单工程量＝106.69m²

天棚涂料的清单工程量＝天棚抹灰的清单工程量＝块料楼地面的清单工程量＝106.69m²

天棚抹灰和涂料的清单综合单价见表 3-28。

工程名称：××工程

表 3-28　工程量清单综合单价分析表（天棚抹灰和涂料）

项目编码	011301001001	项目名称					天棚抹灰和涂料			计量单位		m²

标段：　　　　　　　　　　　　　　　　　　　　　　　　　　　第　页　共　页

清单综合单价组成明细

定额编号	定额名称	定额单位	数量	单价（元）				合价（元）			
				人工费	材料费	机械费	管理费和利润	人工费	材料费	机械费	管理费和利润
2-100	天棚面层装饰 混凝土现浇板 天棚抹灰 粉刷石膏	m²	1	6.95	5.76	0.27	5.36	6.95	5.76	0.27	5.36
2-109	天棚面层装饰 涂料 耐擦洗涂料	m²	1	3.12	2.92	0.11	2.43	3.12	2.92	0.11	2.43
人工单价		小计（元）						10.07	8.68	0.38	7.79
综合工日 70 元/工日		未计价材料费（元）							0		
	清单项目综合单价（元）								26.92		

材料费明细	主要材料名称、规格、型号	单位	数量	单价（元）	合价（元）	暂估单价（元）	暂估合价（元）
	水泥综合	kg	1.479	0.366	0.54		0
	建筑胶	kg	0.061	1.84	0.11		
	粉刷石膏	kg	7.23	0.7	5.06		
	白色耐擦洗涂料	kg	0.498	5.8	2.89		
	其他材料费（元）			—	0.08	—	0
	材料费小计（元）			—	8.68	—	

■ 3.4　油漆、涂料、裱糊工程

3.4.1　油漆、涂料、裱糊工程的工程量计算规则

1）木门油漆、木窗油漆、金属门油漆、金属窗油漆的工程量按设计图示数量或按设计图示洞口尺寸以面积计算。

2）木扶手、窗帘盒、封檐板、顺水板、挂衣板、黑板框、挂镜线、窗帘棍、单独木线油漆的工程量按设计图示尺寸以长度计算。

3）木材面油漆分以下四种情况计算：

① 木护墙、木墙裙油漆，窗台板、筒子板、盖板、门窗套、踢脚线油漆，清水板条天棚、檐口油漆，木方格吊顶天棚油漆，吸音板墙面、天棚面油漆，暖气罩油漆，以及其他木材面油漆的工程量按设计图示尺寸以面积计算。

② 木间壁、木隔断油漆，玻璃间壁露明墙筋油漆，木栅栏、木栏杆（带扶手）油漆的工程量按设计图示尺寸以单面外围面积计算。

③ 衣柜、壁柜油漆，梁柱饰面油漆，零星木装修油漆的工程量按设计图示尺寸以油漆部分展开面积计算。

④ 木地板油漆、木地板烫硬蜡面的工程量按设计图示尺寸以面积计算，空洞、空圈、暖气包槽、壁龛的开口部分并入相应的工程量内。

4）金属面油漆、金属构件刷防火涂料的工程量按设计图示尺寸以质量或按设计展开面积计算。

5）抹灰面油漆、满刮腻子、墙面喷刷涂料、天棚喷刷涂料、墙纸裱糊、织锦缎裱糊、木材构件喷刷防火涂料的工程量按设计图示尺寸以面积计算。

6）抹灰线条油漆、线条刷涂料的工程量按设计图示尺寸以长度计算。

7）空花格、栏杆刷涂料的工程量按设计图示尺寸以单面外围面积计算。

3.4.2　油漆、涂料、裱糊工程的清单项目设置

1）门油漆、窗油漆工程量清单项目设置、项目特征描述的内容、计量单位及工作内容，按表3-29的规定执行。

表 3-29　门油漆、窗油漆（编码：011401～011402）

项目编码	项目名称	项目特征	计量单位	工作内容
011401001	木门油漆	1. 门类型 2. 门代号及洞口尺寸 3. 腻子种类、刮腻子遍数 4. 防护材料种类 5. 油漆品种、刷漆遍数	1. 樘 2. m²	1. 金属门窗除锈、基层清理 2. 刮腻子 3. 刷防护材料、油漆
011401002	金属门油漆			

（续）

项目编码	项目名称	项目特征	计量单位	工作内容
011402001	木窗油漆	1. 窗类型 2. 窗代号及洞口尺寸 3. 腻子种类、刮腻子遍数 4. 油漆品种、刷漆遍数	1. 樘 2. m²	1. 金属门窗除锈、基层清理 2. 刮腻子 3. 刷防护材料、油漆
011402002	金属窗油漆	3. 防护材料种类		

2）木扶手及其他板条、线条油漆工程量清单项目设置、项目特征描述的内容、计量单位及工作内容，按表 3-30 的规定执行。

表 3-30　木扶手及其他板条、线条油漆（编码：011403）

项目编码	项目名称	项目特征	计量单位	工作内容
011403001	木扶手油漆	1. 断面尺寸 2. 腻子种类、刮腻子遍数 3. 防护材料种类 4. 油漆品种、刷漆遍数	m	1. 基层清理 2. 刮腻子 3. 刷防护材料、油漆
011403002	窗帘盒油漆			
011403003	封檐板、顺水板油漆			
011403004	挂衣板、黑板框油漆			
011403005	挂镜线、窗帘棍、单独木线油漆			

3）木材面油漆工程量清单项目设置、项目特征描述的内容、计量单位及工作内容，按表 3-31 的规定执行。

表 3-31　木材面油漆（编码：011404）

项目编码	项目名称	项目特征	计量单位	工作内容
011404001	木护墙、木墙裙油漆	1. 腻子种类 2. 刮腻子遍数 3. 防护材料种类 4. 油漆品种、刷漆遍数	m²	1. 基层清理 2. 刮腻子 3. 刷防护材料、油漆
011404002	窗台板、筒子板、盖板、门窗套、踢脚线油漆			
011404003	清水板条天棚、檐口油漆			
011404004	木方格吊顶天棚油漆			
011404005	吸音板墙面、天棚面油漆			
011404006	暖气罩油漆			
011404007	其他木材面			
011404008	木间壁、木隔断油漆			
011404009	玻璃间壁露明墙筋油漆			
011404010	木栅栏、木栏杆（带扶手）油漆			
011404011	衣柜、壁柜油漆			
011404012	梁柱饰面油漆			
011404013	零星木装修油漆			
011404014	木地板油漆			
011404015	木地板烫硬蜡面	1. 硬蜡品种 2. 面层处理要求		1. 基层清理 2. 烫蜡

4）金属面油漆、抹灰面油漆工程量清单项目设置、项目特征描述的内容、计量单位及工作内容，按表3-32的规定执行。

表3-32 金属面油漆、抹灰面油漆（编码：011405~011406）

项目编码	项目名称	项目特征	计量单位	工作内容
011405001	金属面油漆	1. 构件名称 2. 腻子种类 3. 刮腻子要求 4. 防护材料种类 5. 油漆品种、刷漆遍数	1. t 2. m²	
011406001	抹灰面油漆	1. 基层类型 2. 腻子种类 3. 刮腻子遍数 4. 防护材料种类 5. 油漆品种、刷漆遍数 6. 部位	m²	1. 基层清理 2. 刮腻子 3. 刷防护材料、油漆
011406002	抹灰线条油漆	1. 线条宽度、道数 2. 腻子种类 3. 刮腻子遍数 4. 防护材料种类 5. 油漆品种、刷漆遍数	m	
011406003	满刮腻子	1. 基层类型 2. 腻子种类 3. 刮腻子遍数	m²	1. 基层清理 2. 刮腻子

5）喷刷涂料工程量清单项目设置、项目特征描述的内容、计量单位及工作内容，按表3-33的规定执行。

表3-33 喷刷涂料（编码：011407）

项目编码	项目名称	项目特征	计量单位	工作内容
011407001	墙面喷刷涂料	1. 基层类型 2. 喷刷涂料部位 3. 腻子种类、刮腻子要求 4. 涂料品种、喷刷遍数	m²	1. 基层清理 2. 刮腻子 3. 刷、喷涂料
011407002	天棚喷刷涂料			
011407003	空花格、栏杆刷涂料	1. 腻子种类、刮腻子遍数 2. 涂料品种、喷刷遍数		
011407004	线条刷涂料	1. 基层清理 2. 线条宽度 3. 刮腻子遍数 4. 刷防火材料、油漆	m	
011407005	金属构件刷防火涂料	1. 喷刷防火涂料的构件名称 2. 防火等级要求 3. 涂料品种、喷刷遍数	1. m² 2. t	1. 基层清理 2. 刷防护材料、油漆
011407006	木材构件喷刷防火涂料		m²	1. 基层清理 2. 刷防火材料

6）裱糊工程量清单项目设置、项目特征描述的内容、计量单位及工作内容，按表3-34的规定执行。

表3-34　裱糊（编码：011408）

项目编码	项目名称	项目特征	计量单位	工作内容
011408001	墙纸裱糊	1. 基层类型 2. 裱糊构件部位 3. 腻子种类、刮腻子遍数 4. 黏结材料种类 5. 防护材料种类 6. 面层材料品种、规格、颜色	m²	1. 基层清理 2. 刮腻子 3. 面层铺粘 4. 刷防护材料
011408002	织锦缎裱糊			

3.4.3　其他相关问题说明

1）木门油漆应区分木大门、单层木门、双层（一玻一纱）木门、双层（单裁口）木门、全玻自由门、半玻自由门、装饰门及有框门或无框门等项目，分别编码列项。

2）木窗油漆应区分单层木窗、双层（一玻一纱）木窗、双层框扇（单裁口）木窗、双层框三层（二玻一纱）木窗、单层组合窗、双层组合窗、木百叶窗、木推拉窗等项目，分别编码列项。

3）金属门油漆应区分平开门、推拉门、钢制防火门等项目，分别编码列项。金属窗油漆应区分平开窗、推拉窗、固定窗、组合窗、金属隔栅窗等项目，分别编码列项。

4）木扶手应区分带托板与不带托板，分别编码列项。若是木栏杆带扶手，木扶手不应单独列项，应包含在木栏杆油漆中。

5）以平方米计量，项目特征可不必描述洞口尺寸。

6）喷刷墙面涂料部位要注明内墙或外墙。

【例3-4】　计算【例3-1】中某混合结构办公楼的办公室内墙面涂料、外墙面涂料的清单工程量和综合单价。（暂不考虑楼梯底面涂料的斜面积，保留小数点后两位数字）

【解】　办公室内墙面涂料的清单工程量=内墙面抹灰的清单工程量+门窗洞口侧壁的面积

$$=79.50m^2+0.07m×(2.1×2+0.9)m×2+0.08m×$$
$$1.5m×4×2$$
$$=81.17m^2$$

外墙面涂料的清单工程量=外墙面抹灰的清单工程量+门窗洞口侧壁的面积

$$=195.31m^2+0.13m×(1.2+2×2.4+0.9+2×2.1)m+9×0.2m×$$
$$1.5m×4$$
$$=207.55m^2$$

外墙面喷刷涂料和内墙面喷刷涂料的清单综合单价分别见表3-35和表3-36。

工程名称：××工程　　　　　　　　　　　　　　　　　　　　　　　　　　　　　　第　页　共　页

表3-35　工程量清单综合单价分析表（外墙面喷刷涂料）

项目编码	011407001001	项目名称	外墙面喷刷涂料	计量单位	m²

清单综合单价组成明细

定额编号	定额名称	定额单位	数量	单价（元）				合价（元）			
				人工费	材料费	机械费	管理费和利润	人工费	材料费	机械费	管理费和利润
3-28	外墙装修面层凹凸型 涂料 涂料	m²	1	4.1	15.75	0.53	4.05	4.1	15.75	0.53	4.05
人工单价	综合工日 70元/工日		小计（元）					4.1	15.75	0.53	4.05
			未计价材料费（元）					0			
清单项目综合单价（元）								24.43			

材料费明细	主要材料名称、规格、型号	单位	数量	单价（元）	合价（元）	暂估单价（元）	暂估合价（元）
材料费明细	水性封底漆（普通）	kg	0.113	6.7	0.76		0
	水性中间（层）涂料	kg	0.225	4.7	1.06		
	复层涂料背浆（喷涂型）	kg	1.8	4.3	7.74		
	水性耐候面漆（半光型）	kg	0.225	25.6	5.76		
	油性涂料配套稀释剂	kg	0.036	8	0.29		
	其他材料费（元）			—	0.15	—	0
	材料费小计（元）			—	15.76	—	0

表 3-36 工程量清单综合单价分析表（内墙面喷刷涂料）

工程名称：××工程　　　　　　　　　　　　　　　标段：　　　　　　　　　　　　　　　　　第　页　共　页

项目编码	011407001002	项目名称		内墙面喷刷涂料			计量单位	m²

清单综合单价组成明细

定额编号	定额名称	定额单位	数量	单价（元）				合价（元）			
				人工费	材料费	机械费	管理费和利润	人工费	材料费	机械费	管理费和利润
3-104	内墙装修 涂料及裱糊 面层 耐擦洗涂料	m²	1	2.83	2.15	0.09	2.16	2.83	2.15	0.09	2.16
人工单价			小计（元）					2.83	2.15	0.09	2.16
综合工日 70 元/工日			未计价材料费（元）					0			
清单项目综合单价（元）								7.23			

材料费明细	主要材料名称、规格、型号		单位	数量	单价（元）	合价（元）	暂估单价（元）	暂估合价（元）
	白色耐擦洗涂料		kg	0.3574	5.8	2.07	—	—
	乳液型建筑胶黏剂		kg	0.0306	1.6	0.05	—	—
	其他材料费（元）				—	0.03	—	0
	材料费小计（元）				—	2.15	—	0

■ 3.5 其他装饰工程

3.5.1 其他装饰工程的工程量计算规则

1. 柜类、货架

柜类、货架包括柜台、酒柜、衣柜、存包柜、鞋柜、书柜、厨房壁柜、木壁柜、厨房低柜、厨房吊柜、矮柜、吧台背柜、酒吧吊柜、酒吧台、展台、收银台、试衣间、货架、书架、服务台，其工程量按设计图示数量或按设计图示尺寸以延长米或按设计图示尺寸以体积计算。

2. 压条、装饰线

压条、装饰线的工程量按设计图示尺寸以长度计算。装饰线按材质分为金属装饰线、木质装饰线、石材装饰线、石膏装饰线、镜面玻璃线、铝塑装饰线、塑料装饰线、GRC装饰线条。

3. 扶手、栏杆、栏板装饰

扶手、栏杆、栏板装饰的工程量按设计图示以扶手中心线长度（包括弯头长度）计算。扶手、栏杆、栏板按材质分为金属、硬木、塑料、GRC、玻璃等。

4. 暖气罩

暖气罩包括饰面板暖气罩、塑料板暖气罩、金属暖气罩，其工程量按设计图示尺寸以垂直投影面积（不展开）计算。

5. 浴厕配件

洗漱台的工程量按设计图示数量或按设计图示尺寸以台面外接矩形面积计算。不扣除孔洞、挖弯、削角所占面积，挡板、吊沿板面积并入台面面积内。

晒衣架、帘子杆、浴缸拉手、卫生间扶手、毛巾杆（架）、毛巾环、卫生纸盒、肥皂盒的工程量：按设计图示数量计算。

镜面玻璃的工程量按设计图示尺寸以边框外围面积计算。

镜箱的工程量按设计图示数量计算。

6. 雨篷、旗杆

雨篷吊挂饰面和玻璃雨篷的工程量按设计图示尺寸以水平投影面积计算。

金属旗杆的工程量按设计图示数量计算。

7. 招牌、灯箱

平面、箱式招牌的工程量按设计图示尺寸以正立面边框外围面积计算。复杂形的凸凹造型部分不增加面积。

竖式标箱、灯箱、信报箱的工程量按设计图示数量计算。

8. 美术字

美术字包括泡沫塑料字、有机玻璃字、木质字、金属字、吸塑字，其工程量按设计图示数量计算。

3.5.2 其他装饰工程的清单项目设置

1）柜类、货架工程量清单项目设置、项目特征描述的内容、计量单位及工作内容，按表 3-37 的规定执行。

表 3-37　柜类、货架（编码：011501）

项目编码	项目名称	项目特征	计量单位	工作内容
011501001	柜台			
011501002	酒柜			
011501003	衣柜			
011501004	存包柜			
011501005	鞋柜			
011501006	书柜			
011501007	厨房壁柜			
011501008	木壁柜			
011501009	厨房低柜	1. 台柜规格		
011501010	厨房吊柜	2. 材料种类、规格	1. 个	1. 台柜制作、运输、安装（安放）
011501011	矮柜	3. 五金种类、规格 4. 防护材料种类	2. m 3. m³	2. 刷防护材料、油漆 3. 五金件安装
011501012	吧台背柜	5. 油漆品种、刷漆遍数		
011501013	酒吧吊柜			
011501014	酒吧台			
011501015	展台			
011501016	收银台			
011501017	试衣间			
011501018	货架			
011501019	书架			
011501020	服务台			

2）压条、装饰线工程量清单项目设置、项目特征描述的内容、计量单位及工作内容，按表3-38的规定执行。

表3-38 压条、装饰线（编码：011502）

项目编码	项目名称	项目特征	计量单位	工作内容
011502001	金属装饰线	1. 基层类型 2. 线条材料品种、规格、颜色 3. 防护材料种类	m	1. 线条制作、安装 2. 刷防护材料
011502002	木质装饰线			
011502003	石材装饰线			
011502004	石膏装饰线			
011502005	镜面玻璃线			
011502006	铝塑装饰线			
011502007	塑料装饰线			
011502008	GRC装饰线条	1. 基层类型 2. 线条规格 3. 线条安装部位 4. 填充材料种类		线条制作、安装

3）扶手、栏杆、栏板装饰工程量清单项目设置、项目特征描述的内容、计量单位及工作内容，按表3-39的规定执行。

表3-39 扶手、栏杆、栏板装饰（编码：011503）

项目编码	项目名称	项目特征	计量单位	工作内容
011503001	金属扶手、栏杆、栏板	1. 扶手材料种类、规格 2. 栏杆材料种类、规格 3. 栏板材料种类、规格、颜色 4. 固定配件种类 5. 防护材料种类	m	1. 制作、运输、安装 2. 刷防护材料
011503002	硬木扶手、栏杆、栏板			
011503003	塑料扶手、栏杆、栏板			
011503004	GRC栏杆、扶手	1. 栏杆的规格 2. 安装间距 3. 扶手类型、规格 4. 填充材料种类		
011503005	金属靠墙扶手	1. 扶手材料种类、规格 2. 固定配件种类 3. 防护材料种类		
011503006	硬木靠墙扶手			
011503007	塑料靠墙扶手			
011503008	玻璃栏杆	1. 栏杆玻璃的种类、规格、颜色 2. 固定方式、固定配件种类		

4）暖气罩工程量清单项目设置、项目特征描述的内容、计量单位及工作内容，按表3-40的规定执行。

表3-40 暖气罩（编码：011504）

项目编码	项目名称	项目特征	计量单位	工作内容
011504001	饰面板暖气罩	1. 暖气罩材质 2. 防护材料种类	m²	1. 暖气罩制作、运输、安装 2. 刷防护材料
011504002	塑料板暖气罩			
011504003	金属暖气罩			

5）浴厕配件工程量清单项目设置、项目特征描述的内容、计量单位及工作内容，按表3-41的规定执行。

表3-41 浴厕配件（编码：011505）

项目编码	项目名称	项目特征	计量单位	工作内容
011505001	洗漱台	1. 材料品种、规格、颜色 2. 支架、配件品种、规格	1. m² 2. 个	1. 台面及支架运输、安装 2. 杆、环、盒、配件安装 3. 刷油漆
011505002	晒衣架		个	
011505003	帘子杆			
011505004	浴缸拉手			
011505005	卫生间扶手			
011505006	毛巾杆（架）		套	1. 台面及支架制作、运输、安装 2. 杆、环、盒、配件安装 3. 刷油漆
011505007	毛巾环		副	
011505008	卫生纸盒		个	
011505009	肥皂盒			
011505010	镜面玻璃	1. 镜面玻璃品种、规格 2. 框材质、断面尺寸 3. 基层材料种类 4. 防护材料种类	m²	1. 基层安装 2. 玻璃及框制作、运输、安装
011505011	镜箱	1. 箱体材质、规格 2. 玻璃品种、规格 3. 基层材料种类 4. 防护材料种类 5. 油漆品种、刷漆遍数	个	1. 基层安装 2. 箱体制作、运输、安装 3. 玻璃安装 4. 刷防护材料、油漆

6）雨篷、旗杆工程量清单项目设置、项目特征描述的内容、计量单位及工作内容，按表3-42的规定执行。

表3-42 雨篷、旗杆（编码：011506）

项目编码	项目名称	项目特征	计量单位	工作内容
011506001	雨篷吊挂饰面	1. 基层类型 2. 龙骨材料种类、规格、中距 3. 面层材料品种、规格 4. 吊顶（天棚）材料品种、规格 5. 嵌缝材料种类 6. 防护材料种类	m²	1. 底层抹灰 2. 龙骨基层安装 3. 面层安装 4. 刷防护材料、油漆

（续）

项目编码	项目名称	项目特征	计量单位	工作内容
011506002	金属旗杆	1. 旗杆材料、种类、规格 2. 旗杆高度 3. 基础材料种类 4. 基座材料种类 5. 基座面层材料、种类、规格	根	1. 土石挖、填、运 2. 基础混凝土浇筑 3. 旗杆制作、安装 4. 旗杆台座制作、饰面
011506003	玻璃雨篷	1. 玻璃雨篷固定方式 2. 龙骨材料种类、规格、中距 3. 玻璃材料品种、规格 4. 嵌缝材料种类 5. 防护材料种类	m²	1. 龙骨基层安装 2. 面层安装 3. 刷防护材料、油漆

7）招牌、灯箱工程量清单项目设置、项目特征描述的内容、计量单位及工作内容，按表 3-43 的规定执行。

表 3-43 招牌、灯箱（编码：011507）

项目编码	项目名称	项目特征	计量单位	工作内容
011507001	平面、箱式招牌	1. 箱体规格 2. 基层材料种类 3. 面层材料种类 4. 防护材料种类	m²	1. 基层安装 2. 箱体及支架制作、运输、安装 3. 面层制作、安装 4. 刷防护材料、油漆
011507002	竖式标箱		个	
011507003	灯箱			
011507004	信报箱	1. 箱体规格 2. 基层材料种类 3. 面层材料种类 4. 保护材料种类 5. 户数	个	

8）美术字工程量清单项目设置、项目特征描述的内容、计量单位及工作内容，按表 3-44 的规定执行。

表 3-44 美术字（编码：011508）

项目编码	项目名称	项目特征	计量单位	工作内容
011508001	泡沫塑料字	1. 基层类型 2. 镌字材料品种、颜色 3. 字体规格 4. 固定方式 5. 油漆品种、刷漆遍数	个	1. 字制作、运输、安装 2. 刷油漆
011508002	有机玻璃字			
011508003	木质字			
011508004	金属字			
011508005	吸塑字			

■ 3.6 BIM 应用实例

某综合办公楼工程的建筑施工图和结构施工图分别见附录 A 和附录 B，工程做法见表 3-45 和表 3-46。现应用 BIM 计价软件对该工程装饰装修部分进行投标报价。具体报价表请登录机械工业出版社教育服务网（www.cmpedu.com）下载。

建筑工程计量与计价BIM应用

表 3-45　工程做法（一）

位置	房间名称	楼地面		踢脚		墙面		吊顶
地下一层	办公室、储藏室、档案室、管理用房	铺地砖楼面	1. 10mm厚铺地砖，稀水泥浆擦缝 2. 30mm厚1:3干硬性水泥砂浆黏结层 3. 素水泥浆1道（内掺建筑胶） 4. 现浇钢筋混凝土楼板	地砖踢脚	1. DTG砂浆勾缝 2. 粘贴5~6mm厚地砖 3. 5mm厚DTA砂浆黏结层 4. 8mm厚DP-HR砂浆打底 5. DP-HR砂浆勾实接缝、修补墙面、拉毛	白色涂料墙面	1. 喷（刷、辊）合成树脂乳液内墙涂料（抗菌）2道后再做面漆 2. 刷封底漆1道（干燥后再做面漆） 3. 2mm厚DP-HR砂浆罩面 4. 8mm厚DP-HR砂浆打底赶平 5. DP-HR砂浆勾实接缝、修补墙面、拉毛	
1层	办公室、打印室、值班室、展览室、阅览室、休息室、大厅、走道	铺地砖楼面	1. 10mm厚铺地砖，稀水泥浆擦缝 2. 30mm厚1:3干硬性水泥砂浆黏结层 3. 素水泥浆1道（内掺建筑胶） 4. 现浇钢筋混凝土楼板	地砖踢脚	1. DTG砂浆勾缝 2. 粘贴5~6mm厚地砖 3. 5mm厚DTA砂浆黏结层 4. 8mm厚DP-HR砂浆打底 5. DP-HR砂浆勾实接缝、修补墙面、拉毛	白色涂料墙面	1. 喷（刷、辊）合成树脂乳液内墙涂料（抗菌）2道后再做面漆 2. 刷封底漆1道（干燥后再做面漆） 3. 2mm厚DP-HR砂浆罩面 4. 8mm厚DP-HR砂浆打底赶平 5. DP-HR砂浆勾实接缝、修补墙面、拉毛	
2层、3层	办公室、打印室、值班室、阅览室、休息室、大厅、走道、资料室	铺地砖楼面	1. 10mm厚铺地砖，稀水泥浆擦缝 2. 30mm厚1:3干硬性水泥砂浆黏结层 3. 素水泥浆1道（内掺建筑胶） 4. 现浇钢筋混凝土楼板	地砖踢脚	1. DTG砂浆勾缝 2. 粘贴5~6mm厚地砖 3. 5mm厚DTA砂浆黏结层 4. 8mm厚DP-HR砂浆打底 5. DP-HR砂浆勾实接缝、修补墙面、拉毛	白色涂料墙面	1. 喷（刷、辊）合成树脂乳液内墙涂料（抗菌）2道后再做面漆 2. 刷封底漆1道（干燥后再做面漆） 3. 2mm厚DP-HR砂浆罩面 4. 8mm厚DP-HR砂浆打底赶平 5. DP-HR砂浆勾实接缝、修补墙面、拉毛	1. 板底5~10mm厚DP-G（粉刷石膏）抹平 2. 刮2mm厚耐水腻子 3. 刷涂料

（续）

位置	房间名称	楼地面	踢脚	墙面	吊顶
楼梯间	—	铺地砖楼面 1. 10mm 厚铺地砖，稀水泥浆擦缝 2. 30mm 厚 1：3 硬性水泥砂浆黏结层 3. 素水泥浆 1 道（内掺建筑胶） 4. 现浇钢筋混凝土楼板	地砖踢脚 1. DTG 砂浆勾缝 2. 粘贴 5~6mm 厚地砖 3. 5mm 厚 DTA 砂浆黏结层 4. 8mm 厚 DP-HR 砂浆打底 5. DP-HR 砂浆勾实接缝、修补墙面、拉毛	白色涂料墙面 1. 喷（刷、辊）合成树脂乳液内墙涂料（抗菌）2 道 2. 刷封底漆 1 道（干燥后再做面漆） 3. 2mm 厚 DP-HR 砂浆罩面 4. 8mm 厚 DP-HR 砂浆打底赶平 5. DP-HR 砂浆勾实接缝、修补墙面、拉毛	刷涂料顶棚面 1. 板底 5~10mm 厚 DP-G（粉刷石膏）抹平 2. 刮 2mm 厚耐水腻子 3. 刷涂料
卫生间	—	铺地砖防水楼面 1. 10mm 厚铺地砖，DTG 砂浆勾缝 2. 5mm 厚 DTA 砂浆黏结层 3. 20mm 厚 DS 干拌砂浆找平层 4. 1.5mm 厚聚合物水泥基防水涂料 5. 最薄 35mm 厚 C15 细石混凝土垫层找坡 1%，坡向地漏，随打随抹平，四周及竖管根部 DS 干拌砂浆抹成小八字角 6. 现浇钢筋混凝土楼板	地砖踢脚 1. DTG 砂浆勾缝 2. 粘贴 5~6mm 厚地砖 3. 5mm 厚 DTA 砂浆黏结层 4. 8mm 厚 DP-HR 砂浆打底 5. DP-HR 砂浆勾实接缝、修补墙面、拉毛	薄型面砖墙面（防水） 1. DTG 砂浆勾缝 2. 粘贴 5~6mm 厚面砖 3. 5mm 厚 DTA 砂浆黏结层 4. 防水层：1.5mm 厚聚合物水泥基防水涂料 5. 8mm 厚 DP-HR 砂浆打底 6. DP-HR 砂浆勾实接缝、修补墙面、拉毛	铝方板吊顶 1. 现浇钢筋混凝土板底预留 φ10mm 钢筋吊环（勾），双向中距≤1200mm（预制混凝土板底可在板缝内预留吊环） 2. φ6mm 钢筋吊杆，双向中距≤1200mm，吊杆上部与板底预留吊环（勾）固定 3. U 型轻钢主龙骨 CB30×12，中距≤1200mm，找平后与钢筋吊杆固定 4. T 型轻钢次骨 TB23×32（或 TB16×32），中距 600mm（或 500mm，1200mm） 5. T 型轻钢龙骨横撑 TB23×26（或 TB16×26），中距 600mm（或 500mm，1200mm） 6. 0.5~0.8mm 厚铝合金穿（或不穿）孔方板面层，嵌入安装

表 3-46 工程做法（二）

位置		做法	备注
外墙	涂料饰面	1. 喷（或刷）仿石面涂料 2. 喷仿石底涂料 3. 着色剂 4. 刷封底涂料增强黏结力 5. 12mm 厚 DP-LR 砂浆抹平	保温层为 50mm 厚 B1 级挤塑聚苯板
屋面	地砖面	1. 8~10mm 厚彩色釉面防滑地砖 2. 5~7mm 厚 DTA 砂浆 3. 50mm 厚 C20 混凝土，每 6m×6m 分缝，缝宽 10mm，缝内下部填 B1 级硬泡聚氨酯条，上部填密封膏 4. 0.4mm 厚聚氯乙烯塑料薄膜隔离层 5. 50mm 厚 B1 级挤塑聚苯板保温层（平屋 DZ-5） 6. 柔性防水层 7. 20mm 厚 DS 砂浆找平层 8. 最薄 30mm 厚 A 型复合轻集料垫层，找坡 2% 9. 钢筋混凝土屋面板	保温层为 50mm 厚 B1 级挤塑聚苯板

思 考 题

1. 什么是整体面层？如何计算整体面层的工程量？

2. 什么是块料面层？如何计算块料面层的工程量？

3. 楼梯面层的工程量包含哪些内容？如何计算？是否包括楼梯侧面和底面面层的工程量？

4. 天棚抹灰的工程量是否包括楼梯底面抹灰的面积？天棚抹灰的工程量是否包括板底梁两侧面抹灰的面积？

5. 如何计算墙柱面块料面层的工程量？

6. 油漆工程量的计算规则有哪些？

7. 装饰线的工程量是按设计图示长度以米计算吗？

8. 墙面抹灰的工程量是否等于墙面涂料的工程量？

习 题

一、单项选择题

1. 以下关于楼地面装饰工程的工程量计算规则正确的是（　　）。

A. 水泥砂浆楼地面整体面层应按设计图示尺寸以面积计算，并需要扣除间壁墙所占面积

B. 块料面层按设计图示尺寸以面积计算，不增加壁龛的开口部分的工程量

C. 竹、木（复合）地板工程量按设计图示尺寸以面积计算，门洞、空圈、暖气包槽、壁龛的开口部分并入相应的工程量内

D. 水泥砂浆踢脚线只能按设计图示长度乘以高度以面积计算，不能按延长米计算

2. 以下关于墙面装饰的工程量计算规则错误的是（   ）。

A. 外墙抹灰面积按外墙垂直投影面积计算

B. 外墙裙抹灰面积按中心线长度乘以高度计算

C. 内墙抹灰面积按主墙间的净长乘以高度计算

D. 内墙裙抹灰面积按内墙净长乘以高度计算

3. 以下关于天棚工程的工程量计算规则错误的是（   ）。

A. 天棚抹灰的工程量按设计图示尺寸以水平投影面积计算

B. 天棚抹灰工程量计算中不应扣除间壁墙、垛、柱、附墙烟囱、检查口和管道所占的面积

C. 板式楼梯底面抹灰按垂直面积计算

D. 锯齿形楼梯底板抹灰按展开面积计算

4. 以下关于油漆的工程量计算规则错误的是（   ）。

A. 木门油漆的工程量应按设计图示数量或按洞口尺寸以面积计算

B. 木扶手油漆、窗帘盒油漆的工程量应按设计图示尺寸以面积计算

C. 木间壁、木隔断油漆的工程量应按设计图示尺寸以单面外围面积计算

D. 金属面油漆的工程量应按设计图示尺寸以质量或按设计展开面积计算

二、多项选择题

1. 以下关于柱面装饰的工程量计算规则正确的有（   ）。

A. 柱（梁）面抹灰包括柱（梁）面一般抹灰、柱（梁）面装饰抹灰、柱（梁）面砂浆找平和柱面勾缝。其工程量按设计图示柱（梁）断面周长乘以高度（或长度）以面积计算

B. 柱（梁）面镶贴块料的工程量按镶贴表面积计算

C. 柱（梁）饰面的工程量按设计图示饰面外围尺寸以面积计算，柱帽并入相应天棚饰面工程量内

D. 成品装饰柱的工程量按设计数量或长度计算

E. 柱（梁）面抹灰的工程量按设计图示柱（梁）断面面积计算

2. 以下关于装饰工程的工程量计算规则正确的有（   ）。

A. 柜类、货架的工程量按设计图示数量或图示尺寸以延长米或以体积计算

B. 扶手、栏杆、栏板装饰的工程量按设计图示以扶手中心线长度（不包括弯头长度）计算

C. 压条、装饰线的工程量按设计图示尺寸以长度计算

D. 暖气罩的工程量按设计图示尺寸以垂直投影面积（不展开）计算

E. 天棚吊顶的工程量按设计图示尺寸以水平投影面积计算，天棚面中的灯槽及跌级、锯齿形、吊挂式、藻井式天棚面积展开计算

第4章

措施项目和其他项目工程量清单的编制与BIM应用

学习重点：建筑面积计算规则、措施项目清单和其他项目清单等相关内容。

学习目标：掌握建筑面积计算规则；熟悉措施项目清单和其他项目清单的编制以及BIM应用。

思政目标：结合工程实践，学习措施项目及其他项目工程量清单的编制要求，培养学生具备实事求是、开拓创新的行业精神。

■ 4.1　建筑面积计算规则

1. 建筑面积的概念及作用

建筑面积是指建筑物（包括墙体）所形成的楼地面面积，包括使用面积、辅助面积和结构面积。

使用面积是指建筑物各层平面中直接为生产或生活使用的净面积之和。例如，住宅建筑中的各居室、客厅等。

辅助面积是指建筑物各层平面中为辅助生产或辅助生活所占净面积之和。例如，住宅建筑中的楼梯、走道、厨房、厕所等。使用面积与辅助面积的总和称为有效面积。

结构面积是指建筑物各层平面中的墙、柱等结构所占面积的总和。

建筑面积是在统一计算规则下计算出来的重要指标，是用来反映基本建设管理工作中其他技术指标的基础指标。国家用建筑面积指标的数量计算和控制建设规模；设计单位要按单位建筑面积的技术经济指标评定设计方案的优劣；物资管理部门按照建筑面积分配主要材料指标；统计部门要使用建筑面积指标进行各种数据统计分析；施工企业用每年开、竣工建筑面积表达其工作成果；建设单位要用建筑面积计算房屋折旧或收取房租。因此学习和掌握建筑面积的计算规则是十分重要的。

2. 计算建筑面积的规定

《建筑工程建筑面积计算规范》（GB/T 50353—2013）自2014年7月1日起实施。该规范为工业与民用建筑工程面积的统一计算方法，适用于新建、扩建、改建的工业与民用建筑工程建设全过程的建筑面积计算，包括工业厂房、仓库、公共建筑、居住建筑、农业生产用房、车站等建筑面积的计算。《民用建筑通用规范》（GB 55031—2022）自2023年3月1日起实施，该规范为强制性工程建设规范，其中的3.1条对建筑面积计算有调整。本节结合以上两个规范，对建筑面积计算规则做出详细解释。建筑物透视图如图4-1所示。

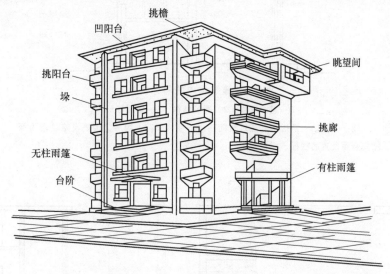

图4-1　建筑物透视图

1）建筑物的建筑面积应按自然层外墙结构外围水平面积之和计算。自然层是指按楼地面结构分层的楼层。单层建筑物应按不同的结构高度计算其建筑面积，多层建筑物应分楼层按不同的结构高度分别计算其建筑面积。计算时，对建筑结构高度划分总体规定如下：

① 结构层高在2.20m及以上的，应计算全面积；结构层高在2.20m以下的，不计算建筑面积。结构层高是指楼面或地面结构层上表面至上部结构层上表面之间的垂直距离。建筑物最底层的结构层高，有基础底板的按基础底板上表面结构至上层楼面的结构标高之间的垂直距离；没有基础底板的按地面标高至上层楼面结构标高之间的垂直距离。最上一层的结构层高是其楼面结构标高至屋面板板面结构标高之间的垂直距离。

② 斜面结构板顶高度在2.20m及以上的建筑空间，应计算全面积；高度在2.20m以下的，不计算建筑面积。斜面结构如坡屋顶、场馆看台、斜围护结构（斜墙）等下面的建筑空间，因其上部结构多为斜板，故采用"斜面结构板顶高度"尺寸划定建筑面积的计算范围和对应规则。这是《民用建筑通用规范》（GB 55031—2022）第3.1.4条做出的重大调整。

2）建筑物内设有局部楼层时，对于局部楼层的二层及以上楼层，有围护结构的应按其围护结构外围水平面积计算，无围护结构的应按其结构底板水平面积计算。建筑物内的局部楼层如图4-2所示。

【例4-1】 建筑物内有局部2层楼，层高均为3m，如图4-3所示。试计算该建筑物的建筑面积。

【解】 其建筑面积为 $ab+a'b'$。

3）场馆室内单独设置的有围护设施的悬挑看台，应按看台结构底板水平投影面积计

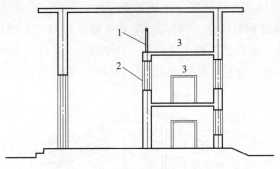

图 4-2　建筑物内的局部楼层

1—围护设施　2—围护结构　3—局部楼层

注：围护结构是指围合建筑空间四周的墙体、门、窗等。围护设施是指为保
障安全而设置的栏杆、栏板等围挡。

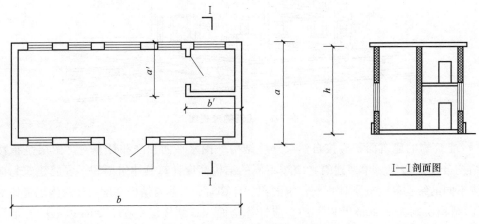

图 4-3　建筑物平面图及剖面图

算建筑面积。有顶盖无围护结构的场馆看台应按其顶盖水平投影面积的 1/2 计算面积。

4）地下室、半地下室应按其结构外围水平面积计算。

出入口外墙外侧坡道有顶盖的部位，应按其外墙结构外围水平面积的 1/2 计算面积。

地下室是指室内地平面低于室外地平面的高度超过室内净高的 1/2 的房间。半地下室
是指室内地平面低于室外地平面的高度超过室内净高的 1/3，且不超过 1/2 的房间。

出入口坡道分有顶盖出入口坡道和无顶盖出入口坡道。顶盖以设计图为准，无顶盖出
入口坡道以及对后增加和建设单位自行增加的顶盖等，不计算建筑面积。顶盖不分材料种
类（如钢筋混凝土顶盖、彩钢板顶盖、阳光板顶盖等）。出入口坡道顶盖的挑出长度，为
顶盖结构外边线至外墙结构外边线的长度。地下室出入口如图 4-4 所示。

5）建筑物架空层及坡地建筑物吊脚架空层，应按其顶板水平投影计算建筑面积。既
适用于建筑物吊脚架空层、深基础架空层建筑面积的计算，也适用于目前部分住宅、学校
教学楼等工程在底层架空或在二楼或以上某个甚至多个楼层架空，作为公共活动、停车、
绿化等空间的建筑面积的计算。建筑物吊脚架空层如图 4-5 所示。架空层是指仅有结构支
撑而无外围护结构的开敞空间层。

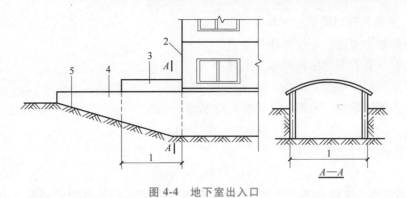

图 4-4　地下室出入口

1—计算 1/2 投影面积部位　2—主体建筑　3—出入口顶盖　4—封闭出入口侧墙　5—出入口坡道

6）建筑物的门厅、大厅应按一层计算建筑面积，门厅、大厅内设置的走廊应按走廊结构底板水平投影面积计算建筑面积。大厅内走廊如图 4-6 所示。

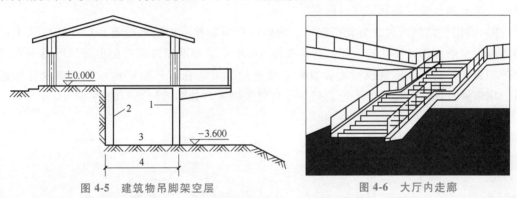

图 4-5　建筑物吊脚架空层

图 4-6　大厅内走廊

1—柱　2—墙　3—吊脚架空层　4—计算建筑面积部位

7）建筑物间的架空走廊，有顶盖和围护结构的，应按其围护结构外围水平面积计算全面积；无围护结构、有围护设施的，应按其结构底板水平投影面积计算 1/2 面积。架空走廊是指专门设置在建筑物的二层或二层以上，作为不同建筑物之间水平交通的空间。

【例 4-2】　计算图 4-7 所示架空走廊的建筑面积。

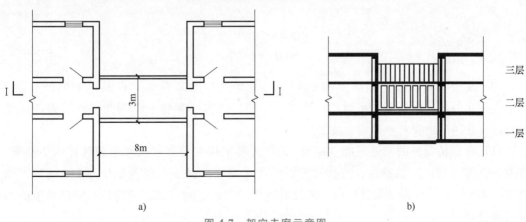

a)

b)

图 4-7　架空走廊示意图

a）平面图　b）Ⅰ—Ⅰ剖面图

【解】 架空走廊的建筑面积计算如下：

一层为建筑物通道：不计算建筑面积。

二层为有顶盖和围护结构的架空走廊：

$$8m \times 3m = 24m^2$$

三层为无围护结构、有围护设施的架空走廊：

$$8m \times 3m \times 0.5 = 12m^2$$

架空走廊的建筑面积共计：

$$24m^2 + 12m^2 = 36m^2$$

8）立体书库、立体仓库、立体车库，有围护结构的，应按其围护结构外围水平面积计算建筑面积；无围护结构、有围护设施的，应按其结构底板水平投影面积计算建筑面积。无结构层的应按一层计算，有结构层的应按其结构层面积分别计算。

起局部分隔、储存等作用的书架层、货架层或可升降的立体钢结构停车层均不属于结构层，故该部分分层不计算建筑面积。

9）有围护结构的舞台灯光控制室、附属在建筑物外墙的落地橱窗和门斗应按其围护结构外围水平面积计算建筑面积。门斗如图4-8所示。落地橱窗是指凸出外墙面且根基落地的橱窗，如在商业建筑临街面设置的下槛落地、可落在室外地坪也可落在室内首层地板，用来展览各种样品的玻璃窗。门斗是指建筑物入口处两道门之间的空间。

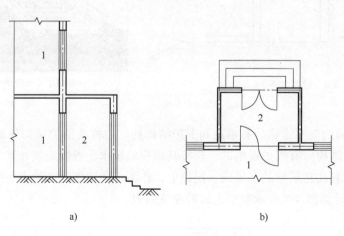

a)   b)

图4-8 门斗

1—室内 2—门斗

10）窗台与室内楼地面高差在0.45m以下且结构净高在2.10m及以上的凸（飘）窗，应按其围护结构外围水平面积计算1/2面积。凸窗（飘窗）是指为房间采光和美化造型而设置的凸出建筑物外墙面的窗户。

11）有围护设施的室外走廊（挑廊），应按其结构底板水平投影面积计算1/2面积；有围护设施（或柱）的檐廊，应按其围护设施（或柱）外围水平面积计算1/2面积。檐廊如图4-9所示。挑廊是指挑出建筑物外墙的水平交通空间。檐廊是指建筑物挑檐下的水平交通空间。

12）门廊应按其顶板的水平投影面积的1/2计算建筑面积；有柱雨篷应按其结构板水

图 4-9　檐廊

1—檐廊　2—室内　3—不计算建筑面积部位　4—计算 1/2 建筑面积部位

平投影面积的 1/2 计算建筑面积；无柱雨篷的结构外边线至外墙结构外边线的宽度在 2.10m 及以上的，应按雨篷结构板的水平投影面积的 1/2 计算建筑面积。门廊是指建筑物入口前有顶棚的半围合空间。

雨篷分为有柱雨篷（包括独立柱雨篷、多柱雨篷、柱墙混合支撑雨篷、墙支撑雨篷）和无柱雨篷（悬挑雨篷）。有柱雨篷，没有挑出宽度的限制，也不受跨越层数的限制，均计算建筑面积。无柱雨篷，其结构板不能跨层，并受挑出宽度的限制，设计挑出宽度大于或等于 2.10m 时才计算建筑面积。挑出宽度是指雨篷结构外边线至外墙结构外边线的宽度，弧形或异形时，取最大宽度。

如凸出建筑物，且不单独设立顶盖，利用上层结构板（如楼板、阳台底板）进行遮挡，则不视为雨篷，不计算建筑面积。对于无柱雨篷，如顶盖高度达到或超过两个楼层时，也不视为雨篷，不计算建筑面积。

13）围护结构不垂直于水平面的楼层，应按其底板面的外墙外围水平面积计算。

目前很多建筑设计追求新、奇、特，造型越来越复杂，很多时候根本无法明确区分什么是围护结构、什么是屋顶，因此对于斜围护结构（斜墙）与斜屋顶采用相同的计算规则，即只要外壳倾斜，就按结构净高划段，分别计算建筑面积。斜围护结构如图 4-10 所示。

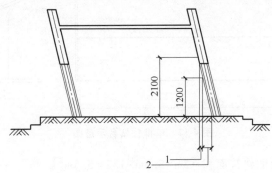

图 4-10　斜围护结构

1—计算 1/2 建筑面积部位　2—不计算建筑面积部位

14）建筑物的室内楼梯、电梯井、提物井、管道井、通风排气竖井、烟道，应并入建筑物的自然层计算建筑面积。

有顶盖的采光井按一层计算面积。特别说明的是，其结构净高在 2.10m 及以上的，应计算全面积；结构净高在 2.10m 以下的，应计算 1/2 面积。

建筑物的楼梯间层数按建筑物的层数计算。有顶盖的采光井包括建筑物中的采光井和地下室采光井。地下室采光井如图 4-11 所示。

15）室外楼梯应并入所依附建筑物自然层，并应按其水平投影面积的 1/2 计算建筑面积。

室外楼梯作为连接该建筑物层与层之间交通不可缺少的基本部件，无论从其功能还是工程计价的要求来说，均需计算建筑面积。层数为室外楼梯所依附的楼层数，即梯段部分投影到建筑物范围的层数。利用室外楼梯下部的建筑空间不得重复计算建筑面积；利用地势砌筑的室外踏步，不计算建筑面积。

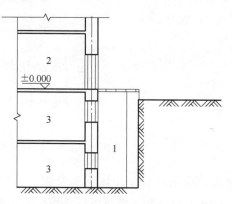

图 4-11　地下室采光井

1—采光井　2—室内　3—地下室

16）阳台建筑面积应按围护设施外表面所围空间水平投影面积的 1/2 计算；当阳台封闭时，应按其外围护结构外表面所围空间的水平投影面积计算。

17）有顶盖无围护结构的车棚、货棚、站台、加油站、收费站等，应按其顶盖水平投影面积的 1/2 计算建筑面积。

计算车棚、货棚、站台、加油站、收费站等的面积时，由于建筑技术的发展，出现许多新型结构，如柱不再是单纯的直立的柱，而出现正 V 形柱、倒 Λ 形柱等不同类型的柱，此时建筑面积应依据顶盖的水平投影面积的 1/2 计算。在车棚、货棚、站台、加油站、收费站内设有围护结构的管理室、休息室等的建筑面积，另按相应规则计算。

【例 4-3】　如图 4-12 所示，计算单排柱站台的建筑面积。

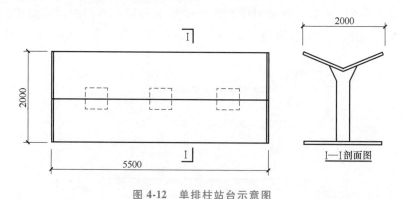

图 4-12　单排柱站台示意图

【解】　单排柱站台的建筑面积 = 2m×5.5m×1/2 = 5.5m^2

18）以幕墙作为围护结构的建筑物，应按幕墙外边线计算建筑面积。

幕墙以其在建筑物中所起的作用和功能来区分，直接作为外墙起围护作用的幕墙

（围护性幕墙），按其外边线计算建筑面积；设置在建筑物墙体外起装饰作用的幕墙（装饰性幕墙），不计算建筑面积。

19）建筑物的外墙外保温层，应按其保温材料的水平截面面积计算，并计入自然层建筑面积。

建筑物外墙外侧有保温隔热层的，保温隔热层以保温材料的净厚度乘以外墙结构外边线长度按建筑物的自然层计算建筑面积，其外墙外边线长度不扣除门窗和建筑物外已计算建筑面积构件（如阳台、室外走廊、门斗、落地橱窗等部件）所占长度。当建筑物外已计算建筑面积的构件（如阳台、室外走廊、门斗、落地橱窗等部件）有保温隔热层时，其保温隔热层也不再计算建筑面积。外墙是斜面者按楼面楼板处的外墙外边线长度乘以保温材料的净厚度计算。外墙外保温以沿高度方向满铺为准，某层外墙外保温铺设高度未达到全部高度时（不包括阳台、室外走廊、门斗、落地橱窗、雨篷、飘窗等），不计算建筑面积。保温隔热层的建筑面积是以保温隔热材料的厚度来计算的，不包含抹灰层、防潮层、保护层（墙）的厚度。建筑外墙外保温如图 4-13 所示。

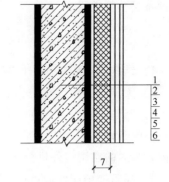

图 4-13　建筑外墙外保温
1—墙体　2—黏结胶浆　3—保温材料
4—标准网　5—加强网
6—抹面胶浆　7—计算建筑面积部位

20）与室内相通的变形缝，应按其自然层合并在建筑物建筑面积内计算。对于高低联跨的建筑物，当高低跨内部连通时，其变形缝应计算在低跨面积内。变形缝一般分为伸缩缝、沉降缝、抗震缝三种。室内相通的变形缝是指暴露在建筑物内，在建筑物内可以看得见的变形缝。

高低跨单层建筑物建筑面积计算示意图如图 4-14 所示。图 4-14a 的高跨宽为 b_1，图 4-14b 的高跨宽为 b_4。

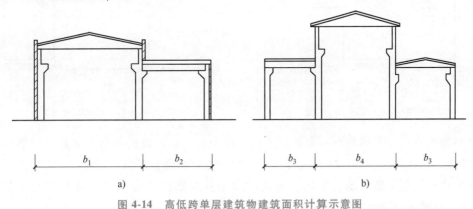

图 4-14　高低跨单层建筑物建筑面积计算示意图

21）设在建筑物顶部的、有围护结构的楼梯间、水箱间、电梯机房等，结构层高在 2.20m 及以上的应计算全面积，结构层高在 2.20m 以下的，应计算 1/2 面积。

22）对于建筑物内的设备层、管道层、避难层等有结构层的楼层，结构层高在 2.20m 及以上的，应计算全面积；结构层高在 2.20m 以下的，应计算 1/2 面积。建筑物内的设备管道夹层如图 4-15 所示。

设备层、管道层的具体功能虽与普通楼层不同，但在结构上及施工消耗上并无本质区别，且自然层为"按楼地面结构分层的楼层"，因此，设备、管道楼层归为自然层，其计算规则与普通楼层相同。在吊顶空间内设置管道的，则吊顶空间部分不能被视为设备层、管道层。

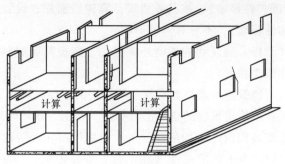

图 4-15　建筑物内的设备管道夹层

3. 不计算建筑面积的项目

1）结构层高或斜面结构板顶高度小于 2.20m 的建筑空间。

2）无顶盖的建筑空间。

3）与建筑物内不相连通的建筑部件。例如：附属在建筑外围护结构上的构（配）件；依附于建筑物外墙外不与户室开门连通，起装饰作用的敞开式挑台（廊）、平台；不与阳台相通的空调室外机搁板（箱）等设备平台部件。

4）建筑物中用作城市街巷通行的公共交通空间，如骑楼、过街楼底层的开放公共空间和建筑物通道。骑楼如图 4-16 所示，过街楼如图 4-17 所示。骑楼是指建筑底层沿街面后退且留出公共人行空间的建筑物。过街楼是指跨越道路上空并与两边建筑相连接的建筑物。建筑物通道是指为穿过建筑物而设置的空间。

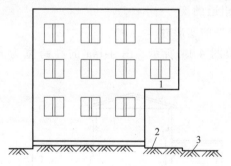

图 4-16　骑楼
1—骑楼　2—人行道　3—街道

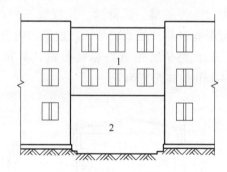

图 4-17　过街楼
1—过街楼　2—建筑物通道

5）舞台及后台悬挂幕布和布景的天桥、挑台等。影剧院的舞台及为舞台服务的可供上人维修、悬挂幕布、布置灯光及布景等搭设的天桥和挑台等构件设施。

6）露台、露天游泳池、花架、屋顶的水箱及装饰性结构构件。露台是指设置在屋面、首层地面或雨篷上的供人室外活动的有围护设施的平台。

7）建筑物内的操作平台、上料平台、安装箱和罐体的平台。建筑物内不构成结构层的操作平台、上料平台（包括工业厂房、搅拌站和料仓等建筑中的设备操作控制平台、上料平台等），其主要作为室内构筑物或设备服务的独立上人设施。

8）勒脚、附墙柱、垛、台阶、墙面抹灰、装饰面、镶贴块料面层、装饰性幕墙，主体结构外的空调室外机搁板（箱）、构件、配件，挑出宽度在 2.10m 以下的无柱雨篷和顶盖高度达到或超过两个楼层的无柱雨篷。凸出墙外的勒脚、附墙柱垛、台阶、墙面抹灰、装饰面、镶贴块料面层、装饰性幕墙、主体结构外的空调室外机搁板（箱）、构件、配件，以及挑出宽度在 2.10m 以下的无柱雨篷和顶盖高度达到或超过两个楼层的无柱雨篷等均不属于建筑结构。

9）窗台与室内地面高差在 0.45m 以下且结构净高在 2.10m 以下的凸（飘）窗，窗台与室内地面高差在 0.45m 及以上的凸（飘）窗。凸窗（飘窗）既作为窗，就有别于楼（地）板的延伸，也就是不能把楼（地）板延伸出去的窗称为凸窗（飘窗）。凸窗（飘窗）的窗台应只是墙面的一部分且距（楼）地面应有一定的高度。

10）室外爬梯、室外专用消防钢楼梯。室外钢楼梯需要区分具体用途，如专用于消防楼梯，则不计算建筑面积。如果是建筑物唯一通道，兼用于消防，则需要按室外楼梯计算建筑面积。

11）无围护结构的观光电梯。无围护结构的观光电梯本身属于设备，不宜计算建筑面积。

12）建筑物以外的地下人防通道，以及独立于建筑物之外的各类构筑物，如独立的烟囱、烟道、地沟、油（水）罐、气柜、水塔、贮油（水）池、贮仓、栈桥等构筑物。

4. 建筑物檐高的计算方法

由于建筑物檐高的不同，则选择垂直运输机械的类型也有所差异，同时也影响劳动力和机械的生产率，所以准确地计算檐高，对工程造价的确定有着重要的意义。建筑物檐高的计算方法如下：

1）平屋顶带挑檐者，从室外设计地坪标高算至挑檐下皮的高度，如图 4-18 所示。

2）平屋顶带女儿墙者，从室外设计地坪标高算至屋顶结构板上皮的高度，如图 4-19 所示。

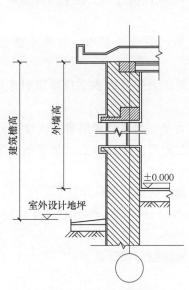

图 4-18　平屋顶带挑檐建筑物
檐高、外墙高示意图

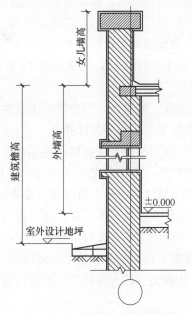

图 4-19　平屋顶带女儿墙建筑物
檐高、外墙高示意图

3）坡屋面或其他曲面屋顶，从室外设计地坪标高算至墙（支撑屋架的墙）的中心线与屋面板交点的高度。

4）阶梯式建筑物，按高层的建筑物计算檐高。

5）凸出屋面的水箱间、电梯间、楼梯间、亭台楼阁等均不计算檐高。

■ 4.2 措施项目清单

4.2.1 措施项目的工程量计算规则

1. 脚手架工程

1）综合脚手架的工程量按建筑面积计算。

2）外脚手架、里脚手架、整体提升架、外装饰吊篮的工程量按所服务对象的垂直投影面积计算。

3）悬空脚手架、满堂脚手架的工程量按搭设的水平投影面积计算。

4）挑脚手架的工程量按搭设长度乘以搭设层数以延长米计算。

2. 混凝土模板及支架（撑）

1）基础、矩形柱、构造柱、异形柱、基础梁、矩形梁、异形梁、圈梁、过梁、弧形梁、拱形梁、直形墙、弧形墙、短肢剪力墙、电梯井壁、有梁板、无梁板、平板、拱板、薄壳板、空心板、其他板、栏板、天沟、檐沟、其他现浇构件的工程量均按模板与现浇混凝土构件的接触面积计算。

2）扶手、散水、后浇带的工程量分别按模板与扶手、散水、后浇带的接触面积计算。

3）雨篷、悬挑板、阳台板的工程量按图示外挑部分尺寸的水平投影面积计算，挑出墙外的悬臂梁及板边不另计算。

4）楼梯的工程量按楼梯（包括休息平台、平台梁、斜梁和楼层板的连接梁）的水平投影面积计算，不扣除宽度≤500mm的楼梯井所占面积，楼梯踏步、踏步板、平台梁等侧面模板不另计算，伸入墙内部分也不增加。

5）电缆沟、地沟的工程量按模板与电缆沟、地沟接触的面积计算。

6）台阶的工程量按图示台阶水平投影面积计算，台阶端头两侧不另计算模板面积。架空式混凝土台阶的工程量按现浇楼梯计算。

7）化粪池、检查井的工程量按模板与混凝土的接触面积计算。

3. 垂直运输

垂直运输的工程量按建筑面积或按施工工期日历天数计算。

4. 超高施工增加

超高施工增加的工程量按建筑物超高部分的建筑面积计算。

5. 大型机械设备进出场及安拆

大型机械设备进出场及安拆的工程量按使用机械设备的数量计算。

6. 施工排水、降水

1）成井的工程量按设计图示尺寸以钻孔深度计算。

2）排水、降水的工程量按排水、降水日历天数计算。

7. 安全文明施工及其他措施项目

安全文明施工、夜间施工、非夜间施工照明、二次搬运费、冬雨季施工、地上地下设施及建筑物的临时保护设施、已完工程及设备保护等项目应根据工程实际情况计算措施项目费用，需分摊的应合理计算摊销费用。

4.2.2　措施项目的清单项目设置

1）脚手架工程工程量清单项目设置、项目特征描述的内容、计量单位及工作内容，按表4-1的规定执行。

表 4-1　脚手架工程（编码：011701）

项目编码	项目名称	项目特征	计量单位	工作内容
011701001	综合脚手架	1. 建筑结构形式 2. 檐口高度	m²	1. 场内、场外材料搬运 2. 搭、拆脚手架、斜道、上料平台 3. 安全网的铺设 4. 选择附墙点与主体连接 5. 测试电动装置、安全锁等 6. 拆除脚手架后材料的堆放
011701002	外脚手架	1. 搭设方式、搭设高度 2. 脚手架材质		1. 场内、场外材料搬运 2. 搭、拆脚手架、斜道、上料平台 3. 安全网的铺设 4. 拆除脚手架后材料的堆放
011701003	里脚手架			
011701004	悬空脚手架	1. 搭设方式、悬挑宽度 2. 脚手架材质		
011701005	挑脚手架		m	
011701006	满堂脚手架	1. 搭设方式、搭设高度 2. 脚手架材质		
011701007	整体提升架	1. 搭设方式及启动装置 2. 搭设高度	m²	1. 场内、场外材料搬运 2. 选择附墙点与主体连接 3. 搭、拆脚手架、斜道、上料平台 4. 安全网的铺设 5. 测试电动装置、安全锁等 6. 拆除脚手架后材料的堆放

（续）

项目编码	项目名称	项目特征	计量单位	工作内容
011701008	外装饰吊篮	1. 升降方式及启动装置 2. 搭设高度及吊篮型号	m²	1. 场内、场外材料搬运 2. 吊篮的安装 3. 测试电动装置、安全锁、平衡控制器等 4. 吊篮的拆卸

2）混凝土模板及支架（撑）工程量清单项目设置、项目特征描述的内容、计量单位及工作内容，按表4-2的规定执行。

表4-2　混凝土模板及支架（撑）（编码：011702）

项目编码	项目名称	项目特征	计量单位	工作内容
011702001	基础	基础类型	m²	1. 模板制作 2. 模板安装、拆除、整理堆放及场内外运输 3. 清理模板黏结物及模内杂物、刷隔离剂等
011702002	矩形柱			
011702003	构造柱			
011702004	异形柱	柱截面形状		
011702005	基础梁	梁截面形状		
011702006	矩形梁	支撑高度		
011702007	异形梁	梁截面形状、支撑高度		
011702008	圈梁			
011702009	过梁			
011702010	弧形、拱形梁	梁截面形状、支撑高度		
011702011	直形墙			
011702012	弧形墙			
011702013	短肢剪力墙、电梯井壁			
011702014	有梁板			
011702015	无梁板			
011702016	平板			
011702017	拱板	支撑高度		
011702018	薄壳板			
011702019	空心板			
011702020	其他板			
011702021	栏板			
011702022	天沟、檐沟	构件类型		
011702023	雨篷、悬挑板、阳台板	构件类型、板厚度		
011702024	楼梯	类型		
011702025	其他现浇构件	构件类型		
011702026	电缆沟、地沟	沟类型、沟截面		

（续）

项目编码	项目名称	项目特征	计量单位	工作内容
011702027	台阶	台阶踏步宽	m²	1. 模板制作 2. 模板安装、拆除、整理堆放及场内外运输 3. 清理模板黏结物及模内杂物、刷隔离剂等
011702028	扶手	扶手断面尺寸		
011702029	散水			
011702030	后浇带	后浇带部位		
011702031	化粪池	化粪池部位、规格		
011702032	检查井	检查井部位、规格		

3）垂直运输工程量清单项目设置、项目特征描述的内容、计量单位及工作内容，按表4-3的规定执行。

表4-3　垂直运输（编码：011703）

项目编码	项目名称	项目特征	计量单位	工作内容
011703001	垂直运输	1. 建筑物建筑类型及结构形式 2. 地下室建筑面积 3. 建筑物檐口高度、层数	1. m² 2. 天	1. 垂直运输机械的固定装置、基础制作、安装 2. 行走式垂直运输机械轨道的铺设、拆除、摊销

4）超高施工增加工程量清单项目设置、项目特征描述的内容、计量单位及工作内容，按表4-4的规定执行。

表4-4　超高施工增加（编码：011704）

项目编码	项目名称	项目特征	计量单位	工作内容
011704001	超高施工增加	1. 建筑物建筑类型及结构形式 2. 建筑物檐口高度、层数 3. 单层建筑物檐口高度超过20m，多层建筑物超过6层部分的建筑面积	m²	1. 建筑物超高引起的人工工效降低以及由于人工工效降低引起的机械降效 2. 高层施工用水加压水泵的安装、拆除及工作台班 3. 通信联络设备的使用及摊销

5）大型机械设备进出场及安拆工程量清单项目设置、项目特征描述的内容、计量单位及工作内容，按表4-5的规定执行。

表4-5　大型机械设备进出场及安拆（编码：011705）

项目编码	项目名称	项目特征	计量单位	工作内容
011705001	大型机械设备进出场及安拆	1. 机械设备名称 2. 机械设备规格、型号	台次	1. 安拆费包括施工机械、设备在现场进行安装拆卸所需人工、材料、机械和试运转费用以及机械辅助设施的折旧、搭设、拆除等费用 2. 进出场费包括施工机械、设备整体或分体自停放地点运至施工现场或由一施工地点运至另一施工地点所发生的运输、装卸、辅助材料等费用

建筑工程计量与计价BIM应用

6）施工排水、降水工程量清单项目设置、项目特征描述的内容、计量单位及工作内容按表4-6的规定执行。

表4-6　施工排水、降水（编码：011706）

项目编码	项目名称	项目特征	计量单位	工作内容
011706001	成井	1. 成井方式 2. 地层情况 3. 成井直径 4. 井（滤）管类型、直径	m	1. 准备钻孔机械、埋设护筒、钻机就位；泥浆制作、固壁；成孔、出碴、清孔等 2. 对接上、下井管（滤管），焊接，安放，下滤料，洗井，连接试抽等
011706002	排水、降水	1. 机械规格、型号 2. 降排水管规格	昼夜	1. 管道安装、拆除、场内搬运等 2. 抽水、值班、降水设备维修等

7）安全文明施工及其他措施项目工程量清单项目设置、工作内容及包含范围按表4-7的规定执行。

表4-7　安全文明施工及其他措施项目（编码：011707）

项目编码	项目名称	工作内容及包含范围
011707001	安全文明施工	环境保护、文明施工、安全施工、临时设施
011707002	夜间施工	1. 夜间固定照明灯具和临时可移动照明灯具的设置、拆除 2. 夜间施工时，施工现场交通标志、安全标牌、警示灯等的设置、移动、拆除 3. 包括夜间照明设备及照明用电、施工人员夜班补助、夜间施工劳动效率降低等
011707003	非夜间施工照明	为保证工程施工正常进行，在地下室等特殊施工部位施工时所采用的照明设备的安拆、维护及照明用电等
011707004	二次搬运	由于施工场地条件限制而发生的材料、成品、半成品等一次运输不能到达堆放地点，必须进行的二次或多次搬运
011707005	冬雨季施工	1. 冬雨（风）季施工时，增加的临时设施（防寒保温、防雨、防风设施）的搭设、拆除 2. 冬雨（风）季施工时，对砌体、混凝土等采用的特殊加温、保温和养护措施 3. 冬雨（风）季施工时，施工现场的防滑处理、对影响施工的雨雪的清除 4. 包括冬雨（风）季施工时增加的临时设施、施工人员的劳动保护用品、冬雨（风）季施工劳动效率降低等
011707006	地上、地下设施、建筑物的临时保护设施	在工程施工过程中，对已建成的地上、地下设施和建筑物进行的遮盖、封闭、隔离等必要保护措施
011707007	已完工程及设备保护费	对已完工程及设备采取的覆盖、包裹、封闭、隔离等必要保护措施

4.2.3　其他相关问题说明

1）使用综合脚手架时，不再使用外脚手架、里脚手架等单项脚手架；综合脚手架适用于能够按"建筑面积计算规则"计算建筑面积的建筑工程脚手架，不适用于房屋加层、构筑物及附属工程脚手架。

2）同一建筑物有不同檐高时，按建筑物的不同檐高，做纵向分割，分别计算建筑面积，以不同檐高编列清单项目。

3）整体提升架已包括 2m 高的防护架体设施。

4）脚手架材质可以不描述，但应注明由投标人根据工程实际情况按照《建筑施工扣件式钢管脚手架安全技术规范》（JGJ 130—2011）、《建筑施工附着升降脚手架管理暂行规定》（建〔2000〕230 号）等规范自行确定。

5）原槽浇灌的混凝土基础，不计算模板。

6）混凝土模板及支架（撑）项目，只适用于以平方米计量，按模板与现浇混凝土构件的接触面积计算。以立方米计量的模板及支撑（支架），按混凝土及钢筋混凝土实体项目执行，其综合单价中应包含模板及支撑（支架）。

7）采用清水模板时，应在特征中注明。

8）若现浇混凝土梁、板支撑高度超过 3.6m 时，项目特征应描述支撑高度。

9）建筑物的檐口高度是指设计室外地坪至檐口滴水的高度（平屋顶是指屋面板底高度），凸出主体建筑物屋顶的电梯机房、楼梯出口间、水箱间、瞭望塔、排烟机房等不计入檐口高度。单层建筑物檐口高度超过 20m，多层建筑物超过 6 层时，可按超高部分的建筑面积计算超高施工增加。计算层数时，地下室不计入层数。

10）垂直运输是指施工工程在合理工期内所需垂直运输机械。

■ 4.3　其他项目清单

1. 其他项目清单的内容及其概念

（1）暂列金额　暂列金额是指发包人在工程量清单中暂定并包括在工程合同价款中的一笔款项，用于施工合同签订时尚未确定或者不可预见的所需材料、工程设备、服务的采购，施工中可能发生的工程变更、合同约定调整因素出现时的工程价款调整以及发生的索赔、现场签证确认等的费用。

（2）暂估价　暂估价是指发包人在工程量清单中提供的，用于支付在施工过程中必然发生，但在工程施工合同签订时暂不能确定价格的材料单价和专业工程金额，包括材料（工程设备）暂估价和专业工程暂估价。专业工程暂估价应分不同专业估算，列出明细表及其包含内容等。因适用暂估价的主动权和决定权在发包人，发包人可以利用有关暂估价的规定，在合同中将必然发生但暂时不能确定价格的材料、工程设备和专业工程以暂估价的形式确定下来。暂估价包括材料暂估单价和专业工程暂估单价。

（3）计日工　计日工是指在施工过程中，承包人完成发包人提出的工程合同范围以外的零星项目或工作，按合同中约定的单价计价的一种方式。

（4）总承包服务费　总承包服务费是指总承包人为配合、协调发包人进行的专业工程发包，对发包人自行采购的材料、工程设备等进行保管以及施工现场管理、竣工资料汇总整理等服务所需的费用。

2. 其他项目清单的计价规则

1）暂列金额由发包人根据工程特点，按有关计价规定估算，施工过程中由发包人掌握使用、扣除合同价款调整后如有余额，归发包人。暂列金额明细按表4-8详列，如不能详列，也可只列暂定金额总额。

表4-8 暂列金额明细表

工程名称： 标段： 第 页 共 页

序号	子目名称	计量单位	暂列金额			备注
			除税金额（元）	税金（元）	含税金额（元）	
1						
2						
3						
4						
5						

注：此表由招标人填写，如不能详列，也可只列暂定金额总额，投标人应将上述暂列金额计入投标总价中。

2）暂估价没有明确的计算方式。暂估价通常是招标文件中所标示的关于在工程中所必然发生的费用的一个预估价格。由于材料和工程设备的价格会因为工程实际情况的变化发生变化，因此该价格只能通过预计的方式给出。通常合同双方会在合同中约定相关条款来调整暂估价格以确定实际价格。暂估价明细分成材料（工程设备）暂估价（见表4-9）、专业工程暂估价（见表4-10）。

表4-9 材料（工程设备）暂估价表

工程名称：

序号	材料(设备)名称、规格、型号	计量单位	暂估单价(元)	备注
1				
2				
3				

表4-10 专业工程暂估价表

工程名称：

序号	工程名称	工程内容	暂估价金额				备注
			除税金额（元）	税金（元）	含税金额（元）	人工费+机械费占比（%）	
1							
2							
3							

3）计日工由发承包双方按施工过程中的签证计价。计日工计价明细按实际发生列表。表4-11列项为某一具体工程招标时的计日工表。

表 4-11 计日工表

工程名称：

编号	子目名称	单位	暂定数量	综合单价(元)	合价(元)
一	劳务(人工)				
1	混凝土工	工日			
2	木工	工日			
3	瓦工	工日			
4	钢筋工	工日			
5	普工	工日			
	人工小计				
二	材料				
1	钢筋 $\phi 10mm$ 以外	kg			
2	生石灰	kg			
3	砂子	kg			
4	灰土 2∶8	m^3			
5	水泥(综合)	kg			
	材料小计				
上述材料表中未列出的材料设备,投标人计取的包括企业管理费、利润(不包括规费和税金)在内的固定百分比:					%
三	施工机械				
1	交流电焊机 32kV·A	台班			
2	塔式起重机 100t·m	台班			
	施工机械小计				

4）总承包服务费由发包人在最高投标限价中根据总承包服务范围和有关计价规定编制，承包人投标时自主报价，施工过程中按签约合同价执行。按总承包服务费计价表（见表4-12）详列。

表 4-12 总承包服务费计价表

工程名称：

序号	项目名称	项目价值(元)	服务内容	计算基数	费率(%)	金额(元)
1	发包人发包专业工程					
2	发包人提供材料					
3						

注：此表项目名称、服务内容由招标人填写，编制最高投标限价时，费率及金额由招标人按有关计价规定确定；投标时，费率及金额由投标人自由报价，计入投标总价中。

3. 规费和税金

规费是指按国家法律、法规规定，由省级政府和省级有关权力部门规定必须缴纳或计取的费用，包括养老保险费、失业保险费、医疗保险费、工伤保险费、生育保险费、住房公积金。税金是指国家税法规定的应计入建筑安装工程造价内的增值税。

发承包双方均应按照省、自治区、直辖市或行业建设主管部门发布标准计算规费和税金，不得作为竞争性费用。规费、税金项目清单与计价表见表 4-13。如出现表中未涉及的项目，也应根据省级政府或省级有关部门的规定列项。

表 4-13 规费、税金项目清单与计价表

工程名称：　　　　　　　　　　　　标段：　　　　　　　　　　　　第　页　共　页

序号	项目名称	计算基础	计算基数	费率(%)	金额(元)
1	规费	定额人工费			
1.1	社会保险费	定额人工费			
(1)	养老保险费	定额人工费			
(2)	失业保险费	定额人工费			
(3)	医疗保险费	定额人工费			
(4)	工伤保险费	定额人工费			
(5)	生育保险费	定额人工费			
1.2	住房公积金	定额人工费			
1.3	工程排污费	按工程所在地环境保护部门收取标准,按实计入			
2	税金	分部分项工程费+措施项目费+其他项目费+规费-按规定不计税的工程设备金额			
合计					

■ 4.4 BIM 应用实例

某综合办公楼工程的建筑施工图和结构施工图分别见附录 A 和附录 B，该工程报价时的清单概预算表见表 4-14 ~ 表 4-16，具体报价请登录机械工业出版社教育服务网（www.cmpedu.com）下载。现应用 BIM 计价软件对该工程措施项目和其他项目、规费、税金进行投标报价。

表 4-14 清单概预算 （一）

工程名称：×××综合办公楼　　　　　　　　　　　　　　　　　　　　　　　　　　　　第 1 页　共 3 页

序号	编码	名称	单位	项目特征	工程量	人工费（元）	材料费（元）	机械费（元）	管理费（元）	利润（元）	综合单价（元）	综合合价（元）
	A.12	措施项目										
1	011701001001	综合脚手架	m²	1. 建筑结构形式：框架结构 2. 檐口高度：11.9m	2739.8935	13.79	19.03	0.94	3.11	2.59	39.46	108116.2
	17-15	综合脚手架±0.000以上工程 框架结构 6层以下 搭拆	100m²		27.4	1165.22	791.17	91.77	189.45	156.63	2394.24	65602.18
	17-16	综合脚手架±0.000以上工程 框架结构 6层以下 租赁	100m²		5479.79	1.07	5.56	0.01	0.61	0.51	7.76	42523.17
2	011701001002	综合脚手架	m²	1. 建筑结构形式：框架结构 2. 檐口高度：11.9m	712.9609	8.58	7.88	1.01	1.61	1.34	20.43	14565.79
	17-5	综合脚手架±0.000以下工程 有地下室 搭拆	100m²		7.13	817.19	541.6	100.49	134.98	111.6	1705.86	12162.78
	17-6	综合脚手架±0.000以下工程 有地下室 租赁	100m²		606.02	0.48	2.9	0.01	0.31	0.26	3.96	2399.84
3	011701003001	里脚手架	m²	1. 搭设高度：3.9m 2. 脚手架材质：钢管	34.4396	10.4	4.63	2.68	1.64	1.36	20.7	712.9
	17-27	吊顶装修脚手架 （3.6m以上） 层高4.5m以内 搭拆	100m²		0.34	1053	343.43	271.56	154.29	127.56	1949.84	662.95
	17-28	吊顶装修脚手架 （3.6m以上） 层高4.5m以内 租赁	100m²		8.27		5.17		0.48	0.4	6.05	50.03
4	011701003002	里脚手架	m²	1. 搭设高度：3.9m 2. 脚手架材质：钢管	1238.0856	5.66	5.62	2.66	1.29	1.06	16.29	20168.41
	17-31	天棚装修脚手架 （3.6m以上） 层高4.5m以内 搭拆	100m²		12.38	566.52	261.75	265.66	101.19	83.66	1278.78	15831.3
	17-32	天棚装修脚手架 （3.6m以上） 层高4.5m以内 租赁	100m²		1002.85		3.71		0.34	0.28	4.33	4342.34
5	011702001001	基础	m²	复合模板	48.3202	27.82	227.47	2.76	23.87	19.73	301.65	14575.79
	17-49	满堂基础 复合模板	m²		48.32	27.82	227.47	2.76	23.87	19.73	301.65	14575.73
6	011702002001	矩形柱	m²	复合模板	712.85	52.24	18.25	5.63	7.04	5.82	88.98	63429.39

投标人：　　　　　　　　　（盖章）

法定代表人或委托代理人：　　　　　　　　　（签字盖章）　　　　　　　　　　　　　　日期：2023 年 5 月 18 日

表 4-15　清单概预算（二）

工程名称：×××综合办公楼　　　　　　第 2 页　共 3 页

序号	编码	名称	项目特征	单位	工程量	人工费（元）	材料费（元）	机械费（元）	管理费（元）	利润（元）	综合单价（元）	综合合价（元）
7	17-58	矩形柱　复合模板	支撑高度:3.9m	m²	712.85	52.24	18.25	5.63	7.04	5.82	88.98	63429.39
	011702002002	矩形柱		m²	16.32	3.88	0.28	0.64	0.44	0.37	5.61	91.56
	17-71	柱支撑高度 3.6m 以上每增 1m		m²	16.32	3.88	0.28	0.64	0.44	0.37	5.61	91.56
8	011702003001	构造柱　复合模板		m²	234.8056	40.98	20.25	3.33	5.97	4.94	75.47	17720.78
	17-62	构造柱		m²	234.81	40.98	20.25	3.33	5.97	4.94	75.47	17721.11
9	011702003002	构造柱	支撑高度:3.9m	m²	78.9156	3.88	0.28	0.64	0.44	0.37	5.61	442.72
	17-71	柱支撑高度 3.6m 以上每增 1m		m²	78.92	3.88	0.28	0.64	0.44	0.37	5.61	442.74
10	011702006001	矩形梁　复合模板		m²	1168.73	64.6	31.93	6.93	9.57	7.91	120.94	141346.21
	17-74	矩形梁　复合模板		m²	1168.73	64.6	31.93	6.93	9.57	7.91	120.94	141346.21
11	011702006002	矩形梁	支撑高度:3.9m	m²	193.5621	1.69	2.23	3.02	0.64	0.53	8.11	1569.79
	17-91	梁支撑高度 3.6m 以上每增 1m		m²	193.56	1.69	2.23	3.02	0.64	0.53	8.11	1569.77
12	011702009001	过梁　复合模板		m²	134.4746	44.58	283.73	3.61	30.7	25.38	388	52176.14
	17-85	过梁　复合模板		m²	134.47	44.58	283.74	3.61	30.7	25.38	388.01	52175.7
13	011702011001	直形墙　大钢模板		m²	1479.1696	18.72	11.43	2.53	3.02	2.5	38.2	56504.28
	17-95	直形墙　大钢模板		m²	1479.17	18.72	11.43	2.53	3.02	2.5	38.2	56504.29
14	011702014001	有梁板　复合模板		m²	2211.0023	55.68	201.91	7.73	24.54	20.29	310.15	685742.36
	17-112	有梁板　复合模板		m²	2211	55.68	201.91	7.73	24.54	20.29	310.15	685741.65
15	011702014002	有梁板	支撑高度:3.9m	m²	554.3	8.18	0.46	1.03	0.89	0.74	11.3	6263.59
	17-130	板支撑高度 3.6m 以上每增 1m		m²	554.3	8.18	0.46	1.03	0.89	0.74	11.3	6263.59
16	011702016001	平板　复合模板		m²	18.785	47.19	24.93	3.56	7	5.79	88.47	1661.91
	17-118	平板　复合模板		m²	18.79	47.18	24.92	3.56	7	5.79	88.45	1661.98
17	011702024001	楼梯　复合模板		m²	112.0572	132.37	317.71	15.68	43.08	35.62	544.46	61010.66
	17-137	楼梯　直形		m²	112.06	132.37	317.7	15.68	43.08	35.62	544.45	61011.07
18	011702027001	台阶　复合模板		m²	23.01	31.85	19.11	4.14	5.1	4.21	64.41	1482.07
	17-142	台阶		m²	23.01	31.85	19.11	4.14	5.1	4.21	64.41	1482.07

投标人：　　　　　　　　　　　（盖章）

法定代表人或委托代理人：　　　（签字盖章）　　　　　　　　　　　　日期：2023 年 5 月 18 日

表 4-16 清单概预算表 (三)

工程名称：×××综合办公楼

序号	编码	名称	单位	项目特征	工程量	人工费(元)	材料费(元)	机械费(元)	管理费(元)	利润(元)	综合单价(元)	综合合价(元)
19	0117030001001	垂直运输	m²	1. 建筑物建筑类型及结构形式：现浇框架结构 2. 建筑物檐口高度、层数：11.9m、3层	3452.8544	15.36	23.13	17.62	5.19	4.29	65.59	226472.72
	17-159	垂直运输 6层以下 现浇框架结构 首层层建筑面积 2500m² 以内	m²		3452.85	15.36	23.13	17.62	5.19	4.29	65.59	226472.43
20	0117030001002	垂直运输	m³	1. 建筑物建筑类型及结构形式：现浇框架结构 2. 建筑物檐口高度、层数：11.9m、3层	1466.6746	2.08	1.4	2.18	0.52	0.43	6.61	9694.72
	17-195	泵送混凝土增加费 地泵	m³		1466.67	2.08	1.4	2.18	0.52	0.43	6.61	9694.69
21	01B001	工程水电费	m²	工程水电费	3452.8544		16.88		1.56	1.29	19.73	68124.82
	16-9	工程水电费 公共建筑工程全 现浇、框架结构 檐高(25m以下) 五环以内	m²		3452.85		16.88		1.56	1.29	19.73	68124.73
		分部小计【措施项目】										1551872.81
		合 计										1551872.81

投标人：

法定代表人或委托代理人：

(盖章)

(签字盖章)

日期：2023 年 5 月 18 日

思 考 题

1. 措施项目费包括哪些内容？如何计算？投标时是否可以竞争？
2. 其他项目费中的暂列金额、计日工和总承包服务费是指什么？
3. 规费包括哪些内容？如何计算？投标时是否可以竞争？
4. 建筑物的哪些部位应计算一半的建筑面积？
5. 建筑物的哪些部位不计算建筑面积？
6. 建筑物的哪些部位按自然层计算建筑面积？
7. 措施项目包括哪些内容？按建筑面积计算工程量的是哪项措施项目费？
8. 同一建筑物有不同檐高时，相关的措施项目费有哪些？如何计算工程量？
9. 安全文明施工费的工作内容包括哪些？

习 题

一、单项选择题

1. 封闭挑阳台的建筑面积计算规则是（ ）。

A. 按净空面积的一半计算　　　　　　B. 按水平投影面积计算

C. 按水平投影面积的一半计算　　　　D. 不计算

2. 平屋顶带女儿墙和电梯间的建筑物，计算檐高从室外设计地坪作为计算起点，算至（ ）。

A. 女儿墙顶部标高　　　　　　　　　B. 电梯间结构顶板上皮标高

C. 屋顶结构板上皮标高　　　　　　　D. 墙体中心线与屋面板交点的高度

3. 需要计算檐高的是（ ）。

A. 凸出屋面的电梯间、楼梯间　　　　B. 凸出屋面的亭、阁

C. 层高小于 2.2m 的设备层　　　　　D. 女儿墙

4. 一栋 4 层坡屋顶住宅楼，勒脚以上结构外围水平面积每层 930m^2，1~3 层各层层高均为 3.0m；建筑物顶层全部加以利用，净高超过 2.1m 的面积为 400m^2，净高在 1.2~2.1m 的面积为 200m^2，其余部分净高小于 1.2m。该住宅的建筑面积是（ ）m^2。

A. 3200　　　　B. 3300　　　　C. 3400　　　　D. 3720

5. 在建筑面积计算规则中，以下（ ）部位要计算建筑面积。

A. 宽度 2.2m 的无柱雨罩　　　　　　B. 附墙柱

C. 台阶　　　　　　　　　　　　　　D. 烟囱、水塔

6. 两建筑物间有顶盖和围护结构的架空走廊的建筑面积按（ ）。

A. 不计算

B. 围护结构外围水平面积计算

C. 走廊顶盖水平投影面积的 1/2 计算

D. 走廊底板净面积计算

7. 某建筑物的飘窗，窗台与室内楼地面高差为 0.45m、结构净高为 2.80m，其建筑面积应按（　　　）。

A. 窗台板水平投影面积的 1/2 计算

B. 其围护结构外围水平面积的 1/2 计算

C. 其围护结构外围水平面积计算

D. 不计算

8. 利用坡屋顶内空间时，计算全面积的净高分界点为（　　　）。

A. 1.2m　　　　　　B. 1.5m　　　　　　C. 1.8m　　　　　　D. 2.1m

二、多项选择题

1. 在建筑安装工程费中，下列各项费用中，属于规费的有（　　　）。

A. 安全文明施工费　　　　　　　　B. 住房公积金

C. 二次搬运费　　　　　　　　　　D. 已完工程及设备保护费

E. 工程排污费

2. 下列各项费用中，属于措施项目费的有（　　　）。

A. 安全文明施工费　　　　　　　　B. 夜间施工费

C. 建设单位的临时办公室　　　　　D. 已完工程及设备保护费

E. 工程排污费

3. 以下说法正确的有（　　　）。

A. 建筑物通道（骑楼、过街楼的底层）应计算建筑面积

B. 建筑物内的变形缝应按自然层合并在建筑面积内计算

C. 屋顶水箱、花架、凉棚、露台、露天游泳池应计算建筑面积

D. 建筑物外墙保温应计算建筑面积

E. 封闭阳台按全面积计算建筑面积

第 5 章

建筑工程计量与支付及BIM 全过程造价管理

> **学习重点**：工程变更、工程索赔、合同价款调整、合同价款的支付等相关内容。
>
> **学习目标**：掌握工程变更、工程索赔、合同价款调整、合同价款的支付；了解 BIM 的工程造价全过程管理。
>
> **思政目标**：在学习如何将全过程经济分析应用于土木工程实践过程中，培养学生具备追求卓越、一丝不苟的工匠精神。

■ 5.1 工程变更

工程建设投资巨大，建设周期长，建设条件千差万别，涉及的经济关系和法律关系比较复杂，受自然条件和客观条件因数的影响大。所以，几乎所有工程项目在实施过程中，实际情况与招标投标时的情况都会有所变化，进而引起工程变更。

1）发包人的变更指令。发包人对工程的内容、标准、进度等提出新要求，修改项目计划，增减预算等。

2）勘察设计问题。建设工程设计中存在问题是难以避免的，即便是国有大型名牌设计院也不例外。施工中常见的勘察设计问题主要有：地质勘察资料不准确，设计错误和漏项，设计深度不够，各专业工程图中存在矛盾，施工图提供不及时等。

3）监理人的不当指令。

4）承包人的原因。承包人的施工条件限制、施工质量出现问题、提出便于施工的要求、对设计意图理解的偏差、合理化的建议等。

5）工程施工条件发生变化。施工周围环境条件变化、异常气候条件的影响、不可抗力事件、不利的物质条件等。

6）新技术、新方法和新工艺改变原有设计、实施方案和实施计划。

7）法律、法规、规章和政策发生变化提出新的要求等。

以上这些情况常常会导致工程变更，使得合同条件改变、工程量增减、工程项目变化、施工计划调整等，从而最终引起合同价款调整。

5.1.1 工程变更的范围和变更权

合同工程实施过程中，由发包人提出或由承包人提出经发包人批准的合同工程任何一项工作的增、减、取消或施工工艺、顺序、时间的改变，设计图的修改，施工条件的改变，招标工程量清单的错、漏都会引起合同条件的改变或工程量的增减变化。

发包人和监理人均可以提出变更。变更指令均通过监理人发出，监理人发出变更指令前应征得发包人同意。承包人收到经发包人签认的变更指令后，方可实施变更。未经许可，承包人不得擅自对工程的任何部分进行变更。

涉及设计变更的，应由设计人提供变更后的设计图和说明。如变更超过原设计标准或批准的建设规模时，发包人应及时办理规划、设计变更等审批手续。

承包人按照监理人发出的变更指令及有关要求，进行下列需要的变更：

1）增加或减少合同中任何工作，或追加额外的工作。

2）取消合同中任何工作，但转由他人实施的工作除外。

3）改变合同中任何工作的质量标准或其他特性。

4）改变工程的基线、标高、位置和尺寸。

5）改变工程的时间安排或实施顺序。

发包人提出变更的，应通过监理人向承包人发出变更指令，变更指令应说明计划变更的工程范围和变更的内容。

监理人提出变更建议的，需要向发包人以书面形式提出变更计划，说明计划变更的工程范围和变更的内容、理由，以及实施该变更对合同价格和工期的影响。发包人同意变更的，由监理人向承包人发出变更指令。发包人不同意变更的，监理人无权擅自发出变更指令。

承包人提出合理化建议的，应向监理人提交合理化建议说明，说明建议的内容和理由，以及实施该建议对合同价格和工期的影响。监理人应在收到承包人提交的合理化建议后7天内审查完毕并报送发包人，发现其中存在技术上的缺陷，应通知承包人修改。发包人应在收到监理人报送的合理化建议后7天内审批完毕。合理化建议经发包人批准的，监理人应及时发出变更指令。合理化建议降低了合同价格或者提高了工程经济效益的，发包人可对承包人给予奖励。

5.1.2　工程变更估价

1. 变更估价程序

承包人应在收到变更指令后14天内，向监理人提交变更估价申请。监理人应在收到承包人提交的变更估价申请后7天内审查完毕并报送发包人，监理人对变更估价申请有异议，通知承包人修改后重新提交。发包人应在承包人提交变更估价申请后14天内审批完毕。发包人逾期未完成审批或未提出异议的，视为认可承包人提交的变更估价申请。

因变更引起的价格调整应计入最近一期的进度款中支付。

2. 变更估价原则

承包人收到监理人下达的变更指令后，认为不能执行变更的，应立即提出不能执行该变更指令的理由。承包人认为可以执行变更的，应当书面说明实施该变更指令对合同价格和工期的影响。

工程变更引起已标价工程量清单（预算书）项目或其工程数量发生变化，除合同另有约定外，变更工程项目的单价按照下列规定确定，也称变更估价三原则。

1）已标价工程量清单或预算书有相同项目的，按照相同项目单价认定。

2）已标价工程量清单或预算书中无相同项目，但有类似项目的，参照类似项目的单价认定。

3）变更导致实际完成的变更工程量与已标价工程量清单或预算书中列明的该项目工程量的变化幅度超过15%的；或已标价工程量清单或预算书中无相同项目及类似项目单价的，按照合理的成本与利润构成的原则，由合同当事人协商确定。

3. 变更估价的确定

1）变更估价中的相同项目是指项目采用的材料、施工工艺和方法相同，也不因此改变关键线路上工作的作业时间。变更估价中的类似项目是指项目采用的材料、施工工艺和方法基本相同，也不改变关键线路上工作的作业时间。可仅就其变更后的差异部分参考类似项目的单价，由发承包双方确认新的项目单价。例如：某工程，原设计的现浇混凝土柱的强度等级为C35。施工过程中，业主要求设计将建筑层数增加一层。在通过报批手续后，设计将框架柱的混凝土强度等级变更为C40。此时，造价人员仅可用C40混凝土价格替换C35混凝土价格，其余不变，组成新的项目单价。

2）已标价工程量清单或预算书中无相同项目及类似项目单价的，承包人可根据变更工程资料、计量规则、计价办法、工程造价管理机构发布的信息价格和承包人报价浮动率提出变更工程项目的单价，并报发包人确认后调整。

承包人报价浮动率可按下列公式计算：

招标工程　　　　承包人报价浮动率 $L = \left(1 - \dfrac{中标价}{最高投标限价} \right) \times 100\%$　　　　　(5-1)

非招标工程　　　承包人报价浮动率 $L = \left(1 - \dfrac{报价}{施工图预算} \right) \times 100\%$　　　　　(5-2)

3）工程变更和工程量偏差导致实际完成的变更工程量与已标价工程量清单或预算书中列明的该项目工程量增加超过15%以上时，增加部分工程量的单价应予调低；当工程量减少15%以上时，减少后剩余部分工程量的单价应予调高。计算公式如下：

① 当 $Q_1 > 1.15Q_0$ 时

$$S = 1.15Q_0 P_0 + (Q_1 - 1.15Q_0)P_1 \tag{5-3}$$

② 当 $Q_1 < 0.85Q_0$ 时

$$S = Q_1 P_1 \tag{5-4}$$

式中　S——调整后的某一分部分项工程费结算价；

　　　Q_1——最终完成的工程量；

　　　Q_0——招标工程量清单中列出的工程量；

　　　P_1——按照最终完成工程量重新调整后的单价；

　　　P_0——承包人在工程量清单中填报的单价。

4）已标价工程量清单或预算书中无相同项目及类似项目单价的，且工程造价管理机构发布的信息价格缺价的，由承包人根据变更工程资料、计量规则、计价办法和通过市场调查等取得有合法依据的市场价格提出变更工程项目的单价，并报发包人确认后调整。

5）措施项目费调整。工程变更引起施工方案改变并使措施项目发生变化时，承包人提出调整措施项目费的，应事先将拟实施的方案提交发包人确认，并应详细说明与原方案措施项目相比的变化情况，拟实施的方案经发承包双方确认后执行，并应按照下列规定调整措施项目费：

① 安全文明施工费应按照实际发生变化的措施项目按国家或省级、行业建设主管部门的规定计算。

② 采用单价计算的措施项目费，应按照实际发生变化的措施项目按上述变更估价原则确定单价。

③ 按总价（或系数）计算的措施项目费，应按照实际发生变化的措施项目调整，但应考虑承包人报价浮动因数，即调整金额按照实际调整金额乘以承包人报价浮动率 L 计算。

如果承包人未事先将拟实施的方案提交发包人确认，则应视为工程变更不引起措施项目费调整或承包人放弃调整措施项目费的权利。

工程量偏差导致实际完成的工程量与已标价工程量清单或预算书中列明的该项目工程量增减超过 15%，且引起相关措施项目发生变化时，按总价（或系数）计算的措施项目费，工程量增加的措施项目费调增，工程量减少的措施项目费调减。

6）费用和利润补偿。当发包人提出的工程变更因非承包人原因删减了合同中的某项原定工作或工程，致使承包人发生的费用或（和）得到的收益不能被包括在其他已支付或应支付的项目中，也未被包含在任何替代的工作或工程中时，承包人有权提出并应得到合理的费用及利润补偿。

4. 争议的解决

工程变更价款的计算和确定，是工程施工期中结算和工程竣工结算合同价款调整中，发承包双方经常出现争议的地方。如发承包双方对工程变更价款不能达成一致，应按照合同约定的争议解决方式处理。

5.1.3　暂估价

暂估价是指发包人在工程量清单或预算书中提供的用于支付必然发生但暂时不能确定价格的材料、工程设备的单价、专业工程以及服务工作的金额。对于暂估价的最终确定，在工程施工过程中一般按下列原则办理：

1）对于依法必须招标的暂估价项目，可以采取以下两种方式确定：

第 1 种方式：由承包人组织进行招标。

① 承包人应当根据施工进度计划，在招标工作启动前 14 天将招标方案通过监理人报送发包人审查，发包人应当在收到承包人报送的招标方案后 7 天内批准或提出修改意见。

承包人应当按照经过发包人批准的招标方案开展招标工作。

② 承包人应当根据施工进度计划，提前 14 天将招标文件通过监理人报送发包人审批，发包人应当在收到承包人报送的相关文件后 7 天内完成审批或提出修改意见；发包人有权确定最高投标限价，并按照法律规定参加评标。

③ 承包人与供应商、分包人在签订暂估价合同前，应当提前 7 天将确定的中标候选供应商或中标候选分包人的资料报送发包人，发包人应在收到资料后 3 天内与承包人共同确定中标人；承包人应当在签订合同后 7 天内，将暂估价合同副本报送发包人留存。

第 2 种方式：由发承包人共同招标。

由发包人和承包人共同招标确定暂估价供应商或分包人的，承包人应按照施工进度计划，在招标工作启动前 14 天通知发包人，并提交暂估价招标方案和工作分工。发包人应在收到后 7 天内确认。确定中标人后，由发包人、承包人与中标人共同签订暂估价合同。

对于依法必须招标的暂估价项目，以中标价取代暂估价调整合同价款。中标价与工程量清单或预算书中所列的暂估价的金额差以及相应的税金等计入结算价。

2）对于不属于依法必须招标的暂估价项目，可以采取以下 3 种方式确定：

第 1 种方式：由承包人按照合同约定采购。

① 承包人应根据施工进度计划，在签订暂估价项目的采购合同、分包合同前 28 天向监理人提出书面申请。监理人应当在收到申请后 3 天内报送发包人，发包人应当在收到申请后 14 天内给予批准或提出修改意见，发包人逾期未予批准或提出修改意见的，视为该书面申请已获得同意。

② 发包人认为承包人确定的供应商、分包人无法满足工程质量或合同要求的，发包人可以要求承包人重新确定暂估价项目的供应商、分包人。

③ 承包人应当在签订暂估价合同后 7 天内，将暂估价合同副本报送发包人留存。

第 2 种方式：由承包人组织进行招标。

承包人按照上述"依法必须招标的暂估价项目"约定的第 1 种方式确定暂估价项目，即由承包人组织招标，发包人审批招标方案、中标候选人等方式。

第 3 种方式：直接委托承包人实施。

承包人具备实施暂估价项目的资格和条件的，经发包人和承包人协商一致后，可由承包人自行实施暂估价项目。合同当事人应在合同中约定实施的价格及要求等具体事项。

对于不属于依法必须招标的暂估价项目，由承包人提供，经发包人（或监理人）确认的供应商、分包人的价格取代暂估价，调整合同价款。发承包双方确认的价格与工程量清单或预算书中所列的暂估价的金额差以及相应的税金等计入结算价。

在工程实践中，暂估价项目的确定也是发承包双方经常出现争议的地方。发承包双方应在施工合同中约定暂估价项目确定的方式和程序，以及双方在暂估价项目确定中的工作分工、权利和义务等具体事项，避免实施中产生纠纷，影响工程施工的顺利进行。

5.1.4 暂列金额与计日工

1）暂列金额虽然列入合同价格，但并不属于承包人所有，相当于业主的备用金。暂列金额应按照发包人的要求使用，发包人的要求应通过监理人发出。只有按照合同约定发生后，对合同价格进行相应调整，实际发生额才归承包人所有。

2）需要采用计日工方式的，经发包人同意后，由监理人通知承包人以计日工计价方式实施相应的工作，其价款按列入已标价工程量清单或预算书中的计日工计价项目及其单价进行计算；已标价工程量清单或预算书中无相应的计日工单价的，按照合理的成本与利润构成的原则，由合同当事人协商确定计日工的单价。采用计日工计价的任何一项工作，承包人应在该项工作实施过程中，每天提交以下报表和有关凭证报送监理人审查：

① 工作名称、内容和数量。

② 投入该工作的所有人员的姓名、专业、工种、级别和耗用工时。

③ 投入该工作的材料类别和数量。

④ 投入该工作的施工设备型号、台数和耗用台时。

⑤ 其他有关资料和凭证。

计日工由承包人汇总后，列入最近一期进度付款申请，由监理人审查并经发包人批准后列入进度付款。

5.1.5 工程变更的管理

业内有一句话，施工单位"中标靠低价，赢利靠变更"。一般的工程项目，大多数施工企业都能干。施工招标时，业主考虑更多的是要"物美价廉"。业主通过最高投标限价，经济标评分办法、合同条款约定、风险转移等手段来降低工程造价。施工单位面对"僧多粥少"，竞争激烈的建设工程市场，要想中标，除了具备基本的实力、能力、资信，以及良好的沟通和服务外，更重要的一点就是投标报价不能报高，否则就中不了标。那么，施工单位承揽到项目后，要想赚到钱，除自身的成本控制外，就要依靠施工过程中的工程变更、现场签证，以及下节要讲的工程索赔。

所以，工程变更管理对施工单位能否在项目上取得好的经济效益相当重要。施工过程中，施工单位要做好工程变更与合同价款的调整工作。首先，当施工中发生变更情况时，应按照合同约定或相关规定，及时办理工程变更手续，之后尽快落实变更。其次，要做好工程变更价款的计价与确定工作，尤其新增项目的单价、甲方选用材料价格的确认，以及暂估价价格的认价工作。市场价格和造价信息价格一般都有一定"弹性"。材质、规格、型号、厂家、地点以及数量等不同，价格就不同。发承包双方尽可能要确认一个合适的价格，并及时办理有相关方（甲方、监理、施工等）签字，甚至盖章的签认手续，必要时，新增项目还应签订补充协议书。有些时候现场生产技术人员要配合造价人员使其了解变更工程的实施情况，以便全面完整地计价。同时要在合同约定或相关规定的时限内提出工程变更价款的申请报告。最后，施工单位还应做好工程变更及其价款调整确认文件资料的日常管理工作，及时收集整理设计变更文件资料包括施工图会审记录、设计变更通知单和工程洽商记录等，及时收集整理工程变更价款计价资料包括材料设备和专业工程的招标投标文件、合同书、认价单、补充协议书、现场签证、变更工程价款结算书以及相关计价文件等。

5.1.6　FIDIC 施工合同条件下工程变更价款的确定方法

1. 工程变更价款确定的一般原则

1）变更工作在合同中有同类工作内容，应以该费率或单价计算变更工程的费用。

2）合同中有类似工作内容，则应在该费率或单价的基础上进行合理调整，推算出新的费率和单价。

3）变更工作在合同中没有类似工作内容，应根据实际工程成本加合理利润，确定新的费率或单价。

2. 工程变更的估价

FIDIC 施工合同条件中对工程变更的估价，采用新的费率或单价，有两种情况：

（1）第一种情况

1）该项工作实际测量的数量比工程量表中规定的数量的变化超过 10%。

2）工程量的变化与该项工作的费率的乘积超过了中标合同金额的 0.01%。

3）工程量变化直接造成该项工作的单位成本变动超过 1%，而且合同中没有规定该项工作的费率固定。

（2）第二种情况

1）该工作是按照变更和调整的指令进行的。

2）合同中没有规定该项工作的费率或单价。

3）该项工作在合同中没有类似的工作内容，没有一个适宜的费率或单价适用。

【例 5-1】　某办公楼装修改造工程，业主采用工程量清单计价方式招标与某承包商签订了工程施工合同。该合同中部分工程价款条款约定如下：

1）本工程最高投标限价为 1000 万元，签约合同价为 950 万元。

2）当实际施工应予计量的工程量增减幅度超过招标工程量清单 15% 时，调整综合单价，调整系数为 0.9（或 1.1）。已标价工程量清单中分项工程 B、C、D 的工程量及综合单价见表 5-1。

表 5-1　工程量及综合单价

分项工程	B	C	D
综合单价(元/m²)	60	70	80
清单工程量/m²	2000	3000	4000

3）工程变更项目在已标价工程量清单中无相同和类似项目的，其综合单价参考工程所在地计价定额的资源消耗量、费用标准，以及施工期发布的信息价格等进行计算调整。

4）合同未尽事宜，按照《建设工程工程量清单计价规范》（GB 50500—2013）的有关规定执行。

工程施工过程中，发生了以下事件：

事件1：业主领导来工地视察工程后，提出局部房间布局调整的要求。由于此变更，导致分项工程B、C、D工程量发生变化。后经监理工程师计量确认承包商实际完成工程量见表5-2。

表5-2　实际完成工程量

分项工程	B	C	D
实际工程量/m²	2400	3100	3300

事件2：应业主要求，设计单位发出了一份设计变更通知单。其中新增加了一项分项工程E，已标价工程量清单中无相同和类似项目。经造价工程师查工程所在地预算定额，完成分项工程E需要人工费10元/m，材料费87元/m，机械费3元/m，企业管理费费率为8%，利润率为7%。

事件3：业主为了确保内墙涂料墙面将来不开裂，要求承包商选用质量更好的基层壁基布，双方对工程使用的壁基布材料进行了确认，确认价格为16元/m²。由于承包商在原合同的内墙涂料项目报价中遗漏了基层壁基布的材料费，结算时承包商就按壁基布材料的确认价格16元/m²计取了材料价差。

问题：

1）计算分项工程B、C、D的分项工程费结算价。

2）工程变更项目中若出现已标价工程量清单中无相同和类似项目的，其综合单价如何确定？

3）计算清单新增分项工程E的综合单价。

4）在事件3中，承包商按壁基布的全价16元/m²计取材料价差是否合理？

【解】　1）分项工程B、C、D的分项工程费结算价计算：

① 分项工程B：（实际工程量-清单工程量）÷清单工程量=（2400-2000）÷2000=20%，即实际工程量增加幅度超过招标工程量清单的15%，故应按合同约定调整综合单价。

$$结算价 \ S = 1.15Q_0P_0 + (Q_1 - 1.15Q_0)P_1$$
$$= 1.15×2000×60 \ 元 + (2400 - 1.15×2000)×60×0.9 \ 元$$
$$= 143400 \ 元$$

② 分项工程C：实际工程量增加100m²，没有超过招标工程量清单的15%，故综合单价不予调整。

$$结算价 \ S = 3100×70 \ 元 = 217000 \ 元$$

③ 分项工程D：（3300-4000）÷4000=-17.5%，即实际工程量减少幅度超过招标工程量清单的15%，故应按合同约定调整综合单价。

$$结算价 \ S = Q_1P_1$$
$$= 3300×80×1.1 \ 元 = 290400 \ 元$$

2）已标价工程量清单中无相同项目及类似项目单价的，承包人可根据变更工程资料、计量规则、计价办法、工程造价管理机构发布的信息价和承包人报价浮动率提出变更工程项目的单价，并报发包人确认后调整。

已标价工程量清单中无相同项目及类似项目单价的，且工程造价管理机构发布的信息价格缺价的，由承包人根据变更工程资料、计量规则、计价办法和通过市场调查等取得有合法依据的市场价格提出变更工程项目的单价，并报发包人确认后调整。

3）工程所在地工程造价管理机构发布有此项目的价格信息。

$$承包商报价浮动率 L = (1-中标价÷最高投标限价)×100\%$$
$$= (1-950÷1000)×100\%$$
$$= 5\%$$

$$分项工程 E 的综合单价 = (人工费+材料费+机械费)×(1+管理费费率)×(1+利润率)×$$
$$(1-报价浮动率)$$
$$= (10+87+3)元/m×(1+8\%)×(1+7\%)×(1-5\%)$$
$$= 109.78 元/m$$

4）不合理。实行工程量清单计价，投标人对招标人提供的工程量清单与计价表中所列的项目均应填写单价和合价，否则，将被视为此项费用已包含在其他项目的单价和合价中。

所以，承包商在内墙涂料原合同报价中遗漏了基层壁基布的材料费，应认为该项费用已包含在其内墙涂料或其他项目的单价和合价中。故结算时基层壁基布材料，承包商不应按确认价格 16 元/m^2 来计算价差。这种情况，一般按施工期确认价格与投标报价期对应的造价信息价格，以及考虑合同约定的风险幅度，计算其超过部分的价差。

■ 5.2 工程索赔

5.2.1 索赔的原因

工程索赔是指在工程合同履行过程中，合同当事人一方因非己方的原因而遭受损失，按合同约定或法律法规规定应由对方承担责任，从而向对方提出补偿的要求。在国际工程承包中，工程索赔是经常大量发生且普遍存在的管理业务。许多国际工程项目通过成功的索赔使工程利润提高 10%～20%，有的工程索赔额甚至超过了工程合同额。

在实际工作中索赔是双向的，既包括承包人向发包人的索赔，也包括发包人向承包人的索赔。但在工程实践中，发包人索赔数量较少，而且处理方便，可以通过冲账、扣工程款、扣保证金等方式实现对承包人的索赔。通常情况下，索赔是指承包人在合同实施中，对非自己过错的责任事件造成的工程延期、费用增加，而依据合同约定要求发包人给予补偿的一种行为。按照索赔的目的将索赔分为工期索赔和费用索赔。

工程施工中，引起承包人向发包人索赔的原因一般会有：

1）施工条件变化引起的。

2）工程变更引起的。

3）因发包人原因致使工期延期引起的。

4）发包人（或监理人）要求加速施工，更换材料设备引起的。

5）发包人（或监理人）要求工程暂停或终止合同引起的。

6）物价上涨引起的。

7）法律、法规和国家有关政策变化，以及货币及汇率变化引起的。

8）工程造价管理机构公布的价格调整引起的。

9）发包人拖延支付承包人工程款引起的。

10）不利物质条件和不可抗力引起的。

11）由发包人分包的工程干扰（延误、配合不好等）引起的。

12）其他第三方原因（邮路延误、港口压港等）引起的。

13）发承包双方约定的其他因素引起的等。

5.2.2　索赔成立的条件

承包人的索赔要求成立，必须同时具备以下三个条件：

1）与合同相对照，事件已造成承包人施工成本的额外支出或总工期延误。

2）造成费用增加或工期延误的原因，不属于承包人应承担的责任。

3）承包人按合同约定的程序和时限内提交了索赔意向通知和索赔报告。

5.2.3　工程索赔的证据

当合同一方向另一方提出索赔时，要有正当的索赔理由，且有索赔事件发生时的有效证据。工程施工过程中，常见的索赔证据有：

1）工程招标文件、合同文件。

2）施工组织设计。

3）工程图、设计交底记录、施工图会审记录、设计变更通知单和工程洽商记录，以及技术规范和标准。

4）来往函件、指令或通知。

5）现场签证、施工现场记录以及检查、试验、技术鉴定和验收记录。

6）会议纪要，备忘录。

7）工程预付款、进度款支付的数额及日期。

8）发包人应该提供的设计文件及资料、甲供材料设备的进场时间记录。

9）工程现场气候情况记录。

10）工程材料设备和专业分包工程的招标投标文件、合同书，以及材料采购、订货、进场方面的凭据。

11）工程照片及录像。

12）法律、法规和国家有关政策变化文件，工程造价管理机构发布的价格调整文件。

13）货币及汇率变化表、财务凭证等。

实践证明，承包人索赔成功与否的关键是有力的索赔证据。没有证据或证据不足，索赔要求就不能成立。索赔的证据一定要具备真实性、全面性、关联性、及时性以及法律有效性。关联性是证据应能互相说明、相互关联，不能互相矛盾。所以，承包人在施工过程中要注意及时收集整理有关的工程索赔证据，这是索赔工作的关键。

5.2.4　工程索赔的处理程序

索赔事件发生后，承包人应持证明索赔事件发生的有效证据，依据正当的索赔理由，在合同约定的时间内向发包人提出索赔。发包人应在合同约定的时间内对承包人提出的索赔进行答复和确认。

1) 根据合同约定，承包人认为有权得到追加付款和（或）延长工期的，应按以下程序向发包人提出索赔：

① 承包人应在知道或应当知道索赔事件发生后28天内，向监理人递交索赔意向通知书，并说明发生索赔事件的事由；承包人未在前述28天内发出索赔意向通知书的，丧失要求追加付款和（或）延长工期的权利。

② 承包人应在发出索赔意向通知书后28天内，向监理人正式递交索赔报告；索赔报告应详细说明索赔理由以及要求追加的付款金额和（或）延长的工期，并附必要的记录和证明材料。

③ 索赔事件具有持续影响的，承包人应按合理时间间隔继续递交延续索赔通知，说明持续影响的实际情况和记录，列出累计的追加付款金额和（或）工期延长天数。

④ 在索赔事件影响结束后28天内，承包人应向监理人递交最终索赔报告，说明最终要求索赔的追加付款金额和（或）延长的工期，并附必要的记录和证明材料。

2) 对承包人索赔的处理。

① 监理人应在收到索赔报告后14天内完成审查并报送发包人。监理人对索赔报告存在异议的，有权要求承包人提交全部原始记录副本。

② 发包人应在监理人收到索赔报告或有关索赔的进一步证明材料后的28天内，由监理人向承包人出具经发包人签认的索赔处理结果。发包人逾期答复的，则视为认可承包人的索赔要求。

③ 承包人接受索赔处理结果的，索赔款项在当期进度款中进行支付。

根据合同约定，发包人认为由于承包人的原因造成发包人损失的，也可按承包人索赔的程序进行索赔。

5.2.5　工程索赔费用的计算

1. 索赔费用的组成

索赔费用的主要组成部分，同工程价款的计价内容相似。

（1）人工费　人工费包括变更和增加工作内容的人工费、业主或监理工程师原因的停工或工效降低增加的人工费、人工费上涨等。其中，变更工作内容的人工费应按前面讲的工程变更人工费计算；增加工作内容的人工费应按照计日工费计算；停工损失费和工作效率降低的损失费按照窝工费计算。窝工费的标准在合同中约定，若合同中未约定，由造价人员测算，合同双方协商确定。人工费上涨一般按合同约定或工程造价管理机构的有关规定计算。

（2）材料费　材料费包括变更和增加工作内容的材料费、清单工程量增减超过合同约定幅度、由于非承包人原因工程延期时材料价格上涨、由于客观原因材料价格大幅度上涨等。变更和增加工作内容的材料费应按前面讲的工程变更材料费计算；工程量增减的材料费按照合同约定调整；材料价格上涨一般按合同约定或工程造价管理机构的有关规定计算。

（3）施工机械使用费　施工机械使用费包括变更和增加工作内容的机械使用费、业主或监理工程师原因的机械停工窝工费和工作效率降低的损失费、施工机械价格上涨等。其中，变更和增加工作内容的机械使用费应按照机械台班费计算。窝工引起的机械闲置费补偿要视机械来源确定：如果是承包人自有机械，按台班折旧费标准补偿，如果是承包人从外部租赁的机械，按台班租赁费标准补偿，但不应包括运转操作费用。施工机械价格上涨一般按合同约定或工程造价管理机构的有关规定计算。

（4）管理费　管理费包括承包人完成额外工作、索赔事项工作以及合同工期延长期间发生的管理费。根据索赔事件的不同，区别对待。额外工作的管理费按合同约定费用标准计算；对窝工损失索赔时，因其他工作仍然进行，可能不予计算。合同工期延长期间所增加的管理费，目前没有统一的计算方法。

在国际工程施工索赔中，对总部管理费的计算有以下几种：

① 按投标书中的比例计算。

② 按公司总部统一规定的管理费比率计算。

③ 按工期延期的天数乘以该工程每日管理费计算。

（5）利润　索赔费用中是否包含利润损失，是经常会引起争议的一个比较复杂的问题。根据《标准施工招标文件》中通用合同条款的内容，在不同的索赔事件中，可以索赔的利润是不同的。一般因发包人自身的原因：工程范围变更、提供的文件有缺陷或技术性错误、未按时提供现场、提供的材料和工程设备不符合合同要求、未完工工程的合同解除、合同变更等引起的索赔，承包人可以计算利润。其他情况下，承包人一般很难索赔利润。

索赔费用利润率的计取通常是与原报价中的利润水平保持一致。

（6）措施项目费　因非承包人原因的工程变更、招标工程量清单缺项、招标清单工程量偏差等会引起措施项目发生变化。非承包人原因的工程变更和新增分部分项工程项目清单引起措施项目发生变化的按照工程变更调整措施项目费。招标工程量偏差超过合同约定调整幅度且引起相关措施项目相应发生变化时，按系数或单一总价方式计价的，工程量增加的措施项目费调增，工程量减少的措施项目费调减。

施工过程中，若国家或省级、行业建设主管部门对措施项目清单中的安全文明施工费进行调整的，应按规定调整。

（7）规费和税金　按国家或省级、行业建设主管部门的规定计算。工作内容的变更或增加，承包人可以计取相应增加的规费和税金，其他情况一般不能索赔。暂估价价差，主要人工、材料和机械的价差只计取税金。

（8）保函手续费　工程延期时，保函手续费会增加，反之，保函手续费会折减。计入合同价中的保函手续费也相应调整。

（9）利息　发包人未按约定时间付款的，应按约定利率支付延迟付款的利息。

根据我国《最高人民法院关于审理建设工程施工合同纠纷案件适用法律问题的解释》（法释〔2020〕25号）第二十六条的规定：当事人对欠付工程价款利息计付标准有约定的，按照约定处理；没有约定的，按照同期同类贷款利率或同期贷款市场报价利率计息。

2017版施工合同规定：除专用合同条款另有约定外，发包人应在签发竣工付款证书后的14天内，完成对承包人的竣工付款。发包人逾期支付的，按照中国人民银行发布的同期同类贷款基准利率支付违约金；逾期支付超过56天的，按照中国人民银行发布的同期同类贷款基准利率的两倍支付违约金。

2. 索赔费用的计算方法

每一项索赔费用的具体计算根据索赔事件的不同，会有很大区别。其基本的计算方法有：

（1）实际费用法　该法是工程费用索赔计算时最常用的一种方法。这种方法的计算原则是：首先按承包人索赔费用的不同项目，分别列项计算其索赔额；然后进行索赔费用汇总，计算出承包人向发包人要求的总费用补偿额。每一项工程索赔的费用，仅限于在该项工程施工中所发生的额外人材机费用，在额外人材机费用的基础上再加上相应的管理费、利润、规费和税金，即是承包人应得的索赔金额。

实际费用法所依据的是实际发生的成本记录和单据，所以，在施工中承包人系统、准确地积累记录资料是非常重要的。

（2）总费用法　总费用法即总成本法。当发生多次索赔事件后，首先重新计算索赔工程的实际总费用，然后减去投标报价时的估算总费用，所得费用差值即为索赔金额。其计算公式为

$$索赔金额 = 实际总费用 - 投标报价估算总费用$$

该法只有在难以精确地计算索赔事件导致的各项费用增加额时才采用。因为实际发生的总费用中可能包括了承包人的原因，如因承包人施工组织不善而增加的费用，投标报价时估算的总费用过低等。

（3）修正总费用法　该法是对总费用法的改进，即在总费用计算的原则上，去掉一些不合理的因素，进行修正和调整，使其更合理。修正的内容有：

1）计算索赔额的时段仅限于受影响的时间，而不是整个施工期。

2）只计算受影响的某项工作的损失，而不是计算该时段内的所有工作的损失。

3）与该工作无关的费用不列入总费用中。

4）对投标报价费用按受影响时段内该项工作的实际单价进行核算，乘以实际完成该项工作的工程量，得出调整后的报价费用。其计算公式为

索赔金额=某项工作调整后的实际总费用-该项工作调整后的报价费用

修正总费用法与总费用法相比，有了实质性的改进，它的准确程度已接近于实际费用法。

【例5-2】 某办公楼工程，业主和承包商按照《建设工程施工合同（示范文本）》签订了工程施工合同。合同中约定的部分价款条款如下：人工费单价为90元/工日；增值税为9%；人工市场价格的变化幅度大于10%时，按照当地造价管理机构发布的造价信息价格进行调整，其价差只计取税金；如因业主原因造成工程停工，承包商的人员窝工补偿费为60元/工日，机械闲置台班补偿费为600元/台班，其他费用不予补偿；其他未尽事宜，按照国家有关工程计价文件规定执行。

在施工过程中，发生了如下事件：

事件1：工程主体施工时，由于业主确定设计变更图延期1天，导致工程部分暂停，造成人员窝工20个工日，机械闲置1个台班；由于该地区供电线路检修，全场供电中断1天，造成人员窝工100个工日，机械闲置1个台班；由于商品混凝土供应问题，一个施工段的顶板浇筑延误0.5天，造成人员窝工15个工日，机械闲置0.5个台班。

事件2：工程施工期间，当地造价管理机构规定，由于近期市场人工工资涨幅较大，其上涨幅度超出正常风险预测范围。本着实事求是的原则，从当月起，在施工程的人工费单价按照造价信息价格进行调整。当地工程造价信息上发布的人工费单价为100~120元/工日。经造价工程师审核，影响调整的人工为10000工日。

事件3：工程装修施工时，当地造价管理机构发布，为了落实绿色施工要求，对原有的安全文明施工措施费的费率标准做出调整。对未完的工程量相应的安全文明施工措施费的费率乘以系数1.05，承包商据此计算出该工程的安全文明施工措施费应增加2万元。但业主认为按照合同约定，工程没有发生变更，此项增加的措施费应由承包商自己承担。

问题：

1）事件1中，承包商按照索赔程序，向业主（监理）提出了索赔报告。试分析这三项索赔是否成立？承包商可以获得的索赔费用是多少？

2）计算事件2中承包商可以增加的工程费用是多少？

3）事件3中，业主的说法是否正确？为什么？

【解】 1）图样延期和现场供电中断索赔成立，混凝土供应问题索赔不成立。因为设计变更图样延期属于业主应承担的责任。对施工来说，现场供电中断是业主应承担的风险。商品混凝土供应问题是因为承包商自身组织协调不当。所以，承包商可以获得的索赔费用如下：

图样延期索赔额=20工日×60元/工日+1台班×600元/台班=1800元

供电中断索赔额=100工日×60元/工日+1台班×600元/台班=6600元

总索赔费用=1800元+6600元=8400元

2）按照当地造价管理机构发布的造价信息价格，人工价格一般按照工程类别不同，分别会给出一个调整幅度的上限和下限。这时的人工费单价调整方法，当合同中没有约定时，一般取造价信息价格中人工费单价的下限，其差值全部计算价差。故该工程人工费单价可调整为100元/工日。

人工费价差调整额＝10000 工日×（100－90）元／工日＝100000 元

增加的工程费用＝100000 元×（1＋9%）＝109000 元

3）业主的说法不正确。根据《13 版计价规范》的规定，措施项目中的安全文明施工费必须按照国家或省级、行业建设主管部门的规定计算，不得作为竞争性费用。在施工过程中，国家或省级、行业建设主管部门对安全文明施工措施费进行调整的，措施项目费中的安全文明施工费应作相应调整。

所以，业主应支付施工单位按规定调整安全文明施工措施费所增加的费用。

5.2.6 工程索赔报告的编制

一般地讲，索赔意向通知书仅需载明索赔事件的大致情况，有可能造成的后果及承包人索赔的意思表示，不需要准确的数据和翔实的证明资料。索赔报告除了详细说明索赔事件的发生过程和实际所造成的影响外，还应详细列明承包人索赔的具体项目及依据，给承包人造成的损失总额、构成明细、计算过程以及相应的证明资料。

索赔报告的具体内容，因索赔事件性质和特点的不同会有所差别，但基本内容应包括以下几个方面：

1）索赔申请。根据施工合同条款约定，由于什么原因，承包人要求的费用索赔金额和（或）工期延长时间。工程索赔通常采取一事一索赔的单项索赔方式，即在每一件索赔事件发生后，递交索赔意向，编制索赔报告，要求单项解决支付，不与其他索赔事件综合在一起。这样可避免多项索赔的相互影响制约，所以解决起来比较容易。

2）索赔事件。简明扼要介绍索赔事件发生的日期、过程和对工程的影响程度。目前工程进展情况，承包人为此采取的措施，承包人为此消耗的资源等。

3）索赔依据。依据合同具体条款以及相关文件规定，说明自己具有的索赔权利，索赔的时限性、合理性和合法性。

4）计算部分。该部分是具体的计算方法和过程，是索赔报告的核心内容。承包人应根据索赔事件的依据，采用翔实的资料数据和合适的计算方法，计算自己应得的经济补偿数额和（或）工期延长的时间。计算索赔费用时，注意要采用合理的计价方法，详细的计算过程，切忌笼统地估计。

5）证据部分。证据包括该索赔事件所涉及的一切可能的证明材料及其说明。证据是索赔成立与否的关键。一般要求证据必须是书面文件，有关记录、协议、纪要等必须是双方签署的。

5.2.7 费用索赔的审核

工程费用索赔是工程结算审核的一个重点内容。首先注意索赔费用项目的合理性，然后注意选用的计算方法和费率分摊方法是否合理、计算结果是否准确、费率是否正确、有无重复取费等。

1. 索赔取费的合理性

不同原因引起的索赔，承包人可索赔的具体费用内容是不完全一样的。要按照各项费用的特点、条件进行分析论证，挑出不合理的取费项目或费率。

索赔费用的主要组成，国内同国际上通行的规定不完全一致。我国按《建筑安装工程费用项目组成》（建标〔2013〕44号）的规定，建筑安装工程费用项目按费用构成要素组成划分为人工费、材料费、施工机具使用费、企业管理费、利润、规费和税金。而国际工程建筑安装工程费用基本组成一般包括工程总成本、暂列金额和盈余。

2. 索赔计算的正确性

1）在索赔报告中，承包人常以自己的全部实际损失作为索赔额。审核时，必须扣除两个因素的影响：一是合同规定承包人应承担的风险；二是由于承包人报价失误或管理失误等造成的损失。索赔额的计算基础是合同报价，或在此基础上按合同规定进行调整。在实际中，承包人常以自己实际的工程量、生产效率、工资水平等作为索赔额的计算基础，从而过高地计算索赔额。

2）停工损失中，不应以计日工的日工资计算，通常采用人员窝工费计算；闲置的机械费补偿，不能按台班费计算，应按机械折旧费或租赁费计算，不应包括机械运转操作费用。正确区分停工损失与因工程师临时改变工作内容或作业方法造成的工效降低损失的区别。凡可以改做其他工作的，不应按停工损失计算，但可以适当补偿降效损失。

3）索赔额中包含利润损失，是经常会引起争议的问题。一般因发包人自身的原因引起的索赔，承包人才可以计算利润。

4）按照国际工程惯例，索赔准备费用、索赔额在索赔处理期间的利息和仲裁费等费用不计入索赔额中。

5）关于共同延误的处理原则。在实际施工中，工期拖延很少是只因一方，往往是两三种原因同时发生（或相互影响）而造成的，称为"共同延误"。在这种情况下，要具体分析哪一种情况延误是有效的，应依据以下原则：

① 首先判断造成拖期的哪一种原因是先发生的，即确定"初始延误"者，他应对工程拖期负责。在初始延误发生作用期间，其他并发的延误者不承担责任。

② 如果初始延误者是发包人原因，则在发包人原因造成的延误期内，承包人即可得到工期延长，又可得到费用补偿。

③ 如果初始延误者是客观原因，则在客观因素发生影响的延误期内，承包人可以得到工期延长，但很难得到费用补偿。

④ 如果初始延误者是承包人原因，则在承包人原因造成的延误期内，承包人既不能得到工期延长，又不能得到费用补偿。

索赔方都是从维护自身利益的角度和观点出发，提出索赔要求的。索赔报告中往往夸大损失，或推卸责任，或转移风险，或仅引用对自己有利的合同条款等。因此，审核时，对索赔方提出的索赔报告必须全面系统地研究、分析、评价，找出问题。一般审核中发现的问题有：承包人的索赔要求超过合同规定的时限；索赔事项不属于发包人（监理人）

的责任，而是与承包人有关的其他第三方的责任；双方责任大小划分不清，必须重新计算；事实依据不足；合同依据不足；承包人没有采取适当措施避免或减少损失；合同中的开脱责任条款已经免除了发包人的补偿责任；索赔证据不足或不成立，承包人必须提供进一步的证据；损失计算夸大等。

【例5-3】 某城市改造工程项目，在施工过程中，发生了以下几项事件：

事件1：在土方开挖中，发现了较有价值的出土文物，导致施工中断，施工单位部分施工人员窝工、机械闲置，同时施工单位为保护文物付出了一定的措施费用。在土方继续开挖中，又遇到了工程地质勘察报告中没有的旧建筑物基础，施工单位进行了破除处理。

事件2：在地基处理中，施工单位为了使地基夯填质量得到保证，将施工图的夯击处理范围适当扩大。其处理方法也得到了现场监理工程师的认可。

事件3：在基础施工过程中，遇到了季节性大雨后又转为罕见的特大暴风雨，造成施工现场临时道路和现场办公用房等设施以及已施工的部分基础被冲毁，施工设备损坏，工程材料被冲走。暴风雨过后，施工单位花费了很多工时进行工程清理和修复作业。

事件4：工程主体施工中，业主要求施工单位对某一构件做破坏性试验，以验证设计参数的正确性。该试验需修建两间临时试验用房，施工单位提出业主应支付该项试验费用和试验用房修建费用。业主认为，该试验费属建筑安装工程检验试验费，试验用房修建费属建筑安装工程措施费中的临时设施费，该两项费用已包含在施工合同价中。

事件5：业主提供的建筑材料经施工单位清点入库后，在专业监理工程师的见证下进行了检验，检验结果合格。其后，施工单位提出，业主应支付其所供材料的保管费和检验费。由于建筑材料需要进行二次搬运，业主还应支付该批材料的二次搬运费。

问题：

1）事件1中施工单位索赔能否成立？应如何计算其费用索赔？

2）事件2中施工单位将扩大范围的工程量向造价工程师提出了计量付款申请，是否合理？

3）事件3中施工单位按照索赔程序，向业主（监理）提交了索赔报告。试问应如何处理？

4）事件4中试验检验费用和试验用房修建费应分别由谁承担？

5）事件5中施工单位的要求是否合理？

【解】 1）施工单位索赔成立。

① 在土方开挖中，发现了较有价值的出土文物，导致施工中断，是业主应承担的风险。

a. 造成施工人员窝工，其费用补偿按降效处理，即可以考虑施工单位应该合理安排窝工人员去做其他工作，只补偿工效差。一般用工日单价乘以一个测算的降效系数（有的取60%）计算这一部分损失，而且只计算成本费用，不包括利润。

b. 造成的施工机械闲置，其费用补偿要视机械来源确定：如果是施工单位自有机械，一般按台班折旧费标准补偿；如果是施工单位租赁的机械，一般按台班租赁费标准补偿，不包括运转所需费用。

c. 施工单位为保护文物而支出的措施费用，业主应按实际发生额支付。

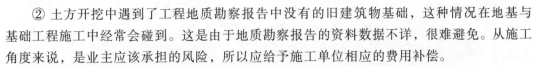

② 土方开挖中遇到了工程地质勘察报告中没有的旧建筑物基础，这种情况在地基与基础工程施工中经常会碰到。这是由于地质勘察报告的资料数据不详，很难避免。从施工角度来说，是业主应该承担的风险，所以应给予施工单位相应的费用补偿。

在工程施工中，地下障碍物的清除处理、新增项目回填土、局部拆除改造、楼地面修整等的工程费用，结算时，发包人（监理人）与承包人之间经常会对工程量计算中的厚度、体积、尺寸大小，以及施工条件难易程度等有争议。对于这些主要依靠施工现场准确记录计量的、不可追溯的工程项目，施工时发包人（监理人）与承包人要及时计量，并办理签证手续，不要在结算时，依靠施工人员"回忆"当时情况来结算。

2）不合理。该部分的工程量超出了施工图的范围，即超出了工程合同约定的工程范围。监理工程师认可的只是施工单位为保证施工质量而采取的技术措施。在没有设计变更情况下，技术措施费已包含在施工合同价中。故该项费用应由施工单位承担。

3）对于前期的季节性大雨，这是一个有经验的承包商能够合理预见的因素，是施工单位应承担的风险。故由此造成的损失不能给予补偿。

对于后期罕见的特大暴风雨，是一个有经验的承包商不能够合理预见的，应按不可抗力事件处理。根据不可抗力事件的处理原则，被冲毁现场临时道路、业主的现场办公室等设施，以及已施工的部分基础，被冲走的工程材料，工程清理和修复作业等经济损失应由业主承担。施工设备损坏、人员窝工、机械设备闲置，以及被冲毁的施工现场办公用房等经济损失由施工单位承担。

4）两项费用均应由业主承担。依据《建筑安装工程费用项目组成》的有关规定，建筑安装工程费中的检验试验费是施工单位进行一般鉴定、检查所发生的费用，不包括新构件、新材料的试验费，对构件做破坏性试验及其他特殊要求检验试验的费用和建设单位委托检测机构进行检测的费用，由建设单位在工程建设其他费用中列支。同样建筑安装工程费用中的临时设施费也不包括该试验用房的修建费用。

5）施工单位要求业主支付材料保管费和检验费合理。依据《建设工程施工合同（示范文本）（GF—2017—0201）》的有关规定，发包人供应的材料和工程设备，承包人清点后由承包人妥善保管，保管费由发包人承担。发包人供应的材料和工程设备使用前，由承包人负责检验，检验费用由发包人承担。但已标价工程量清单或预算书，在总承包服务费中已经列支甲供材料保管费，在企业管理费中已经包含该项检验费的除外。

要求业主支付二次搬运费不合理。因二次搬运费已包含在施工单位的措施项目费报价中。

■ 5.3　合同价款调整

由于影响建设工程产品价格的因素繁多，而且随着时间的变化，这些价格因素也会发生变化，最终将会导致工程产品价格的变化。工程建设过程中，发承包双方在签订建设工程施工合同时，都会从维护自身经济利益的角度，在合同中对合同价款调整做出约定。

在合同履行过程中，当合同约定的调整因素发生时，发承包双方应当按照合同约定对合同价款进行调整。

5.3.1 调整因素

《建筑工程施工发包与承包计价管理办法》（住建部令第 16 号）规定，发承包双方应当在合同中约定，发生下列情形时合同价款的调整方法：

1）法律、法规、规章或者国家有关政策变化影响合同价款的。
2）工程造价管理机构发布价格调整信息的。
3）经批准变更设计的。
4）发包人更改经审定批准的施工组织设计造成费用增加的。
5）双方约定的其他因素。

5.3.2 调整程序

合同价款调整报告应由受益方在合同约定时间内向合同的另一方提出，经对方确认后调整合同价款。受益方未在合同约定时间内提出工程价款调整报告的，视为不涉及合同价款的调整。当合同没有约定或约定不明时，可按下列程序办理：

1）调整因素情况发生后 14 天内，由受益方向对方递交包括调整原因、调整金额的调整合同价款报告及相关资料。受益方在 14 天内未递交调整合同价款报告的，视为不调整合同价款。

2）收到合同价款调整报告及相关资料的一方应在收到之日起 14 天内予以确认或提出修改意见，如在 14 天内未作确认也未提出修改意见，视为已经认可该项调整。

3）收到修改意见的一方也应在收到之日起 14 天内予以核实或确认。如在 14 天内未作确认也未提出不同意见的，视为已经认可该修改意见。

发承包双方如不能就合同价款调整达成一致，应按照合同约定的争议解决方式处理。

经发承包双方确认调整的合同价款，作为追加（减）合同价款与工程进度款同期支付。

5.3.3 合同价款调整

在合同履行过程中，涉及合同价款调整的具体事项往往很多，总结起来主要有以下几方面：

1. 国家有关法律、法规、规章和政策变化引起的价款调整

招标工程以投标截止日前 28 天，非招标工程以合同签订前 28 天为基准日，其后因国家的法律、法规、规章和政策发生变化引起工程造价增减变化的，发承包双方应按照省级或行业建设主管部门或其授权的工程造价管理机构据此发布的规定调整合同价款。

工程建设过程中，发承包双方都是国家法律、法规、规章和政策的执行者。因此，在

发承包双方履行合同的过程中，当国家的法律、法规、规章和政策发生变化，国家或省级、行业建设主管部门或其授权的工程造价管理机构据此发布工程造价调整文件，工程价款应当进行调整。

例如，措施项目中的安全文明施工费，以及规费和税金必须按照国家或省级、行业建设主管部门的规定计算，不得作为竞争性费用。在合同履行过程中，国家或省级、行业建设主管部门发布对其进行调整的，应作相应调整。计算基础和费率按照工程所在地省级人民政府或行业建设主管部门或其授权的工程造价管理机构的规定执行。

对政府定价或政府指导价管理的原材料（如水、电、燃油等）价格应按照相关文件规定进行合同价款调整，不应在合同中违规约定。

需要注意的是：由于承包人原因导致工期延误的，按不利于承包人的原则调整合同价款，即在合同原定竣工时间之后，合同价款调增的不予调整，合同价款调减的予以调减。

2. 市场价格波动引起的价款调整

合同履行期间，因人工、材料和工程设备、机械台班价格波动影响合同价，超过合同当事人约定的范围时，应根据合同约定的价格调整方法对合同价款进行调整。具体调整方法详见5.3.4节物价变化合同价款调整方法。

需要说明的是，发生合同工期延误的，应按照下列规定调整合同履行期的价格：

1）因非承包人原因导致工期延期的，计划进度日期后续工程的价格，应采用计划进度日期与实际进度日期两者的较高者。

2）因承包人原因导致工期延误的，计划进度日期后续工程的价格，应采用计划进度日期与实际进度日期两者的较低者。

3. 工程变更引起的价款调整

合同履行期间，工程变更引起已标价工程量清单或预算书中工程项目或其工程数量发生变化的，按合同约定确定变更工程项目的单价。出现设计图（含设计变更）与招标工程量清单项目特征描述不符的，且该变化引起工程造价变化的，按实际施工的项目特征确定相应工程量清单项目的单价，以此调整合同价款。

由于招标工程量清单缺项，新增分部分项工程清单项目；实际应予计量的工程量与招标工程量清单偏差超过合同约定幅度；发包人通知实施的零星工作，已标价工程量清单没有该类计日工单价等事项发生，涉及合同价款调整的，参照5.1节进行处理。

招标工程量清单中给定的材料、工程设备和专业工程暂估价，经发承包双方招标或确认的供应商、分包人的价格取代暂估价，调整合同价款。

施工过程中发生现场签证事项时，在现场签证工作完成后7天内，承包人应按照签证内容计算价款，报送发包人和监理人审核批准，调整合同价款。

4. 工程索赔引起的价款调整

合同履行过程中，当索赔事件发生时，合同当事人应按照双方确定的索赔费用调整合同价款，详见5.2节。这里重点介绍不可抗力事件的合同价款调整。

不可抗力是指合同当事人在签订合同时不可预见,在合同履行过程中不可避免且不能克服的自然灾害和社会性突发事件,如地震、海啸、瘟疫、骚乱、戒严、暴动、战争和合同中约定的其他情形。不可抗力发生后,发包人和承包人应收集证明不可抗力发生及不可抗力造成损失的证据,并及时认真统计所造成的损失。

（1）不可抗力的通知　合同一方当事人遇到不可抗力事件,使其履行合同义务受到阻碍时,应立即通知合同另一方当事人和监理人,书面说明不可抗力和受阻碍的详细情况,并提供必要的证明。

不可抗力持续发生的,合同一方当事人应及时向合同另一方当事人和监理人提交中间报告,说明不可抗力和履行合同受阻的情况,并于不可抗力事件结束后 28 天内提交最终报告及有关资料。

（2）不可抗力后果的承担原则　不可抗力事件导致的人员伤亡、财产损失及其费用增加,合同当事人应按下列原则分别承担并调整合同价款:

1）永久工程、因工程损坏造成的第三方人员伤亡和财产损失,以及已运至施工现场的材料和工程设备的损坏,由发包人承担。

2）发包人和承包人承担各自人员伤亡和财产的损失。

3）承包人施工设备的损坏由承包人承担。

4）因不可抗力影响承包人履行合同约定的义务,已经引起或将引起工期延误的,应当顺延工期;由此导致承包人停工的费用损失由发包人和承包人合理分担,停工期间必须支付的工人工资由发包人承担。

5）因不可抗力引起或将引起工期延误,发包人要求赶工的,由此增加的赶工费用由发包人承担。

6）承包人在停工期间按照发包人要求照管、清理和修复工程的费用由发包人承担。

不可抗力发生后,合同当事人均应采取措施尽量避免和减少损失的扩大,任何一方当事人没有采取有效措施导致损失扩大的,应对扩大的损失承担责任。

因合同一方迟延履行合同义务,在迟延履行期间遭遇不可抗力的,不免除其违约责任。

（3）因不可抗力解除合同　因不可抗力导致合同无法履行连续超过 84 天或累计超过 140 天的,发包人和承包人均有权解除合同。合同解除后,由双方当事人协商确定发包人应支付的款项,该款项包括:

1）合同解除前承包人已完成工作的价款。

2）承包人为工程订购的并已交付给承包人,或承包人有责任接受交付的材料、工程设备和其他物品的价款。

3）发包人要求承包人退货或解除订货合同而产生的费用,或因不能退货或解除合同而产生的损失。

4）承包人撤离施工现场以及遣散承包人人员的费用。

5）按照合同约定在合同解除前应支付给承包人的其他款项。

6）扣减承包人按照合同约定应向发包人支付的款项。

7）双方商定或确定的其他款项。

除合同另有约定外，合同解除后，发包人应在双方确定上述款项后 28 天内完成上述款项的支付。发承包双方不能就解除合同后的结算达成一致的，按照合同约定的争议解决方式处理。

5.3.4 物价变化合同价款调整方法

1. 采用价格指数进行价格调整

在物价波动的情况下，用价格指数调整合同价款的方法，在国际上和国内一些专业工程中广泛应用。

（1）价格调整公式 因人工、材料和工程设备、施工机械台班等价格波动影响合同价格时，根据合同中约定的数据，应按下式计算价格差额并调整合同价款：

$$\Delta P = P_0 \left[A + \left(B_1 \frac{F_{t1}}{F_{01}} + B_2 \frac{F_{t2}}{F_{02}} + B_3 \frac{F_{t3}}{F_{03}} + \cdots + B_n \frac{F_{tn}}{F_{0n}} \right) - 1 \right] \tag{5-5}$$

式中
ΔP——需调整的价格差额；

P_0——约定的付款证书中承包人应得到的已完成工程量的金额，此项金额应不包括价格调整、不计质量保证金的扣留和支付、预付款的支付和扣回，约定的变更及其他金额已按现行价格计价的，也不计在内；

A——定值权重（即不调部分的权重）；

B_1，B_2，B_3，$\cdots$，B_n——各可调因子的变值权重（即可调部分的权重），为各可调因子在签约合同价中所占的比例；

F_{t1}，F_{t2}，F_{t3}，$\cdots$，F_{tn}——各可调因子的现行价格指数，指约定的付款证书相关周期最后一天的前 42 天的各可调因子的价格指数；

F_{01}，F_{02}，F_{03}，$\cdots$，F_{0n}——各可调因子的基本价格指数，指基准日期的各可调因子的价格指数。

以上价格调整公式中的各可调因子、定值权重和变值权重，以及基本价格指数及其来源在投标函附录价格指数和权重表中约定，非招标订立的合同，由合同当事人在合同中约定。价格指数应首先采用工程造价管理机构发布的价格指数，无前述价格指数时，可采用工程造价管理机构发布的价格代替。

一般工程所在地的工程造价管理机构会定期发布价格指数，以便于发承包双方办理工程结算。

（2）暂时确定调整差额 在计算调整差额时无现行价格指数的，合同当事人同意暂用前次价格指数计算。实际价格指数有调整的，合同当事人进行相应调整。

（3）权重的调整 因变更导致合同约定的权重不合理时，由发承包双方协商后进行调整。

（4）因承包人原因工期延误后的价格调整 因承包人原因未按期竣工的，对合同约定的竣工日期后继续施工的工程，在使用价格调整公式时，应采用计划竣工日期与实际竣工日期的两个价格指数中较低的一个作为现行价格指数。

2. 采用造价信息进行价格调整。

在物价波动的情况下，用造价信息调整合同价款的方法，是目前国内建筑安装工程使用较多的。

合同履行期间，因人工、材料、工程设备和机械台班价格波动影响合同价格时，人工费、机械使用费按照国家或省、自治区、直辖市建设行政管理部门、行业建设管理部门或其授权的工程造价管理机构发布的人工成本信息、机械台班单价或机械使用费系数进行调整；需要进行价格调整的材料，其单价和采购数量应由发包人复核，发包人确认需调整的材料单价及数量，作为调整合同价款差额的依据。

1）人工单价发生变化且符合省级或行业建设主管部门发布的人工费调整规定的，合同当事人应按省级或行业建设主管部门或其授权的工程造价管理机构发布的人工成本文件调整合同价格，但承包人对人工费或人工单价的报价高于发布价格的除外。

2）材料、工程设备价格变化的价款调整按照发包人提供的基准价格，按以下风险范围规定调整合同价款：

① 承包人在已标价工程量清单或预算书中载明材料单价低于基准价格的：除合同另有约定外，合同履行期间材料单价涨幅以基准价格为基础超过5%时，或材料单价跌幅以在已标价工程量清单或预算书中载明材料单价为基础超过5%时，其超过部分据实调整。

② 承包人在已标价工程量清单或预算书中载明材料单价高于基准价格的：除合同另有约定外，合同履行期间材料单价跌幅以基准价格为基础超过5%时，材料单价涨幅以在已标价工程量清单或预算书中载明材料单价为基础超过5%时，其超过部分据实调整。

③ 承包人在已标价工程量清单或预算书中载明材料单价等于基准价格的：除合同另有约定外，合同履行期间材料单价涨跌幅以基准价格为基础超过±5%时，其超过部分据实调整。

④ 承包人应在采购材料前将采购数量和新的材料单价报发包人核对，确认用于工程时，发包人应确认采购材料的数量和单价。发包人在收到承包人报送的确认资料后5天内不予答复的视为认可，作为调整合同价格的依据。未经发包人事先核对，承包人自行采购材料的，发包人有权不予调整合同价格。发包人同意的，可以调整合同价格。

前述基准价格是指由发包人在招标文件或合同中给定的材料、工程设备的价格，该价格原则上应当按照省级或行业建设主管部门或其授权的工程造价管理机构发布的信息价格编制。

3）施工机械台班单价或施工机械使用费发生变化超过省级或行业建设主管部门或其授权的工程造价管理机构规定的范围时，按其规定调整合同价格。

3. 其他价格调整方式

除了按照价格指数和造价信息价格两种方式调整合同价款外，合同当事人也可以在合同中约定其他价格调整方式。

有些工程施工合同中约定工程使用的部分主要材料的价格，在结算时按照市场价格进行调整，即按承包人实际购买的材料价格结算。这种合同条件下，承包人使用的主要工程材料价格是按实结算，因而承包人对降低价格不感兴趣。另外，这些材料的现场确认价格有时比实际价格高很多。为了避免这些问题，合同中应约定发包人和监理人有权参与材料询价，并要求承包人选择满足工程要求的价廉的材料，或由发包人（监理人）和承包人共同以招标的方式选择供应商。一般工程所在地的工程造价管理机构发布的造价信息价格，是结算的最高限价。

发包人在招标文件中列出需要调整价差的主要材料及其暂估价。工程结算时，若是招标采购的，应按中标价调整；若为非招标采购，按施工期发承包双方确认的价格调整。其价格与招标文件中材料暂估价价格的差额及其相应税金等计入结算价。若发承包双方未能就共同确认价格达成一致，可以参考当时当地工程造价管理机构发布的造价信息价格，造价信息价格中有上、下限的，以下限为准。

5.3.5 依据的规范、标准和文件

目前，国内工程变更、工程索赔、法律变化、价格波动等引起的合同价款调整，以及后面介绍的建设工程价款结算，所依据的主要规范、标准和文件有：《建筑工程施工发包与承包计价管理办法》（住建部令第16号）、《建筑安装工程费用项目组成》（建标〔2013〕44号）、《标准施工招标文件》（2007年版）、《建设工程施工合同（示范文本）》（GF—2017—0201）、《建设工程工程量清单计价规范》（GB 50500—2013）、《房屋建筑与装饰工程工程量计算规范》（GB 50854—2013）、《最高人民法院关于审理建设工程施工合同纠纷案件适用法律问题的解释》（法释〔2020〕25号）、《建设工程造价鉴定规范》（GB/T 51262—2017）以及相关定额和工程造价管理机构发布的工程造价文件等。

【例5-4】 某土石方工程，合同总价为1000万元，合同价款采用价格调整公式进行动态结算。人工费、材料费和机械费占工程价款的80%，人工、材料和机械费中各项费用比例分别为人工费20%，柴油40%，机械费40%。投标报价基准日期为2021年3月，2021年10月完成的工程价款占合同总价的25%。工程所在地有关部门发布的2021年相关月份的价格指数见表5-3。

表5-3 2021年相关月份的价格指数

名称、规格	时间（月份）			备注
	3	…	9	
人工	122.8		135.3	
燃油	109.8		115.5	
机械台班	100		100	
…				

问题：试按价格调整公式［式（5-5）］，计算2021年10月应调整的合同价款差额。

【解】 不调部分的费用占工程价款的比例为20%，则可调部分的各项费用占工程价款的比例：

人工费　80%×20%=16%

柴油　80%×40%=32%

机械费　80%×40%=32%

$$\Delta P = P_0\left[A+\left(B_1\frac{F_{t1}}{F_{01}}+B_2\frac{F_{t2}}{F_{02}}+B_3\frac{F_{t3}}{F_{03}}+\cdots+B_n\frac{F_{tn}}{F_{0n}}\right)-1\right]$$

$=1000\ 万元\times25\%\times[\ 0.20+(0.16\times135.3\div122.8+0.32\times115.5\div109.8+0.32\times100\div$

$100)-1]$

$=8.225\ 万元$

本月应增加的合同价款为8.225万元。

【例5-5】　某教学楼装修改造工程。合同中有关价款调整部分条款的约定如下：采用造价信息进行价格调整；主要材料的价格风险幅度为5%；材料价差仅计取税金，增值税为9%；材料数量按施工图和2021年预算消耗量标准计算；材料基准单价为投标报价期当地工程造价管理机构发布的造价信息价格，以及主要材料投标价格见表5-4。

施工过程中，经甲方确认的材料施工单价为：地砖90元/m²，乳胶漆7.3元/kg，铝合金窗600元/m²，木门400元/m²。

问题：试计算应调整的合同价款差额。

表5-4　承包人提供主要材料和工程设备一览表

工程名称：某教学楼装修改造工程　　　　　　标段：　　　　　　第1页　共1页

序号	名称、规格、型号	计量单位	数量	风险系数（%）	基准单价（元）	投标单价（元）	发承包人确认单价(元)	备注
1	地砖 600mm×600mm	m²	2000	≤5	78	65	73.1	
2	乳胶漆	kg	1700	≤5	7.1	7.1	7.1	
3	铝合金窗（平开）	m²	500	≤5	450	440	567.5	
4	木门	m²	180	≤5	200	250	387.5	

【解】　1）地砖：投标单价低于基准价，按基准价计算，（90-78）÷78×100%=15.38%>5%，应予调整。

$65\ 元/m^2+(90-78\times1.05)元/m^2=73.1\ 元/m^2$

2）乳胶漆：投标单价等于基准价，按基准价计算，（7.3-7.1）÷7.1×100%=2.82%<5%，未超过约定的风险系数，不予调整。

3）铝合金窗：投标单价低于基准价，按基准价计算，（600-450）÷450×100%=33.33%>5%，应予调整。

$440\ 元/m^2+(600-450\times1.05)元/m^2=567.5\ 元/m^2$

4）木门：投标单价高于基准价，按投标价计算，（400-250）÷250×100%=60%>5%，应予调整。

$250\ 元/m^2+(400-250\times1.05)元/m^2=387.5\ 元/m^2$

5）主要材料价差：（73.1-65）×2000元+（567.5-440）×500元+（387.5-250）×180元=104700元

6）应调整的合同价款差额为 104700 元×（1+9%）= 114123 元，即应增加的合同价款为 114123 元。

■ 5.4　合同价款的支付

工程价款结算是指对建设工程的发承包合同价款进行约定和依据合同约定进行工程预付款、工程进度款、工程竣工价款结算（计算、调整和确认）的活动，包括期中结算、竣工结算和最终结清。

工程价款结算应按合同约定办理，合同没有约定或约定不明的，按照国家有关规定执行。

5.4.1　预付款

在开工前，发包人按照合同约定，预先支付给承包人用于购买合同工程施工所需的材料、工程设备以及组织施工机械和人员进场等的款项。

1. 预付款的用途

预付款是发包人为解决承包人在施工准备阶段资金周转问题而提供的资金协助。承包人应将预付款专用于合同工程的材料、工程设备、施工设备的采购及修建临时工程、组织施工队伍进场等方面。

2. 预付款的比例

预付款按照合同价款或者年度工程计划额度的一定比例确定，具体比例由双方在合同中约定。

3. 预付款的支付

预付款按照合同约定的支付比例在开工通知载明的开工日期 7 天前支付。

发包人逾期支付预付款超过 7 天的，承包人有权向发包人发出要求预付的催告通知。发包人收到通知后 7 天内仍未支付的，承包人有权暂停施工。发包人应承担由此增加的费用和延误的工期，并应向承包人支付合理利润。

4. 预付款的抵扣

预付款在工程进度款中予以扣回，直到扣回的金额达到合同约定的预付款金额为止。在颁发工程接收证书前提前解除合同的，尚未扣完的预付款应与合同价款一并结算。

5. 预付款担保

发包人要求承包人提供预付款担保的，承包人应在发包人支付预付款 7 天前提供预付款担保。预付款担保可采用银行保函、担保公司担保等形式，具体由合同当事人在合同中约定。

在预付款完全扣回之前，承包人应保证预付款担保持续有效。发包人在工程款中逐期扣回预付款后，预付款担保额度应相应减少，但剩余的预付款担保金额不得低于未被扣回的预付款金额。

5.4.2　工程计量

工程计量即工程量计算。承包人应当按照合同约定向发包人提交已完成工程量报告，发包人收到工程量报告后，应当按照合同约定及时核对并确认。

1. 计量原则

工程量按照合同约定的工程量计算规则、工程设计图及变更指令等进行计量。工程量计算规则应以相关的国家标准、行业标准等为依据，由合同当事人在合同中约定。因承包人原因造成的超出合同工程范围施工或返工的工程量，发包人不予计量。

2. 计量周期

工程计量可选择按月或按工程形象进度分段进行，具体计量周期应在合同中约定。

3. 单价合同的计量

工程量以承包人实际完成合同工程应予计量的工程量计算。按月计量支付的单价合同，按照下列程序进行计量：

1）承包人应于每月 25 日向监理人报送上月 20 日至当月 19 日已完成的工程量报告，并附具进度付款申请单、已完成工程量报表和有关资料。

2）监理人应在收到承包人提交的工程量报告后 7 天内完成对承包人提交的工程量报表的审核并报送发包人，以确定当月实际完成的工程量。监理人对工程量有异议的，有权要求承包人进行共同复核或抽样复测。承包人应协助监理人进行复核或抽样复测，并按监理人要求提供补充计量资料。承包人未按监理人要求参加复核或抽样复测的，监理人复核或修正的工程量视为承包人实际完成的工程量。

3）监理人在收到承包人提交的工程量报表后的 7 天内未完成审核的，承包人报送的工程量报告中的工程量视为承包人实际完成的工程量。

4. 总价合同的计量

1）采用工程量清单计价方式招标形成的总价合同，按照上述单价合同的计量规定计算。

2）采用经审定批准的施工图及其预算方式发包形成的总价合同，除按照工程变更规定的工程量增减外，总价合同中各项目的工程量应为承包人用于结算的最终工程量。工程计量以合同工程经审定批准的施工图为依据，按照发承包双方在合同中约定工程计量的形象目标或时间节点进行计量。按月计量支付的，按照上述计量程序和时间进行计量。

5. 成本加酬金合同的计量

成本加酬金合同的计量方式和程序，可按照上述单价合同的计量规定计量。

5.4.3　进度款

在合同工程施工过程中，发包人按照合同约定对付款周期内承包人完成的合同价款给予支付的款项，即合同价款期中结算支付。

发承包双方应当按照合同约定，定期或者按照工程进度分段进行工程款结算和支付。

1. 进度款结算方式

工程进度款结算方式有以下两种：

1）按月结算与支付。实行按月支付进度款，竣工后结算的办法。合同工期在两个年度以上的工程，在年终进行工程盘点，办理年度结算。

2）分段结算与支付。当年开工、当年不能竣工的工程按照工程形象进度，划分不同阶段支付工程进度款。具体工程分段划分应在合同中明确。

2. 进度款支付

发承包双方应按照合同约定的时间、程序和办法，根据工程计量结果，办理期中价款结算，支付工程进度款。

（1）付款周期　付款周期应与计量周期保持一致，可选择按月或按工程形象进度分段支付。

（2）进度付款申请单的编制　进度付款申请单一般应包括下列内容：

1）截至本次付款周期已完成工作对应的金额。

2）根据工程变更应增加和扣减的变更金额。

3）根据预付款约定应支付的预付款和扣减的返还预付款。

4）根据质量保证金约定应扣减的质量保证金。

5）根据工程索赔应增加和扣减的索赔金额。

6）对已签发的进度款支付证书中出现错误的修正，应在本次进度付款中支付或扣除的金额。

7）根据合同约定应增加和扣减的其他金额，甲供材料金额按照发包人签约提供的单价和数量从进度款中扣除。

8）本次付款周期实际应支付的金额。

（3）进度付款申请单的提交

1）单价合同进度付款申请单的提交。单价合同的进度付款申请单，按照单价合同的计量约定的时间向监理人提交，并附上已完成工程量报表和有关资料。单价合同中的总价项目按付款周期进行支付分解，并汇总列入当期进度付款申请单。

2）总价合同进度付款申请单的提交。总价合同按月计量支付的，承包人按照总价合同计量约定的时间按月向监理人提交进度付款申请单，并附上已完成工程量报表和有关资料。

总价合同按支付分解表支付的，承包人应按照支付分解表及进度付款申请单编制的约定向监理人提交进度付款申请单。

3）成本加酬金合同的进度付款申请单的提交。成本加酬金合同的进度付款申请单，按照成本加酬金合同的计量约定时间向监理人提交。

（4）进度款审核和支付　除合同另有约定外，发承包双方应按照下列程序和时间，审核和支付工程进度款：

1）监理人应在收到承包人进度付款申请单以及相关资料后7天内完成审查并报送发包人，发包人应在收到后7天内完成审批并签发进度款支付证书。发包人逾期未完成审批且未提出异议的，视为已签发进度款支付证书。

发包人和监理人对承包人的进度付款申请单有异议的，有权要求承包人修正和提供补充资料。监理人应在收到承包人修正后的进度付款申请单及相关资料后7天内完成审查并报送发包人。发包人应在收到监理人报送的进度付款申请单后7天内，向承包人签发无异议部分的临时进度款支付证书。存在争议的部分，按合同约定的争议解决方式处理。

2）发包人应在进度款支付证书或临时进度款支付证书签发后14天内完成支付，发包人逾期支付进度款的，按照中国人民银行发布的同期同类贷款基准利率支付违约金。进度款的支付比例按照合同约定，按期中结算价款总额计，不低于60%，不高于90%。

发包人应在工程开工后28天内预付不低于当年施工进度计划的安全文明施工费总额的50%，其余部分应按照提前安排的原则进行分解，并应与进度款同期支付。承包人应在财务账目中单独列出安全文明施工费，并专款专用。

（5）进度付款的修正　在对已签发的进度款支付证书进行阶段汇总和复核中发现错误、遗漏或重复的，发包人和承包人均有权提出修正申请。经发包人和承包人同意的修正，应在下期进度付款中支付或扣除。

（6）支付分解表　总价项目或总价合同应由承包人根据施工进度计划和总价构成、费用性质、计划发生时间和相应工程量等因素，按计量周期进行分解，形成进度款支付分解表。

1）其支付分解方法有下列几种：

① 按计量周期平均支付。

② 以计量周期内完成金额的百分比分摊支付。

③ 按总价构成及其发生随进度支付。

④ 其他方式分解支付。

2）支付分解表的编制要求。

① 支付分解表中所列的每期付款金额，应为进度付款申请单编制中的估算金额。

② 实际进度与施工进度计划不一致的，合同当事人可协商修改支付分解表。

③ 不采用支付分解表的，承包人应向发包人和监理人提交按季度编制的支付估算分解表，用于支付参考。

3）总价合同支付分解表的编制与审批。

① 除专有合同另有约定外，承包人应根据约定的施工进度计划、签约合同价和工程量等因素对总价合同按月进行分解，编制支付分解表。承包人应当在收到监理人和发包人批准的施工进度计划后7天内，将支付分解表及编制支付分解表的支持性资料报送监理人。

② 监理人应在收到支付分解表后7天内完成审核并报送发包人。发包人应在收到经监理人审核的支付分解表后7天内完成审批，经发包人批准的支付分解表为有约束力的支付分解表。

③ 发包人逾期未完成支付分解表审批的，也未及时要求承包人进行修正和提供补充资料的，则承包人提交的支付分解表视为已经获得发包人批准。

4）单价合同中的总价项目支付分解表的编制与审批。除合同另有约定外，单价合同中的总价项目，由承包人根据施工进度计划和总价项目的构成、费用性质、计划发生时间和相应工程量等因素按月进行分解，形成支付分解表。其编制与审批参照总价合同支付分解表的编制与审批。

5.4.4 竣工结算

竣工结算是指发承包双方根据国家有关法律、法规和标准规定，按照合同约定，对合同工程完工后进行的合同总价款计算、调整和确认活动。双方确认的竣工结算价是承包人按照合同约定完成全部承包工作后，发包人应付给承包人的合同总金额。

1. 竣工结算方式

竣工结算分为单位工程竣工结算、单项工程竣工结算和建设项目竣工总结算。

2. 竣工结算编制

工程完工后，发承包双方必须在合同约定时间内办理竣工结算。竣工结算应由承包人或受其委托具有相应资质的工程造价咨询人编制，并应由发包人或受其委托具有相应资质的工程造价咨询人核对。

单位工程竣工结算由承包人编制，发包人审核；实行总承包的工程，由具体承包人编制，在总承包人审核的基础上，发包人审核。单项工程竣工结算或建设项目竣工总结算由总承包人编制，发包人可直接进行审核，也可以委托具有相应资质的工程造价咨询人进行审核。政府投资项目，由同级财政部门审核。

（1）竣工结算编制和审核的依据

1）国家有关法律、法规、规章和相关的司法解释。

2）工程计价方面的规范、规程、标准，以及工程造价管理机构发布的文件。

3）工程合同，包括施工承包合同，专业分包合同及补充合同，有关材料、工程设备采购合同。

4）发承包双方已确认的工程量及其结算的合同价款。

5）发承包双方已确认调整后追加（减）的合同价款。

6）工程设计文件及相关资料，包括工程竣工图或施工图、施工图会审记录、工程变更和相关会议纪要。

7）招标投标文件，包括招标答疑文件、投标承诺、投标报价书。

8）经批准的开、竣工报告或停、复工报告。

9）其他依据。

（2）竣工结算的编制内容　采用工程量清单计价的工程，竣工结算的编制内容应包括工程量清单计价表所包含的各项费用内容：

1）分部分项工程和措施项目中的单价项目应依据发承包双方确认的工程量与已标价工程量清单的综合单价计算；发生调整的，以发承包双方确认调整的综合单价计算。

2）措施项目中的总价项目应依据已标价工程量清单的项目和金额计算；发生调整的，以发承包双方确认调整的金额计算。其中安全文明施工费按照国家或省级、行业建设主管部门的规定计算。施工过程中，国家或省级、行业建设主管部门对安全文明施工费进行调整的，措施项目费中的安全文明施工费应作相应调整。

3）其他项目应按下列规定计算：

① 计日工的费用应按发包人实际签证确认的数量和合同约定的相应单价计算。

② 暂估价中的材料是招标采购的，其单价按中标价在综合单价中调整；暂估价中的材料是非招标采购的，其单价按发承包双方最终确认的价格在综合单价中调整。

暂估价中的专业工程是招标采购的，其金额按中标价调整；暂估价中的专业工程是非招标采购的，其金额按发承包双方与分包人最终确认的价格调整。

③ 总承包服务费应依据已标价工程量清单金额计算；发生调整的，以发承包双方确认调整的金额计算。竣工结算时，总承包服务费应按分包专业工程结算造价（不含设备费）及原投标费率进行调整。

④ 索赔费用应依据发承包双方确认的索赔事项和金额计算。

⑤ 现场签证费用应依据发承包双方签证资料确认的金额计算。

⑥ 暂列金额结算时按照合同约定实际发生后，按实结算。暂列金额减去合同价款调整（包括索赔、现场签证）金额后，如有余额归发包人。

4）规费和税金应按国家或省级、行业建设主管部门对规费和税金的计取标准计算。施工过程中，国家或省级、行业建设主管部门对规费和税金进行调整的，应作相应调整。

将以上各项结算费用汇总填入表5-5。

表5-5　竣工结算汇总表

工程名称：　　　　　　　　　　标段：　　　　　　　　第　页　共　页

序号	汇总内容	金额（元）
1	分部分项工程	
1.1		
1.2		
1.3		
1.4		

（续）

序号	汇总内容	金额（元）
1.5		
2	措施项目	
2.1	其中:安全文明施工费	
3	其他项目	
3.1	其中:专业工程结算价	
3.2	其中:计日工	
3.3	其中:总承包服务费	
3.4	其中:索赔与现场签证	
4	规费	
5	税金	
竣工结算总价合计 = 1+2+3+4+5		

（3）已确认的工程计量结果和合同价款　发承包双方在合同工程实施过程中已经确认的工程计量结果和合同价款，在竣工结算办理中应直接进入结算。

3. 竣工结算文件的提交

工程完工后，承包人应在经发承包双方确认的工程期中价款结算的基础上汇总编制完成竣工结算文件，并应在合同约定期限内提交。

合同当事人可以根据工程性质、规模等情况在合同专用条款中约定承包人提交竣工结算文件，以及发包人审核竣工结算的期限要求。如合同中没有约定，承包人应在工程竣工验收合格后 28 天内向发包人提交竣工结算文件。

施工过程中，承包人应做好工程结算资料的日常整理归档工作，以便于为编制竣工结算文件提供基础资料，避免因资料缺失，产生争议，影响工程价款的结算。

4. 竣工结算审核期限及要求

1）发包人在收到承包人提交的竣工结算文件后，应在合同约定期限内核对。合同中对审核期限没有约定的，发包人应在收到承包人提交的竣工结算文件后的 28 天内完成核对。发包人经核实，认为承包人应进一步补充资料和修改结算文件，应在上述时限内提出。

2）承包人在收到核实意见后的 28 天内应按照发包人提出的合理要求补充资料，修改竣工结算文件，并应再次提交发包人复核批准。

3）发包人应在收到承包人再次提交的竣工结算文件后的 28 天内予以复核，将复核结果通知承包人。

① 发承包人对复核结果无异议的，双方应在 7 天内在竣工结算文件上签字确认，竣工结算办理完毕。

② 发承包人对复核结果有异议的，无异议部分应签发临时竣工付款证书；有异议部分应在收到发包人签认的竣工付款证书后 7 天内提出异议，并由合同当事人按照专用合同条款的约定方式和程序进行复核，或按照"争议解决"条款的约定处理。

4）发包人在收到承包人提交的竣工结算文件后的 28 天内，不核对竣工结算或未提出核对意见的，应视为发包人认可承包人提交的竣工结算文件。承包人在收到发包人提出的审核意见后的 28 天内，不确认也未提出异议的，应视为承包人认可发包人的审批结果。

5）同一工程竣工结算核对完成，发承包双方签字确认后，发包人不得要求承包人与另一个或多个工程造价咨询人重复核对竣工结算。

6）发包人对工程质量有异议，拒绝办理竣工结算的。已竣工验收或已竣工未验收但实际投入使用的工程，其质量争议应按工程保修合同执行，竣工结算应按合同约定办理；已竣工未验收且未实际投入使用的工程以及停工、停建工程的质量争议，双方应按合同中质量争议解决方式处理后办理竣工结算，无争议部分的竣工结算应按合同约定办理。

竣工结算办理完毕，发包人应将竣工结算文件报工程所在地工程造价管理机构备案。

5. 结算审核方法

（1）审核的原则　竣工结算审核时应坚持"实事求是，有理有据"的原则。

（2）审核的方法

1）逐项审核法。逐项审核法又称全面审核法，即对各项费用组成、工程项目、价格逐项全面审核的一种方法。其优点是全面、细致、审查质量高、效果好，缺点是工作量大。这种方法适合于审核时间充裕，工程量小，工艺简单，工程结算编制的问题较多的工程。

2）标准预算审核法。标准预算审核法是指对利用标准图或通用图施工的工程，以收集整理编制的标准预算为准来审核工程结算，对局部修改部分单独审核的一种方法。其优点是时间短、效果好、易定案；缺点是适用范围小，仅适用于采用标准图的工程（或其中的部分）。

3）分组计算审核法。分组计算审核法是指把结算中有关项目按类别划分若干组，利用同组中的一组相互关联数据或计算基础审核分项工程量的一种方法，例如，一般建筑工程中将底层建筑面积编为一组，先计算建筑面积或楼地面面积，从而得出楼面找平层、天棚抹灰等的工程量。其优点是审核速度快、工作量小，被造价人员广泛采用。

4）对比审核法。对比审核法是指用已建成工程的预算或虽未建成但已审核修正的工程预算对比审核拟建类似工程预算的一种方法。使用这种方法时，要注意工程之间应具有可比性。

5）筛选审核法。筛选审核法是统筹法的一种，也是一种对比方法。建筑工程虽然有面积和高度的不同，但是它们各个分部分项工程的单位建筑面积指标变化不大，归纳为工程量、造价、用工三个单方基本指标，并注明其适用条件。用基本指标来筛选各分部分项工程，筛下去的就不审核了，没有筛下去的就意味着此分部分项工程的单位建筑面积数值不在基本指标范围之内，应对该分部分项工程进行详细审核。其优点是简单易懂，便于掌握，审核速度快，便于发现问题。但要解决差错，分析其原因还需继续核对。因此，此方法适用于审查住宅工程，或不具备全面审核条件的工程。

6) 重点审核法。重点审核法就是抓住结算中的重点工程进行审核。审核重点一般是工程量大或造价高的分部分项工程，新增项目，工程变更，工程索赔，暂估价项目，主要材料、工程设备和机械价格的调整等。其优点是重点突出，审核时间短、效果好。

一般可将以上几种方法结合起来使用，这样既能提高审核质量，又能提高工作效率。例如，某大型住宅小区项目，可以先采用筛选审核法，将结算书中有问题的项目筛出来，再采用重点审核法，对其中工程量大或造价高的问题项目（外墙装饰、门窗工程、防水工程等）进行重点审核，其他有些问题的项目可以采用逐项审核法。

（3）审核中的问题　工程结算审核中，一般常出现的问题有：招标文件中项目标段和招标范围的划分不合理，不利于造价控制；最高投标限价没有合理考虑承包人应承担的风险；招标文件与施工合同内容衔接得不好，合同签订滞后；合同中变更价款调整、新增项目计价的条款表述太笼统，可操作性差；分包工程合同划界不清；合同工程内容与结算工程内容不一致；总承包服务费所包含的服务内容不具体；工程量计算规则不熟悉漏算；应扣除的工程量不扣除多算；应合并计算的工程量分开重复计算；汇总计算错误；套错定额，高套定额，重复套定额；随意提高材料消耗量；多算钢筋调整量；定额换算不合规定；没有扣除甲供材料款，或没有全部扣除；结算材差系数、计算基数与造价管理机构发布的文件不一致；材料设备价格确认单不全，结算资料收集整理不齐全、不准确，后补结算资料；工程洽商和现场签证内容含糊不清楚，重复签证，签证内容与实际情况不符；设计变更文件没有签字或签字不全；隐蔽工程没有现场记录；竣工图没有全面反映施工实际情况；费用的计算基础或取费标准不符合合同约定或费用定额或造价管理机构的文件规定；在县城的工程却套用市区的税率；承包人不能按合同约定或有关规定期限内提交结算文件；发包人没有在合同约定或有关规定期限内审核结算等。

这些问题可以分为两部分。一是错误部分，属于纯数学计算问题，包括承包人故意留的审核余量，只要审核双方按照合同约定和有关规定，花费一定时间去详细计算核对即可，一般能够达成一致。二是争议部分，审核双方由于站的角度不同，对合同或有关文件中的部分条款或规定理解上往往会存在异议，容易产生扯皮，这类问题解决起来比较费劲。因此，第二类问题是工程结算审核中协调解决的重点。

工程结算审核中，工程变更费用、暂估价价格调整、材料设备价差、费用索赔、新增隐蔽项目计量、现场签证价款等最易产生异议。要避免结算中出现异议，首先发承包双方要加强合同管理。在工程招标投标阶段，通过合同条款对有些结算中易扯皮的事项：工程变更项目的估价、暂估价价格的确认与调整、材料价格差额的计取、新增项目的计价依据和组价方法、总承包服务费所包含的服务项目和内容、费用索赔的价格及计算、甲方分包工程的划界以及工程价格风险承担的方式等进行预控。在合同中提前约定好，能够细化的就尽量不要笼统表述。

其次，在施工过程中，发承包双方要及时办理工程价款方面的确认手续，如工程变更估价的确定、新增隐蔽项目的计量、暂估价认价单、甲方指定材料认价单、费用索赔与现场签证价款的确认等。必要时双方应签订补充协议，做到"先签字后干活"。

对承包人来说，应安排有一定工程施工经验的专职经营人员管理合同，尤其大型工程项目和情况复杂的工程项目，使施工技术与经营管理配合密切。施工中还要及时准确地收集整理有关计价方面的资料和文件，做到资料及时、准确、齐全，结算有理有据，避免工程结算审核时资料缺失、依据不足，影响工程结算。

6. 竣工结算款的支付

（1）支付申请　承包人应根据办理的竣工结算文件向发包人提交竣工结算款支付申请。一般竣工结算款支付申请包括以下内容：

1）竣工结算合同价款总额。

2）发包人已实际支付承包人的合同价款。

3）应扣留的质量保证金，已缴纳履约保证金的或提供其他工程质量担保方式的除外。

4）应支付的竣工结算款金额。

（2）竣工结算款的支付　发包人应当按照竣工结算文件及时支付竣工结算款。

1）发包人应在收到承包人提交竣工结算款支付申请后 28 天内予以核实，向承包人签发竣工结算支付证书。发包人签发竣工结算支付证书后的 14 天内，应按照竣工结算支付证书列明的金额向承包人支付结算款。

2）发包人在收到承包人提交竣工结算款支付申请后 28 天内不予核实，不向承包人签发竣工结算支付证书的，视为发包人认可承包人提交的竣工结算款支付申请；发包人应在收到承包人提交的竣工结算支付申请 28 天后的 14 天内，按照承包人提交的竣工结算款支付申请列明的金额向承包人支付结算款。

3）发包人逾期未支付竣工结算款的（拖欠工程款），承包人可催告发包人支付，并有权获得延迟支付的利息（按照中国人民银行发布的同期同类贷款基准利率计算）。发包人在竣工结算支付证书签发后或者在收到承包人提交的竣工结算款支付申请 28 天后的 56 天内仍未支付的，按照中国人民银行发布的同期同类贷款基准利率的两倍支付违约金。

5.4.5　质量保证金

发承包双方在工程合同中约定，从应付合同价款中预留，用于保证承包人在缺陷责任期内履行缺陷修复义务的金额。发包人应按合同约定的质量保证金比例从结算款中预留质量保证金，一般为工程结算合同价的 3%。

1. 提供质量保证金的方式

承包人提供质量保证金有以下三种方式：

1）质量保证金保函。

2）相应比例的工程款。

3）双方约定的其他方式。

2. 质量保证金的扣留方式

质量保证金的扣留有以下三种方式：

1）在支付工程进度款时逐次扣留，在此情形下，质量保证金的计算基数不包括预付款的支付、扣回以及价格调整的金额。

2）工程竣工结算时一次性扣留质量保证金。

3）双方约定的其他扣留方式。

发包人累计扣留的质量保证金不得超过结算合同价格的3%，如承包人在发包人签发竣工付款证书后28天内提交质量保证金保函，发包人应同时退还扣留的作为质量保证金的工程价款。

3. 质量保证金的退还

承包人未按合同约定履行属于自身责任的工程缺陷修复义务的，发包人有权从质量保证金中扣除用于缺陷修复的各项支出。

在合同约定的缺陷责任期终止后，发包人应按最终结清的约定退还（剩余）质量保证金。

5.4.6　最终结清

1. 最终结清申请单

1）缺陷责任期终止证书颁发后7天内，承包人可按照合同约定向发包人提交最终结清申请单，并提供相关证明材料。申请单中应列明质量保证金、应扣除的质量保证金、缺陷责任期内发生的增减费用等。

2）发包人对最终结清申请单内容有异议的，有权要求承包人进行修正和提供补充资料，承包人应向发包人提交修正后的最终结清申请单。

2. 最终结清证书

发包人应在收到承包人提交的最终结清申请单后14天内完成审批，并向承包人颁发最终结清证书。发包人逾期未完成审批，又未提出修改意见的，视为发包人同意承包人提交的最终结清申请单，且自发包人收到承包人提交的最终结清申请单后15天起视为已颁发最终结清证书。

3. 最终结清支付

发包人应在颁发最终结清证书后7天内支付最终结清款。发包人逾期支付的，按照中国人民银行发布的同期同类贷款基准利率支付违约金；逾期支付超过56天的，按照中国人民银行发布的同期同类贷款基准利率的两倍支付违约金。

承包人对发包人支付的最终结清款有异议的，按合同约定的争议解决方式处理。

5.4.7 FIDIC 施工合同条件下工程费用的结算

1. 预付款

当承包商按照合同约定提交保函后，业主应支付一笔预付款，作为用于动员的无息贷款。预付款的总额、分期预付的次数和时间安排，以及使用的币种和比例，应按投标书附录中的规定。

预付款通过付款证书中按百分比扣减的方式付还。

2. 工程费用的支付

（1）工程费用支付的条件

1）质量合格是工程支付的必要条件。

2）符合合同条件。

3）变更工程必须有工程师的变更通知。

4）支付金额必须大于期中支付证书规定的最小限额。

5）承包商的工作使工程师满意。

（2）工程期中付款的支付　承包商提出期中付款申请。承包商应在每个月月末后，按工程师指定的格式向工程师递交月报表，详细说明自己认为有权得到的款额，以及按照进度报告编制的相关进度报告在内的证明文件。

工程师对承包商提出的付款申请进行审核，确认期中付款金额。若期中付款金额小于合同规定的期中付款证书最低限额时，则工程师不需签发付款证书。工程师应在收到承包商月报表和证明文件 28 天内向业主递交期中付款证书，并附详细的说明资料。

在工程师收到承包商报表和证明文件后 56 天内，业主应向承包商支付工程期中付款证书确认的金额。

（3）竣工报表　承包商在收到工程的接收证书后 84 天内，应向工程师提交竣工报表，并附有按工程师指定格式编写的证明文件。

工程师应在收到承包商竣工报表和证明文件 28 天内，对承包商其他支付要求进行审核，确认应支付尚未支付的金额，并上报业主支付。

（4）最终报表和结清证明　承包商完成了施工和竣工缺陷修补工作后，工程师颁发履约证书。同时业主应将履约保证退还给承包商。

承包商应在收到履约证书后 56 天内，向工程师提交按照工程师指定格式编制的最终报表草案并附证明文件，详细列出：

1）根据合同应完成的所有工作的价值。

2）承包商认为根据合同或其他规定应支付的任何其他款额。

在与工程师达成一致意见后，承包商可向工程师提交正式的最终报表。同时向业主提交一份结清证明，说明按照合同约定业主应支付承包商的结算总金额。

如承包商与工程师未能就最终报表草案达成一致，则争议部分由裁决委员会裁决。

（5）工程最终付款的支付 工程师在收到正式最终报表和结清证明后 28 天内，应向业主提交最终付款证书，说明：

1）工程师认为按照合同最终应支付给承包商的款额。

2）业主以前已付款额、尚需支付承包商或承包商尚需付给业主的款额。

业主应在收到最终付款证书 56 天内，向承包商支付最终付款证书确认的金额。否则应按投标书附录中的规定，支付延误付款的利息。

3. 保留金

保留金一般为合同总价的 5%。当已颁发工程接收证书时，工程师应确认将保留金的前一半支付给承包商。在各缺陷通知期限的最后一个期满日期后，工程师应立即确认将未付保留金的余额支付给承包商。

【例 5-6】 某混凝土工程，发承包双方签订的施工合同中，工程价款部分条款约定如下：

1）混凝土工程计划工程量为 5000m³，以实际完成工程量结算。实际完成工程量以监理工程师计量的结果为准。

2）采用全费用综合单价计价。结算价以实际完成工程量乘以全费用综合单价计算，其他费用不计。混凝土工程的全费用综合单价为 570 元/m³。

3）若混凝土工程实际工程量增减幅度超过计划工程量的 15% 时，则工程完工当月结算时，混凝土工程全费用综合单价的调整系数为 0.95（1.05），其他不予调整。

4）合同工期 5 个月。

5）工程预付款为合同价的 20%。在开工前 7 天支付，在第 2、3 两个月平均扣回。

6）工程进度款按月支付。每月按实际完成工程价款的 90% 支付工程进度款。总监理工程师每月签发进度款的最低额度为 30 万元。

7）质量保证金为结算合同总价款的 5%。工程完工结算时扣留，工程完工一年后结清。

8）其他未尽事宜，按照国家有关工程计价文件规定执行。

工程施工过程中，由于工程变更，发包人取消了部分混凝土分项工程，使得承包人实际完成工程量比合同计划工程量减少，同时承包人也将工期缩减到 4 个月完成。

该混凝土工程每月实际完成，并经监理工程师计量确认的工程量见表 5-6。

表 5-6 每月实际完成的工程量

月份	1	2	3	4	累计
工程量/m³	500	1300	1200	1200	4200

问题：

1）该工程合同价为多少？发包人应支付的预付款为多少？

2）计算该混凝土工程调整后全费用综合单价。

3）每月应支付承包人的工程进度款，以及总监理工程师每月应签发的实际付款金额是多少？

4）工程完工当月，该混凝土工程结算合同总价款，发包人应扣留的质量保证金，以及应支付承包人的工程结算款各为多少？

【解】　1）工程合同价=5000m³×570元/m³=285万元

预付款=285万元×20%=57万元

2）混凝土工程调整后全费用综合单价计算见表5-7。

表5-7　全费用综合单价

序号	项目	工程量增加超15%时	工程量减少超15%时
①	投标报价综合单价（元/m³）	570	570
②	调整系数	0.95	1.05
③	计算式①×②	570×0.95=541.5	570×1.05=598.5
④	调整后综合单价（元/m³）	541.5	598.5

3）每月应支付承包人的工程进度款以及总监理工程师签发的实际付款金额。

① 第1个月完成的工程价款为

500m³×570元/m³=285000元

应支付承包人的工程进度款=285000元×90%=256500元

256500元<300000元，本月总监理工程师不签发付款，转下月支付。

② 第2个月完成的工程价款为

1300m³×570元/m³=741000元

应扣回的预付款=570000元÷2=285000元

应支付承包人的工程进度款=741000元×90%-285000元=381900元

累计应支付承包人的工程进度款=256500元+381900元=638400元

638400元>300000元，本月应签发的实际付款金额为638400元。

③ 第3个月完成的工程价款为

1200m³×570元/m³=684000元

应扣回的预付款=570000元÷2=285000元

应支付承包人的工程进度款=684000元×90%-285000元=330600元

330600元>300000元，本月应签发的实际付款金额为330600元。

4）第4个月完工结算，最终累计实际完成工程量为4200m³。

（4200-5000）÷5000×100%=-16%

即承包人实际完成工程量较计划工程量减少了16%，减少幅度超过15%，应按调整后全费用综合单价计算。

结算合同总价款=4200m³×598.5元/m³=2513700元

累计已实际支付的合同价款=638400元+330600元+570000元=1539000元

应扣留的质量保证金=2513700元×5%=125685元

应支付的工程结算款=2513700元-1539000元-125685元=849015元

■ 5.5 基于 BIM 的工程造价全过程管理

工程造价具有多次性计价的特点，如图 5-1 所示。建设产品的生产周期长、规模大、造价高，需要按建设程序分阶段分别计算造价，并对其进行监督和控制，以防工程超支。建设项目的多次性计价特点决定了工程造价随着工程的进行逐步深化、逐步细化、逐步接近实际造价。

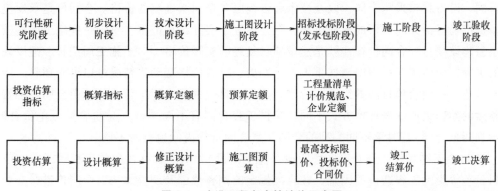

图 5-1 建设工程多次性计价示意图

（1）投资估算 投资估算是进行建设项目技术经济评价和投资决策的基础，在项目建议书、可行性研究、方案设计阶段应编制投资估算。投资估算一般是指在工程项目决策过程中，建设单位向国家计划部门申请建设项目立项或国家、建设主体对拟建项目进行决策，确定建设项目在规划、项目建议书等不同阶段的投资总额而编制的造价文件。通常是采用投资估算指标、类似工程的造价资料等对投资需要量进行估算。投资估算是可行性研究报告的重要组成部分，是进行项目决策、筹资、控制造价的主要依据。经批准的投资估算是工程造价的目标限额，是编制概预算的基础。

（2）设计概算 在初步设计阶段，根据初步设计的总体布置，采用概算定额、概算指标等编制项目的总概算。设计概算是初步设计文件的重要组成部分。经批准的设计概算是确定建设项目总造价、编制固定资产投资计划、签订建设项目承包合同和贷款合同的依据，也是控制建设项目贷款和施工图预算以及考核设计经济合理性的依据。设计概算比投资估算准确，但受投资估算的控制。设计概算文件包括建设项目总概算、单项工程综合概算和单位工程概算。

（3）修正设计概算 在采用三阶段设计的技术设计阶段，根据技术设计的要求编制修正概算文件。它对设计概算进行修正调整，比概算造价准确，但受设计概算的控制。

（4）施工图预算 施工图预算是在施工图设计阶段，根据已批准的施工图，在施工方案（或施工组织设计）已确定的前提下，按照一定的工程量计算规则和预算编制方法编制的工程造价文件，它是施工图设计文件的重要组成部分。经承发包双方共同确认、管理部门审查批准的施工图预算，是签订建筑安装工程承包合同、办理建筑安装工程价款结算的依据。

（5）最高投标限价　最高投标限价是工程招标过程中，由招标人根据国家或省级、行业建设主管部门颁发的有关计价依据和办法，以及拟定的招标文件，结合工程具体情况编制的招标工程的最高限价。其作用是招标人用于对招标工程发包的最高投标限价。

（6）投标价　投标价是在工程招标过程中，由投标人按照招标文件的要求，根据工程特点，并结合自身的施工技术、装备和管理水平，依据有关计价规定自主确定的工程造价，是投标人希望达成工程承包交易的期望价格。投标价不能高于招标人所设定的最高投标限价。

（7）合同价　在工程招标投标阶段通过签订建设项目总承包合同、建筑安装工程承包合同、设备材料采购合同，以及技术和咨询服务合同所确定的价格。合同价是承发包双方根据市场行情共同认可的成交价格，但并不等于实际工程造价。对于一些施工周期较短的小型建设项目，合同价往往就是建设项目最终的实际价格。对于施工周期长、建设规模大的工程，由于施工过程中诸如重大设计变更、材料价格变动等情况难以事先预料，所以合同价还不是建设项目的最终实际价格。这类项目的最终实际工程造价，由合同各种费用调整后的差额组成。按计价方式不同，建设工程合同有不同类型（总价合同、单价合同、成本加酬金合同），对于不同类型的合同，其合同价的内涵也有所不同。

（8）竣工结算价　在合同实施阶段（施工阶段），对于实际发生的工程量增减、设备材料价差等影响工程造价的因素，按合同规定的调整范围及调整方法对合同价进行必要的调整，确定竣工结算价。竣工结算价是某结算工程的实际价格。

竣工结算一般有按月结算、里程碑结算和竣工一次结算等方式。它们是结算工程价款、确定工程收入、考核工程成本、进行计划统计、经济核算及竣工决算等的依据。竣工结算（价）是在承包人完成施工合同约定的全部工程内容，发包人依法组织竣工验收合格后，由发承包双方按照合同约定的工程造价条款，即已签约合同价、合同价款调整（包括工程变更、索赔和现场签证）等事项确定的最终工程造价。

（9）竣工决算　在工程项目竣工交付使用时，由建设单位编制竣工决算，反映建设项目的实际造价和建成交付使用的资产情况。它是最终确定的实际工程造价，是建设投资管理的重要环节，是财产交接、考核交付使用财产和登记新增财产价值的依据。

由此可见，工程的计价是一个由粗到细、由浅入深、由粗略到精确，多次计价后最后达到实际造价的过程。各阶段的计价过程之间是相互联系、相互补充、相互制约的关系，前者制约后者，后者补充前者。

5.5.1　设计阶段

建设项目投资控制的关键在于项目前期的投资决策。在项目做出投资决策后，项目投资控制的关键在于工程设计。所以，控制设计阶段的工程造价，必须重视执行限额设计，并在此基础上进行设计方案优化。设计单位要建立健全限额设计控制管理程序，明确项目及专业的设计目标、费用控制指标。通过优化设计，多方案比选来实现对项目费用指标的有效控制。

传统设计中设计人员经济意识不强，过多关注的是项目安全、功能等满足要求，设计概算偏差一般比较大。设计人员经济造价方面的知识及资料积累不多，常常会出现建设项目概算超估算，预算超概算，结算超预算的情况，最终造成建设单位承担投资超计划的风险。

目前，国内大中型工程设计企业都设有专门的 BIM 团队。一些大型复杂工程项目的建设方，常常也要求设计采用 BIM 技术，将 CAD 图转化成三维 BIM 模型。

1. BIM 模型可快速、精确提取工程量信息，编制工程设计概算

传统的 CAD 图，设计单位预算人员计算工程量比较复杂、工作量大、效率低、耗时长、速度慢。运用设计 BIM 三维模型，可以实现信息交互共享。造价人员借助 BIM 计量软件自动计量技术，可以快速导出各个分部分项工程的工程量数据信息，主要材料、设备需求量指标；依据人材机市场价格或当地发布的工程造价信息，可以方便地编制出设计概算。

2. BIM 模型相关指标，方便设计人员优化设计

设计人员对比类似已完工程相关指标，从经济角度优化设计方案。在满足建设单位使用功能要求和相关规范标准要求的前提下，设计单位也要考虑投资控制。通过 BIM 模型，可以更好地实现建筑、结构、电气、给水排水等专业间的协调沟通，解决专业间不协调、碰撞等问题。BIM 模型也便于优化设计建筑内部空间布局。

设计图过去普遍存在的问题是，设计人员重视功能满足、技术可行、质量安全，工程设计往往保守。在建设经济合理、投资更加节省方面，考虑得相对来说比较少，常出现"肥梁胖柱"、钢筋用量大、设备选型余量大等现象，造成很多不必要的浪费；有的建筑采用非标准大跨度构件，使得施工采购时工程造价大幅增加。

运用 BIM 技术，便于工程项目方案设计人员精确计算、仔细推敲、多方案比较论证。同时应用价值工程技术，进一步优化设计，满足功能要求的同时更加经济合理，使设计的工程项目更好地服务于社会，节约资源和投资。

3. BIM 模型的直观可视化，便于设计各专业间的沟通协调

在 CAD 图设计时，设计图有矛盾，专业间碰撞不协调，专业之间会签审核把关不严，设计专业之间沟通协调不够，施工图中经常会出现错漏碰缺的设计通病。

BIM 模型的直观可视化，便于设计各专业间施工图会审时，发现专业间综合管线布置、预留预埋等的不协调，碰撞打架。通过检查软件，将各专业数据信息协同工作，提前发现问题，将长期以来的设计通病问题，尽可能提前解决掉，减少施工阶段的设计变更量，控制工程造价。

5.5.2 招标投标阶段

1. BIM 模型便于快速准确地编制工程量清单

工程量清单是招标文件的一部分，是招标人或其委托有资质的造价咨询人依据国家标

准、设计文件以及施工场地情况编制的，其准确性和完整性由招标人负责。工程量清单随招标文件发给投标人，清单是计价的基础，供投标人投标报价。

建设单位委托造价咨询人编制招标工程量清单，工程项目若使用 BIM 技术设计施工图，造价咨询人可利用设计阶段建立的 BIM 模型直接通过信息互通共享，利用算量软件快速准确地计算出分部分项工程工程量数据。造价人员按照设计文件资料、工程范围内容，核对清单项目名称、项目编码、项目特征来编制工程量清单。

2. 编制最高投标限价

为了保证工程质量安全，客观合理地评审投标人的投标报价，避免投标人哄抬价格而造成国有资产流失，招标人或其委托有资质的造价咨询人编制工程最高投标限价。其作用是招标人用于对招标工程规定的最高价格。招标人或其委托的造价咨询人根据工程量清单、计价办法规定、招标文件等计算招标工程的最高投标限价。

造价咨询人利用设计单位提供的 BIM 模型，导入 BIM 计价软件，套用工程所在地的消耗量定额，调取人材机当时当地的造价信息价格，以及规费、税金的取费标准，可以准确地计算出最高投标限价。

3. 编制投标报价

投标报价是投标人响应招标文件要求，对招标人提供的工程量清单，自主确定报出的价格汇总后的投标总价，是投标人按照招标文件的要求和提供的工程量清单，结合工程实际、企业定额、市场询价、有关计价规定，投标人的投标策略，在该招标工程上的竞争地位、可能的风险偏好等，结合企业施工技术、装备和管理水平，以及预期利润等确定的工程造价。这是投标人的承包交易期望价格。

招标人在提供招标文件时，将含有工程量清单信息的 BIM 模型提供给各个投标人。投标人可直接利用设计 BIM 模型中包含的工程量等数据信息，导入 BIM 计价软件，结合企业定额、人材机消耗量指标、当时当地的市场价，进行投标报价。运用 BIM 技术，投标人可以有更多的时间和精力去市场询价调研，研究报价策略，以报出具有竞争力的价格。

工程询价是投标人在投标报价前，对工程所需材料设备等资源的质量、型号、价格、市场供应等情况进行全面的调研，以及了解人工市场价格和分包工程造价。工程询价包括材料、机械设备、人工和分包等生产要素询价。工程询价是投标报价的基础工作，为工程投标报价提供价格依据。所以，工程询价直接影响着投标人投标报价的精确性和中标后的经济效益。投标人要做好工程询价，除了投标前做好必要的市场了解调研外，平时也要做好工程造价信息的收集、整理和分析工作，并建立自己的 BIM 数据库。

从上面的分析可以看出，BIM 对工程造价管理的价值体现在建筑信息融通、共享，项目参与各方都可以利用设计阶段建立的 BIM 模型，通过 BIM 软件自动计量的方式提高造价工作的效率，使得工程量清单、最高投标限价、投标报价等工程造价管理的基础性工作能效得到很大提高。为价格分析、报价策略等造价管理的核心工作创造了更好的条件。基于 BIM 模型的信息互联互通和交互共享，优化了建设工程参与各方的信息传递流程，大

幅提高了招标投标阶段各方造价管理工作的效率。

5.5.3　施工阶段

在施工阶段，BIM 模型与工程进度、造价信息进行关联，形成 BIM 5D 协同管理。

1. 工程计量与工程进度款支付

工程计量即工程量计算。承包人按照合同约定的工程量计算规则、工程设计图及变更指令等进行计量，向发包人提交已完成工程量报告。发包人收到工程量报告后应当按合同约定，及时组织造价咨询人或监理工程师核对确认，并向施工方支付工程进度款。

工程计量与工程进度款支付可按时间（月）计量支付，也可按工程形象进度分段计量支付。

在 BIM 5D 模型下，发承包双方的工程计量工作，将变得简单。根据工程进度时间节点，BIM 施工软件将自动计算汇总承包人已完成工程量。发承包双方核对确认时，很少出现过去手工计算，意见不一致的矛盾。

2. 工程变更、签证、索赔管理

工程招标时，业主通过设置最高投标限价、报价打分办法、合同条款转移风险等，来降低和控制工程造价。施工企业面对激烈竞争的建设工程市场，要想能够中标，除了自身施工综合实力、良好的资质信誉和沟通协调能力外，更重要的是投标报价不能高，否则就很难中标。承包人中标后，要想有盈利，除了精打细算控制施工成本外，很多依靠施工过程中的设计变更、签证或工程索赔。所以施工过程中的工程变更、现场签证以及工程索赔管理对发包人控制工程造价也很重要。

施工中发承包双方要及时收集整理工程变更、签证、工程索赔以及价款调整资料。当工程变更发生时，及时办理变更签认手续。做好工程变更价款的调整确认工作，尤其是招标清单外项目价格的确认，以及专业、材料暂估价的价格认定。及时收集整理施工图会审记录、设计变更材料、工程洽商记录、变更价款计价文件、暂估价材料、设备及专业工程招标投标文件、合同协议书、补充项目协议书、签证、工程索赔、结算书等。最主要的是，发承包双方要及时通过 BIM 技术，将工程变更内容在 BIM 模型上进行调整修正。BIM 模型可以自动分析变更发生前后相关工程量的变化，为计量提供准确数据，也便于造价人员在施工过程中进行工程结算。

3. 价款结算管理

价款结算是指对建设工程发承包合同价款进行约定和依据合同约定进行工程预付款、工程进度款、工程竣工价款结算的活动。由于影响建设工程产品价格的因素较多，而且随着时间的推移，这些价格因素也会发生变化，最终将会导致工程产品价格的调整变化。发承包双方在签订建设工程承包合同时，都会从维护自身经济利益的角度考虑，对合同价款调整做出明确规定。合同履行过程中，当合同约定的工程价款调整情况发生时，应当按政

府规定和合同约定对合同价款进行调整。

一般工程结算常常出现的问题有：招标文件中划分的标段范围不够合理，不利于控制整体工程造价；没有合理地考虑发承包双方各自应分担的工程风险；分包工程合同范围划界不够清晰；总承包服务所包含的服务内容不具体；工程量多算、重复算、应扣除的不扣、应合并算的分开算；计价中错套、高套、重复套定额，增加材料消耗量；钢筋调整量多算；不可竞争项目的计算基数、取费标准与工程造价部门发布的文件规定不一致；后补确认单结算资料、签证资料内容与现场实际施工情况不一致等。

在工程运用BIM技术后，结算中的这些问题随着施工过程的进行，对工程BIM模型中的数据信息——设计变更、签证、索赔、工程计量、支付、甲供材料、分包、计价、价款结算等，及时进行相应的调整更新。结算时，BIM数据库完整准确的工程信息可以帮助发承包双方快速地完成工程结算工作，减少结算时发承包双方的矛盾。

总之，BIM技术应用在建筑工程造价管理中，不仅可以对工程造价进行合理控制，还能将其应用到施工环节，在建筑施工中充分发挥作用，从而提升建筑工程质量。此外，BIM技术的合理化应用不仅可以改进建筑项目中的设计不足，还能提升工程管理质量。加强对BIM技术的研究，全面发挥该技术的优势，有助于建筑工程造价管理效果的提升。

思 考 题

1. 工程变更估价的原则是什么？

2. 工程变更项目中，若出现已标价工程量清单中无相同和类似项目的，其综合单价如何确定？

3. 对于依法必须招标的暂估价项目，应如何确定？

4. 施工单位在施工过程中应如何做好工程变更管理？

5. 简述FIDIC施工合同条件下工程变更价款的确定方法。

6. 工程施工中，引起承包人向发包人索赔的原因一般有哪些？

7. 索赔成立的条件是什么？试述索赔处理的程序。

8. 工程施工过程中，常见的索赔证据有哪些？

9. 工程索赔费用的计算方法有哪些？费用索赔计算中应注意哪些问题？

10. 简述合同价款调整的程序。

11. 物价变化合同价款的调整方法有几种？

12. 工程进度款的结算方式有哪几种？

13. 简述单价合同按月计量支付的计量程序。

14. 工程竣工结算编制和审核的依据有哪些？

15. 简述工程竣工结算的审核方法及各方法的适用范围。

16. FIDIC施工合同条件下，工程费用支付的条件是什么？

17. 发包人扣留质量保证金的方式有哪些？

习 题

一、单项选择题

1. 根据《建设工程施工合同（示范文本）》（GF—2017—0201）下列关于单价合同计量的说法，正确的是（   ）。

A. 发包人可以在任何方便的时候计量，其计量结果有效

B. 监理人未在收到承包人提交的工程量报表后的7天内完成审核的，则该工程量视为承包人实际完成的工程量

C. 承包人收到计量的通知后不派人参加，则发包人的计量结果无效

D. 承包人为保证施工质量超出施工图范围实际的工程量，应该予以计量

2. 根据《标准施工招标文件》（2017年版），下列导致承包人成本增加的情形中，可以同时补偿承包人费用和利润的是（   ）。

A. 发包人原因导致的工程缺陷和损失

B. 发包人要求承包人提前交付材料和工程设备

C. 异常恶劣的气候条件

D. 施工过程中发现文物

3. 根据《建设工程施工合同（示范文本）》，下列关于工程保修期内修复费用的说法，正确的是（   ）。

A. 因承包人原因造成的工程缺陷，承包人应负责修复，并承担修复费用，但不承担因工程缺陷导致的人身伤害

B. 因第三方原因造成的工程损坏，可以委托承包人修复，发包人应承担修复费用，并支付承包人合理利润

C. 因发包人不当使用造成的工程损坏，承包人应负责修复，发包人应承担合理的修复费用，但不额外支付利润

D. 因不可抗力造成的工程损坏，承包人应负责修复，并承担相应的修复费用

4. 根据《建设工程工程量清单计价规范》（GB 50500—2013），下列关于合同履行期间因招标工程量清单缺项导致新增分部分项清单项目的说法，正确的是（   ）。

A. 新增分部分项清单项目应按额外工作处理，由监理工程师提出，发包人批准

B. 新增分部分项清单项目的综合单价应由监理工程师提出，发包人批准

C. 新增分部分项清单项目的综合单价应由承包人提出，但相关措施项目费不能调整

D. 新增分部分项清单项目导致新增措施项目的，在承包人提交的新增措施项目实施方案被发包人批准后调整合同价款

5. 某土方工程招标文件中清单工程量为3000m³；合同约定，土方工程综合单价为80元/m³，当实际工程量增加15%以上时，增加部分的工程量综合单价为72元/m³，工程结束实际完成并经发包人确认的土方工程量为3600m³，则工程价款为（   ）元。

A. 259200

B. 286800

C. 283200

D. 288000

6. 由于发包人设计变更原因导致承包人未按期竣工，需对原约定竣工日期后继续施工的工程进行价格调整时，宜采用的价格指数是（　　　　）。

A. 原约定竣工日期与实际竣工日期的两个价格指数中较低的一个

B. 原约定竣工日期与实际竣工日期的两个价格指数中较高的一个

C. 原约定竣工日期与实际竣工日期的两个价格指数的平均值

D. 承包人与发包人协商新的价格指数

二、多项选择题

1. 根据《建设工程施工合同（示范文本）》（GF—2017—0201），下列因不可抗力事件导致的损失或增加的费用中，应由承包人承担的有（　　　　）。

A. 停工期间承包人按照发包人要求照管工程的费用

B. 因工程损坏造成的第三方人员伤亡和财产损失

C. 合同工程本身的损坏

D. 承包人施工设备的损坏

E. 承包人的人员伤亡和财产损失

2. 根据《建设工程施工合同（示范文本）》，下列关于承包人索赔的说法，正确的有（　　　　）。

A. 承包人应在发出索赔意向通知书 28 天后，向监理人正式递交索赔报告

B. 承包人应在知道或应当知道索赔事件发生后 28 天内，向监理人递交索赔意向通知书

C. 监理人应在收到索赔报告后 28 天内完成审查并报送发包人

D. 承包人接受索赔处理结果的，索赔款项应在竣工结算时进行支付

E. 具有持续影响的索赔事件，承包人应按合理时间间隔持续递交延续索赔通知

参 考 文 献

［1］　规范编制组. 2013 建设工程计价计量规范辅导［M］. 北京：中国计划出版社，2013.

［2］　全国一级建造师执业资格考试用书编写委员会. 建设工程经济［M］. 北京：中国建筑工业出版社，2023.

［3］　全国造价工程师执业资格考试培训教材编审组. 工程造价计价与控制［M］. 北京：中国计划出版社，2006.

［4］　国际咨询工程师联合会. 施工合同条件［M］. 唐萍，张瑞杰，等译. 北京：机械工业出版社，2021.

［5］　杨静，王炳霞. 建筑工程概预算与工程量清单计价［M］. 3 版. 北京：中国建筑工业出版社，2020.

［6］　杨静，曲秀姝. 建筑工程概预算与工程量清单计价习题集［M］. 北京：中国建筑工业出版社，2022.

［7］　杨静，曲秀姝. 建筑工程计量与计价［M］. 北京：中国建筑工业出版社，2023.

［8］　冯小平，章丛俊. BIM 技术及工程应用［M］. 北京：中国建筑工业出版社，2017.

［9］　张立茂，吴贤国. BIM 技术与应用［M］. 北京：中国建筑工业出版社，2017.